W0263564

P. P.

Meinen umfangreichen Verlag auf dem Gebiete der **Mathematischen,** der **Technischen** und **Naturwissenschaften** nach allen Richtungen hin weiter auszubauen, ist mein stetes durch das Vertrauen und Wohlwollen zahlreicher hervorragender Vertreter obiger Gebiete von Erfolg begleitetes Bemühen, wie mein Verlagskatalog zeigt, und ich hoffe, daß bei gleicher Unterstützung seitens der Gelehrten und Schulmänner des In- und Auslandes auch meine weiteren Unternehmungen Lehrenden und Lernenden in Wissenschaft und Schule jederzeit förderlich sein werden. **Verlagsanerbieten** gediegener Arbeiten auf einschlägigem Gebiete werden mir deshalb, wenn auch schon gleiche oder ähnliche Werke über denselben Gegenstand in meinem Verlage erschienen sind, stets sehr willkommen sein.

Unter meinen zahlreichen Unternehmungen mache ich ganz besonders auf die von den Akademien der Wissenschaften zu Göttingen, Leipzig, München und Wien herausgegebene **Encyklopädie der Mathematischen Wissenschaften** aufmerksam, die in 7 Bänden die Arithmetik und Algebra, die Analysis, die Geometrie, die Mechanik, die Physik, die Geodäsie und Geophysik und die Astronomie behandelt und in einem Schlußband historische, philosophische und didaktische Fragen besprechen wird. Eine **französische Ausgabe,** von französischen Mathematikern besorgt, hat zu erscheinen begonnen.

Weitester Verbreitung erfreuen sich die mathematischen und naturwissenschaftlichen Zeitschriften meines Verlags, als da sind: Die **Mathematischen Annalen,** die **Bibliotheca Mathematica** (Zeitschrift für Geschichte der Mathematischen Wissenschaften), das **Archiv der Mathematik und Physik, der Jahresbericht der Deutschen Mathematiker-Vereinigung,** die **Zeitschrift für Mathematik und Physik** (Organ für angewandte Mathematik), die **Zeitschrift für mathematischen und naturwissenschaftlichen Unterricht,** die **Mathematisch-naturwissenschaftlichen Blätter,** ferner **Natur und Schule** (Zeitschrift für den gesamten naturkundlichen Unterricht aller Schulen), die **Geographische Zeitschrift** u. a.

Seit 1868 veröffentliche ich: **„Mitteilungen der Verlagsbuchhandlung B. G. Teubner“.** Diese jährlich zweimal erscheinenden „Mitteilungen“, die unentgeltlich in 30000 Exemplaren sowohl im In- als auch im Auslande von mir verbreitet werden, sollen das Publikum, das meinem Verlage Aufmerksamkeit schenkt, von den erschienenen, unter der Presse befindlichen und von den vorbereiteten Unternehmungen des Teubnerschen Verlags in Kenntnis setzen und sind ebenso wie das bis auf die Jüngstzeit fortgeführte **Ausführliche Verzeichnis des Verlags von B. G. Teubner auf dem Gebiete der Mathematik, der Technischen und Naturwissenschaften nebst Grenzgebieten,** 100. Ausgabe [XLVIII u. 272 S. gr. 8], in allen Buchhandlungen unentgeltlich zu haben, werden auf Wunsch aber auch unter Kreuzband von mir unmittelbar an die Besteller übersandt.

LEIPZIG, Poststraße 3. **B. G. Teubner.**

MATHEMATISCHE VORLESUNGEN AN DER UNIVERSITÄT GÖTTINGEN: II

DIOPHANTISCHE APPROXIMATIONEN

EINE EINFÜHRUNG IN DIE

ZAHLENTHEORIE

VON

HERMANN MINKOWSKI

O PROFESSOR A. D. UNIVERSITÄT GÖTTINGEN

MIT 82 IN DEN TEXT GEDRUCKTEN FIGUREN

SPRINGER FACHMEDIEN WIESBADEN GMBH 1907

ISBN 978-3-663-15483-9 ISBN 978-3-663-16055-7 (eBook)
DOI 10.1007/978-3-663-16055-7
SOFTCOVER REPRINT OF THE HARDCOVER 1ST EDITION 1907

HERRN

HEINRICH WEBER

PROFESSOR ZU STRASSBURG IM ELSASS

IN HERZLICHER VEREHRUNG

GEWIDMET

Vorwort.

Der Urquell aller Mathematik sind die ganzen Zahlen. Dies verstehe ich nicht bloß in dem althergebrachten Sinne, daß auch der Begriff des Kontinuums sich aus der Betrachtung diskreter Mengen ableitet. Vielmehr denke ich bei diesen Worten an Ergebnisse neueren Datums. Die Beherrschung der Exponentialfunktion von der Kreisteilung aus, die Erfassung der elliptischen Funktionen mittels der Modulargleichungen lassen zuversichtlich glauben, daß die tiefsten Zusammenhänge in der Analysis arithmetischer Natur sind. Diese Zuversicht hat heute schon Erfolge gezeitigt. Nichtsdestoweniger sind die Theorien, die eines Tages solche Ahnungen in Gewißheit umwandeln sollen, noch weit davon entfernt, Gemeingut zu sein. Außerhalb eines engen Kreises deutscher Mathematiker ist die Zahlentheorie in den letzten Dezennien wenig gepflegt, wenig gefördert worden.

Wie mag es zugehen, daß so Viele von den eigenartigen, durch die Zahlentheorie ausgelösten Stimmungen kaum einen Hauch verspüren? Die Schöpfungen eines Gauß und anderer Großen sind zu erhaben. Für diejenigen, die nicht nur erbaut, auch ergötzt sein mögen, liegen zu wenig leicht einschmeichelnde Melodien in dieser gewaltigen Musik. Vielleicht ließen sich da Anhänger für die reinen Lehren der Arithmetik eher nach der Methode der Salutisten werben.

Von solchen Erwägungen her kam ich zu einer Art Metamorphose des klassischen Lehrgangs der Zahlentheorie. In einer durchaus elementar gehaltenen kleineren Vorlesung, die ich im Wintersemester 1903/4 hielt, rückte ich geometrische und analytische Problemstellungen in den Vordergrund und drang dabei doch ziemlich weit in die Theorie der algebraischen Zahlkörper ein. Es war von vornherein meine Absicht gewesen, die Vorlesung, die auch vieles neue brachte, zu veröffentlichen. Die Publikation zog sich wegen anderer Arbeiten hinaus. Herr Dr. A. Axer, einer meiner damaligen Zuhörer, hat seinerzeit mit großer Sorgfalt die Vorlesung ausgearbeitet und noch ein letztes Kapitel nach Aufzeichnungen in einem Manuskript von mir angefügt. Für seine wertvolle und treue Mitarbeit bin ich ihm zu großem Danke verpflichtet.

Inhaltsverzeichnis.

Viertes Kapitel.

Zur Theorie der algebraischen Zahlen.

Fünftes Kapitel.

Zur Theorie der Ideale.

Sechstes Kapitel.

Annäherung komplexer Größen durch Zahlen des Körpers der dritten oder der vierten Einheitswurzeln.

Erstes Kapitel.

Anwendungen eines elementaren Prinzips.

Die Betrachtungen dieses Kapitels werden sich auf ein einfaches Prinzip stützen, von welchem Dirichlet seinerzeit mehrere tiefliegende Anwendungen gemacht hat; dasselbe lautet:

Wenn $n + 1$ Dinge auf n Fächer irgendwie verteilt werden, so muß es darunter mindestens ein Fach geben, welches mehr als ein Ding aufnimmt.

§ 1. Begriff der nächsten ganzen Zahl.

Wir stellen uns das System der ganzen rationalen Zahlen in der üblichen Weise durch eine Skala äquidistanter Punkte auf einer unbegrenzten Geraden dar (Fig. 1) und wollen festsetzen, daß zu jedem der entstandenen Intervalle von der absoluten Länge 1 etwa bloß der linke Endpunkt gerechnet werde;

Fig. 1.

dann wird jeder Punkt der Geraden in *ein* bestimmtes Intervall hineinversetzt, so daß sich zu jeder beliebig vorgegebenen reellen Größe a zwei aufeinanderfolgende ganze Zahlen x_0 und $x_0 + 1$ derart eindeutig angeben lassen, daß

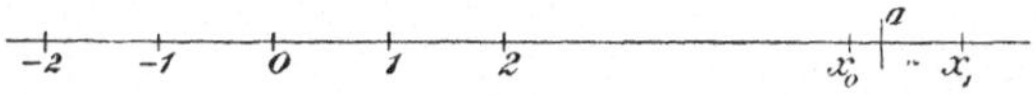

$$x_0 \leqq a < x_0 + 1 \quad \text{oder} \quad 0 \leqq a - x_0 < 1 \tag{1}$$

wird. Die Zahl x_0 *die nach links nächste Zahl von a*, heißt die *größte ganze Zahl in a* und wird nach Gauß mit $[a]$ bezeichnet.

Zählt man dagegen zu jedem Intervalle dessen rechten Endpunkt und den linken nicht, so gehören eindeutig zu jedem beliebigen a zwei ganze Zahlen $x_1 - 1$ und x_1, derart, daß

$$x_1 - 1 < a \leqq x_1 \quad \text{oder} \quad 0 \leqq x_1 - a < 1 \tag{2}$$

ist; x_1 ist dann *die nach rechts nächste ganze Zahl von a*.

x_0 und x_1 sind offenbar die Endpunkte *eines* Intervalles, den Fall ausgenommen, wo a eine ganze Zahl ist und sonach x_0 und x_1 in a zusammenfallen.

Es ist weiter evident, daß a entweder eine ganze Zahl ist oder von einem und nur einem Endpunkte des Intervalls, in welchem es liegt, um weniger als $\frac{1}{2}$ absolut entfernt ist oder von jedem der Endpunkte um $\frac{1}{2}$ absteht. Sonach existiert zu a immer eine ganze Zahl x derart, daß

$$|x - a| \leq \tfrac{1}{2} \tag{3}$$

wird; sie ist eindeutig bestimmt, bis auf den Fall, wo $a \pm \frac{1}{2}$ ganze Zahlen sind und x also zweier Werte fähig ist; sie möge die absolut nächste oder kurzweg *die nächste ganze Zahl von a* heißen.

§ 2. Annäherung an eine beliebige reelle Größe.

Ist a eine beliebig gegebene reelle Größe, y eine positive ganze Zahl, so gehört nach dem zuletzt Gesagten zu ay eine ganze Zahl x (unter Umständen gehören dazu zwei Zahlen x) derart, daß

$$|x - ay| \leq \tfrac{1}{2} \quad \text{oder} \quad \left|\frac{x}{y} - a\right| \leq \frac{1}{2y} \tag{4}$$

wird. Die letztere Ungleichung besagt, daß zu a sich eine rationale Zahl mit dem Nenner y derart angeben läßt, daß der Unterschied zwischen letzterer und a dem Betrage nach die Größe $\frac{1}{2y}$ nicht überschreitet. Auf diese Weise kann man der Größe a durch rationale Zahlen beliebig nahe kommen, indem man nur y groß genug wählt.

Zu einer Verstärkung dieser Annäherung führt die folgende Überlegung: Wir teilen das Intervall $0\,1$ in t gleiche Teilintervalle ($t \geq 2$), die, wenn wir zu einem jeden dessen linken Endpunkt, nicht aber den rechten zählen, untereinander vollständig getrennt sind und in ihrer Gesamtheit die ganze Strecke $\overline{01}$, zu welcher ebenfalls bloß der linke Endpunkt 0, nicht aber der rechte 1 zu zählen ist, zusammensetzen (Fig. 2). Sonach muß jede in diese Strecke fallende Größe ξ eine und nur eine der folgenden Ungleichungen erfüllen:

Fig. 2.

$$0 \leq \xi < \frac{1}{t}, \quad \frac{1}{t} \leq \xi < \frac{2}{t}, \quad \ldots\ldots, \quad \frac{t-1}{t} \leq \xi < 1. \tag{5}$$

Es sei nun x die nach rechts nächste ganze Zahl von ay:

$$0 < x - ay < 1;$$

dann muß $x - ay$ einer der Ungleichungen (5) genügen. Wir lassen y die Werte $0, 1, 2, \cdots, t$ durchlaufen; da die so entstandenen $t + 1$ Größen $x - ay$ in den t Teilintervallen Unterkunft finden müssen, so wird es nach dem an die Spitze dieses Kapitels gestellten Prinzip mindestens ein Teilintervall geben, welches mehr als eine dieser Größen aufnimmt. Ein solches sei etwa das h-te und $x' - ay'$, $x'' - ay''$ seien zwei von den in dasselbe fallenden Größen; dann ist

$$\frac{h-1}{t} \leq x' - ay' < \frac{h}{t}, \quad \frac{h-1}{t} \leq x'' - ay'' < \frac{h}{t}.$$

Hierbei sei $y'' > y'$. Aus diesen Ungleichungen folgt durch Subtraktion

$$-\frac{1}{t} < x'' - x' - a(y'' - y') < \frac{1}{t}.$$

Wird hier

$$x'' - x' = x, \quad y'' - y' = y$$

gesetzt, wobei y offenbar eine der Zahlen $1, 2, \cdots, t$ ist, so hat man:

$$|x - ay| < \frac{1}{t} \quad \text{oder} \quad \left|\frac{x}{y} - a\right| < \frac{1}{ty},$$

und a fortiori

$$\left|\frac{x}{y} - a\right| < \frac{1}{y^2}. \tag{6}$$

Diese Formeln liefern das folgende Theorem:

I. *Zu einer beliebigen Größe a und einer ganzen positiven Zahl t läßt sich mindestens ein Paar von ganzen Zahlen x, y, deren letztere in den Grenzen 1, t liegt, derart angeben, daß* $|x - ay| < 1/t$ wird.

Hiermit ist eine rationale Zahl x/y gewonnen, die der Größe a um weniger als $1/y^2$ absolut nahekommt, welche Annäherung von stärkerer Ordnung ist als die vorherige.

§ 3. Anwendung auf lineare Diophantische Gleichungen.

Es seien R, S, r, s positive ganze Zahlen, $R/S = r/s$ und zwar so, daß mittelst r und s dieses Verhältnis in kleinstmöglichen ganzen Zahlen ausgedrückt ist, alsdann liefert das letzte Theorem einen einfachen Existenzbeweis für die Lösungen der linearen Diophantischen Gleichung

$$sX - rY = 1. \tag{7}$$

Für $s = 1$ liegt die Lösung $X = 1$, $Y = 0$ auf der Hand; denken wir uns daher $s > 1$. Auf das erwähnte Theorem bezugnehmend, setzen wir $a = r/s$, $t = s - 1$; dann gibt es einen Bruch x/y, wobei $1 \leq y \leq s - 1$, welcher der folgenden Ungleichung genügt:

$$\left|\frac{x}{y} - \frac{r}{s}\right| < \frac{1}{(s-1)y},$$

oder

$$|sx - ry| < 1 + \frac{1}{s-1},$$

oder auch, da $1/(s-1)$ höchstens den Wert 1 hat, links aber eine ganze Zahl steht:

$$|sx - ry| \leqq 1.$$

Die links stehende Größe muß also entweder $=0$ oder $=1$ sein; ersteres kann nicht stattfinden, da r/s in kleinsten Zahlen ausgedrückt, hier aber $y \leqq s-1$ ist; daher gilt notwendig

$$|sx - ry| = 1,$$

oder, wenn ε das Vorzeichen der Zahl $sx - ry$ bedeutet:

$$\varepsilon(sx - ry) = 1.$$

Hiermit ist aber eine Lösung der vorgelegten Gleichung gegeben, und zwar:

$$X = \varepsilon x, \quad Y = \varepsilon y. \tag{8}$$

Wird nun $R = dr$, $S = ds$ gesetzt und (7) mit d multipliziert, so zeigt sich, daß d eine ganze Zahl sein muß; d heißt der *größte gemeinsame Teiler* von R und S, und r und s heißen *teilerfremd*.

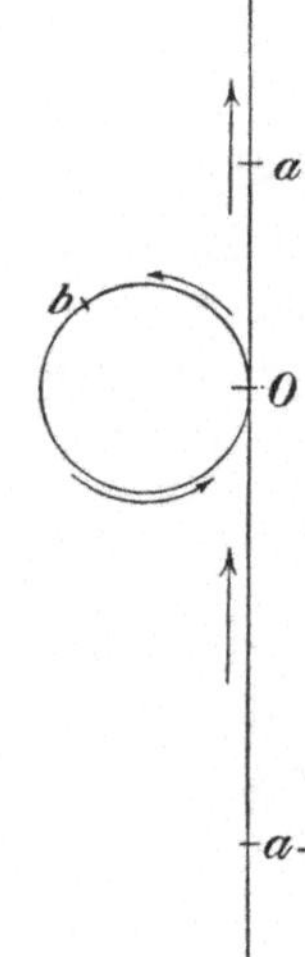

Fig. 3.

§ 4. Zirkulare Anordnung von Intervallen.

Wir zeichnen (Fig. 3) neben der Zahlengeraden einen dieselbe im Nullpunkte berührenden Kreis vom Radius $1/2\pi$ und denken uns beide Äste der Geraden, den positiven und den negativen, in entgegengesetzten Richtungen um den Kreis gewickelt. Sodann bildet sich jeder Punkt a der Geraden in einem Punkte b der Kreisperipherie ab; b ist dann zu gleicher Zeit Abbild aller Zahlen, die sich von a um eine ganze Zahl unterscheiden. So bilden sich die ganzen Zahlen selbst alle im Nullpunkte 0 ab. Der Bogen $0b$ stellt, in positiver Richtung gemessen, die Größe $a - [a]$ dar.

Die durch eine solche Abbildung gewonnene Anordnung des Kontinuums aller reellen Werte längs der Peripherie eines Kreises wollen wir die *zirkulare Anordnung* des Kontinuums nennen.

Es seien t Größen $a_1, a_2, \cdots, a_t$ $(t \geqq 2)$ durch Punkte auf der Geraden gegeben. Wir bilden dieselben auf den Kreisumfang in der obigen Weise ab und bezeichnen die Abbilder in der Reihenfolge, wie sie entlang der Peripherie vom Nullpunkte ab in positiver Richtung auftreten, mit $b_1, b_2, \cdots, b_t$; eventuell zusammenfallende Punkte sollen in dieser Folge nebeneinander stehen. Sodann wird es unter den Bogenstücken

$$b_1 b_2,\ b_2 b_3,\ \cdots,\ b_{t-1} b_t,\ b_t b_1,$$

in welche der Kreisumfang zerfällt, mindestens eines geben, das die Länge $1/t$ nicht überschreitet; so sei etwa

$$0 \leqq \operatorname{arc} b_{h-1} b_h \leqq \frac{1}{t}\cdot \tag{9}$$

Für das *kleinste* aller Bogenstücke wird in dieser Ungleichung rechts sicherlich nur das Ungleichheitszeichen gelten, außer, wenn alle Bogenstücke gleich lang sind und sonach für alle das Gleichheitszeichen gilt. In dem ersteren Falle seien a', a'' jene von den gegebenen Größen, welche sich in b_{h-1} resp. b_h abbilden; dann ist

$$\operatorname{arc} 0 b_{h-1} = a' - [a'],\quad \operatorname{arc} 0 b_h = a'' - [a''],$$

mithin

$$\operatorname{arc} b_{h-1} b_h = a'' - a' + [a'] - [a''];$$

es existiert somit eine ganze Zahl $x = [a'] - [a'']$, welche der Ungleichung

$$0 \leqq a'' - a' + x < \frac{1}{t} \tag{10}$$

genügt. Im zweiten Falle haben wir:

$$\operatorname{arc} b_{i-1} b_i = \frac{1}{t} \quad (i = 1, 2, 3, \cdots, t;\ b_0 = b_t), \tag{11}$$

daher für beliebige i, k:

$$\operatorname{arc} b_i b_k = \frac{k-i}{t},$$

und in der Folge für beliebige zwei a', a'' unter den gegebenen Größen a:

$$a'' - a' = \frac{l}{t}, \tag{12}$$

worin l eine jeweils bestimmte nicht durch t teilbare ganze Zahl bedeutet.

Diese Betrachtung liefert somit den Satz:

II. *Unter t beliebig gegebenen reellen Größen $a_1, a_2, \cdots, a_t$ gibt es entweder mindestens ein Paar, a', a'', welches bei entsprechend gewähltem ganzzahligem x die Ungleichung*

$$0 \leqq a'' - a' + x < \frac{1}{t}$$

erfüllt, oder es gehört zu jedem a' ein a'' derart, daß bei jedesmal geeignet gewähltem ganzzahligem x

$$a'' - a' + x = \frac{1}{t} \tag{13}$$

wird.

Nimmt man speziell $a_{y+1} = ay\,(y = 0, 1, 2, \cdots, t-1)$ an und bezeichnet die dem a' bzw. a'' entsprechende Größe mit ay' bzw. ay'', so geht die Ungleichung (10) in die folgende über:

$$0 \leqq x - a\,(y' - y'') < \frac{1}{t},$$

oder, wenn

$$y' - y'' = y \quad (-(t-1) \leqq y < t-1,\ y \neq 0)$$

gesetzt wird:

$$0 \leqq x - ay < \frac{1}{t}; \tag{14}$$

und wenn man hier, so oft y negativ wird, die Vorzeichen umkehrt, wie folgt:

$$0 \geqq -x - a\,(-y) > -\frac{1}{t}, \tag{15}$$

hernach $-x$ durch x, $-y$ durch y ersetzt, so lassen sich die Ungleichungen (14), (15) in die eine

$$|\,x - ay\,| < \frac{1}{t} \tag{16}$$

zusammenfassen, wobei y eine positive Zahl $\leqq t-1$ ist.

Der Fall (12) hingegen erfordert hier, wo unter den gegebenen Zahlen ay jedenfalls die Null vorkommt, daß *alle* $t-1$ anderen Zahlen ay gebrochene Zahlen sind, aber at ganz ist, woraus folgt, daß a selbst ein nicht reduzierbarer Bruch vom Nenner t ist; und in diesem Falle findet die Gleichung (13) statt, welche hier die Form

$$x - ay = \frac{1}{t}, \quad (-(t-1) \leqq y \leqq t-1,\ y \neq 0)$$

oder

$$|\,x - ay\,| = \frac{1}{t}, \quad (1 \leqq y \leqq t-1) \tag{17}$$

annimmt. Der Satz II sagt sonach im Falle $a_{y+1} = ay\,(y = 0, 1, 2, \cdots, t-1)$ im Wesen dasselbe aus, was der Satz I, nur mit dem Unterschiede, daß die obere Grenze des y dort t, hier $t-1$ ist, ferner, daß andererseits $|\,x - ay\,|$ dort immer unterhalb $1/t$ herabgedrückt werden kann, hier aber nur bis auf den bezeichneten Ausnahmefall, in welchem $|\,x - ay\,| = 1/t$ ist.

§ 5. Angenäherte Darstellung zweier Größen.

Um eine gleichzeitige Annäherung durch Brüche mit gleichem Nenner an zwei gegebene Größen a, b anzubahnen, nehmen wir eine ganze Zahl z an, bezeichnen mit x bzw. y die nach rechts nächste ganze Zahl von az bzw. bz, so daß also

$$0 \leqq x - az = \xi < 1, \quad 0 \leqq y - bz = \eta < 1$$

ist, und teilen die Strecke $\overline{01}$ ebenso, wie im § 2, in t gleiche Teilintervalle, so daß dann ξ wie η für sich je einer der Ungleichungen

$$0 \leqq {\xi \atop \eta} < \frac{1}{t}, \quad \frac{1}{t} \leqq {\xi \atop \eta} < \frac{2}{t}, \quad \ldots, \quad \frac{t-1}{t} \leqq {\xi \atop \eta} < 1$$

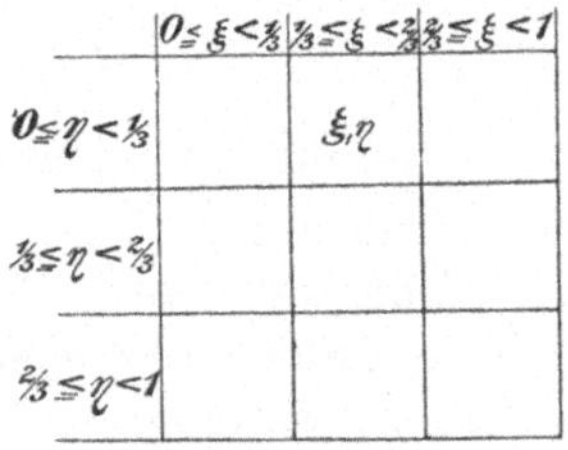

genügen. Lassen wir nun z die Werte $0, 1, 2, \cdots, t^2$ durchlaufen, so entspricht jedem z ein bestimmtes Größenpaar ξ, η und hiermit eine Kombination derjenigen zwei unter den bezeichneten Teilintervallen, in denen die betreffenden ξ, η bzw. liegen. Da nur t^2 verschiedene solche Kombinationen möglich sind, z aber t^2+1 Werte annimmt, so muß es mindestens eine Kombination geben, welcher zwei Werte von z, etwa z', z'' entsprechen, so daß die zugehörigen Werte ξ', ξ'' einerseits und η', η'' andererseits in je ein und dasselbe Intervall fallen. Es seien dies das h-te resp. k-te Intervall (Fig. 4); dann haben wir:

	$0 \leqq \xi < \frac{1}{3}$	$\frac{1}{3} \leqq \xi < \frac{2}{3}$	$\frac{2}{3} \leqq \xi < 1$
$0 \leqq \eta < \frac{1}{3}$		ξ, η	
$\frac{1}{3} \leqq \eta < \frac{2}{3}$			
$\frac{2}{3} \leqq \eta < 1$			

Fig. 4.

$$\frac{h-1}{t} \leqq \xi' = x' - az' < \frac{h}{t}, \quad \frac{k-1}{t} \leqq \eta' = y' - bz' < \frac{k}{t},$$

$$\frac{h-1}{t} \leqq \xi'' = x'' - az'' < \frac{h}{t}, \quad \frac{k-1}{t} \leqq \eta'' = y'' - bz'' < \frac{k}{t},$$

woraus durch Subtraktion

$$-\frac{1}{t} < x'' - x' - a(z'' - z') < \frac{1}{t}, \quad -\frac{1}{t} < y'' - y' - b(z'' - z') < \frac{1}{t}$$

folgt, oder, wenn

$$x'' - x' = x, \quad y'' - y' = y, \quad z'' - z' = z$$

gesetzt werden:

$$|x - az| < \frac{1}{t}, \quad |y - bz| < \frac{1}{t}, \tag{18}$$

wobei

$$1 \leqq z \leqq t^2 \tag{19}$$

ist, — oder auch

$$\left|\frac{x}{z} - a\right| < \frac{1}{tz}, \quad \left|\frac{y}{z} - b\right| < \frac{1}{tz},$$

und a fortiori

$$\left|\frac{x}{z} - a\right| < \frac{1}{z^{\frac{3}{2}}}, \quad \left|\frac{y}{z} - b\right| < \frac{1}{z^{\frac{3}{2}}}.$$

Hiermit ist das folgende Theorem gewonnen:

III. *Zu zwei beliebig vorgegebenen Größen a, b und einer ganzen positiven Zahl t kann man immer mindestens eine in den Grenzen* 1,

t^2 gelegene ganze Zahl z und dazu zwei andere ganze Zahlen x, y derart angeben, daß gleichzeitig die Ungleichungen bestehen:

$$|x - az| < \frac{1}{t}, \quad |y - bz| < \frac{1}{t}.$$

Hierdurch sind also rationale Zahlen x/z und y/z gewonnen, die den Größen a und b bzw. um weniger als $1/z^{\frac{3}{2}}$ absolut nahekommen.

Man sieht ohne weiteres, wie dieser Satz auf beliebig viele gegebene Größen ausgedehnt werden kann. In der allgemeinen Fassung lautet er, wie folgt:

III'. *Zu n gegebenen Größen $a_1, a_2, \ldots, a_n$ und einer positiven ganzen Zahl t kann man immer mindestens eine in den Grenzen 1, t^n liegende ganze Zahl z und dazu n andere ganze Zahlen $x_1, x_2, \ldots, x_n$ derart angeben, daß*

$$|x_i - a_i z| < \frac{1}{t} \text{ und a fortiori } \left|\frac{x_i}{z} - a_i\right| < \frac{1}{z^{1+\frac{1}{n}}} \tag{20}$$

$$(i = 1, 2, 3, \ldots, n)$$

wird.

Wir wollen die Ungleichungen (18) unter Hinzufügung des Gleichheitszeichens zum Ungleichheitszeichen folgendermaßen schreiben:

$$|tx - atz| \leqq 1, \quad |ty - btz| \leqq 1,$$

und gemäß (19)

$$\left|\frac{z}{t^2}\right| \leqq 1$$

als dritte Ungleichung hinzufügen; dann läßt sich das Theorem III so formulieren:

III''. *Es gibt mindestens ein System von ganzzahligen Werten x, y, z, die nicht alle gleichzeitig verschwinden und den drei linearen Formen*

$$\xi = tx - atz, \quad \eta = ty - btz, \quad \zeta = \frac{1}{t^2} z \tag{21}$$

mit der Determinante

$$\begin{vmatrix} t, & 0, & -at \\ 0, & t, & -bt \\ 0, & 0, & \frac{1}{t^2} \end{vmatrix} = 1$$

Werte erteilen, deren Beträge die Einheit nicht übersteigen.

Dieser Satz ist bloß ein Spezialfall eines viel allgemeineren Satzes, welcher den Gegenstand der nächstfolgenden Paragraphen bilden soll.

§ 6. Satz über drei ternäre lineare Formen.

Der allgemeine Satz lautet:

IV. *Zu drei reellen linearen Formen dreier Variabeln,*

$$\begin{aligned} \xi &= ax + by + cz, \\ \eta &= a'x + b'y + c'z, \\ \zeta &= a''x + b''y + c''z, \end{aligned} \tag{22}$$

mit der Determinante 1 *lassen sich immer ganzzahlige Werte x, y, z, die nicht sämtlich verschwinden, derart angeben, daß für dieselben*

$$|\xi| \leqq 1, \quad |\eta| \leqq 1, \quad |\zeta| \leqq 1 \tag{23}$$

wird.

Dieser Satz läßt sich auch auf Formen (22) mit beliebiger nicht verschwindender Determinante Δ in der Weise übertragen, daß in (23) die Einheit durch $|\sqrt[3]{\Delta}|$ ersetzt wird; denn steht er einmal für Formen mit der Determinante 1 fest und haben ξ, η, ζ die Determinante $\Delta \neq 0$, so ist er auf die Formen $\xi/\sqrt[3]{\Delta}$, $\eta/\sqrt[3]{\Delta}$, $\zeta/\sqrt[3]{\Delta}$, deren Determinante offenbar 1 ist, anwendbar: alsdann existiert ein ganzzahliges, von (0, 0, 0) verschiedenes Wertesystem (x, y, z), für welches

$$\left|\frac{\xi}{\sqrt[3]{\Delta}}\right|, \quad \left|\frac{\eta}{\sqrt[3]{\Delta}}\right|, \quad \left|\frac{\zeta}{\sqrt[3]{\Delta}}\right| \leqq 1,$$

also

$$|\xi|, \quad |\eta|, \quad |\zeta| \leqq |\sqrt[3]{\Delta}|$$

wird.

Für den Satz IV sind drei wesentlich verschiedene Beweise bekannt geworden. Der eine beruht auf geometrischen Betrachtungen, die mich auf den Satz geführt haben, und ist sehr durchsichtig, setzt aber gewisse geometrische Begriffe voraus, auf die wir erst in den nächstfolgenden Kapiteln eingehen wollen; einen anderen, arithmetischen Beweis hat Hurwitz (Göttinger Nachrichten, Math.-phys. Kl., 1897, p. 139) gegeben; der dritte, der in den folgenden Zeilen entwickelt werden soll, beruht wesentlich auf einer Idee von Hilbert.

Wir beweisen den Satz zunächst für folgende drei spezielle Formen mit der Determinante 1:

$$\xi = \frac{x}{t_1}, \quad \eta = \frac{y}{t_2}, \quad \zeta = Ax + By + t_1 t_2 z, \tag{24}$$

worin t_1, t_2 ganze positive Zahlen und A, B beliebige reelle Größen sind, — und führen sodann durch gewisse Kontinuitätsbetrachtungen den allgemeinen Fall auf diesen speziellen zurück.

Um den Satz IV für die Formen (24) zu beweisen, lassen wir x die Werte $0, 1, 2, \ldots, t_1$ und unabhängig davon y die Werte $0, 1, 2, \ldots, t_2$ durchlaufen. Jede der so entstehenden $(t_1+1)(t_2+1)$ Kombinationen (x, y) erteilt der Größe $-(Ax+By)/t_1t_2$ einen bestimmten Wert, zu welchem wir die nach rechts benachbarte Zahl z suchen, so daß jedesmal

$$0 \leqq z + \frac{Ax+By}{t_1 t_2} < 1,$$

also für jedes so erhaltene Wertesystem (x, y, z)

$$0 \leqq \zeta < t_1 t_2$$

wird. Da auf diese Weise $(t_1+1)(t_2+1)$ Werte von ζ hervorgehen, welche sämtlich in dem Intervall von 0 bis $t_1 t_2$ liegen, dieses Intervall aber nur $t_1 t_2$ Teilintervalle von der Länge 1 besitzt, so müssen in mindestens einem der letzteren nicht weniger als zwei Werte von ζ zu liegen kommen. So sei etwa:

$$h \leqq \zeta' = Ax' + By' + t_1 t_2 z' \quad < h+1,$$
$$h \leqq \zeta'' = Ax'' + By'' + t_1 t_2 z'' \quad < h+1.$$

Hieraus folgt durch Subtraktion:

$$|\zeta'' - \zeta'| < 1. \tag{25}$$

Setzen wir nun

$$x'' - x' = x, \quad y'' - y' = y, \quad z'' - z' = z,$$

wobei offenbar

$$0 \leqq |x| \leqq t_1, \quad 0 \leqq |y| \leqq t_2 \tag{26}$$

ist, so wird:

$$|\zeta'' - \zeta'| = |Ax + By + t_1 t_2 z| < 1 \tag{27}$$

und hiermit sind drei ganzzahlige Werte x, y, z gewonnen, für welche nach (26), (27), (24)

$$|\xi| \leqq 1, \quad |\eta| \leqq 1, \quad |\zeta| < 1$$

wird. Dabei können diese Werte x, y, z nicht sämtlich verschwinden, denn wären auch nur x, y beide gleich 0, so würde dies bedeuten, daß die beiden Kombinationen (x', y'), (x'', y'') miteinander identisch sind, was ausgeschlossen ist.

Demnach ist unser Satz für den Spezialfall (24) bewiesen.

§ 7. Das Minimum eines Formensystems.

Der weitere Gang des Beweises erfordert die Entwicklung einer Reihe von vorbereitenden Tatsachen und Begriffen, deren erster das

Minimum eines linearen Formensystems für ganzzahlige Werte der Variabeln sein soll.

Es sei das allgemeine Formensystem (22) mit der Determinante 1 vorgelegt und g sei der größte unter den Beträgen der Koeffizienten dieses Formensystems:

$$|a|,\quad |b|,\ \ldots,\ |c''| \leqq g. \tag{28}$$

Setzt man beliebige zwei der Variabeln x, y, z gleich 0, die dritte gleich 1, so wird jede der drei Formen sichtlich gleich einem ihrer Koeffizienten, also gleichfalls

$$|\xi|,\ |\eta|,\ |\zeta| \leqq g. \tag{29}$$

Hiermit ist die Existenz solcher ganzzahliger Werte x, y, z klar gelegt, die nicht alle Null sind und den drei Formen Werte ξ, η, ζ erteilen, welche dem absoluten Betrage nach die Größe g nicht übersteigen; diese letzteren Werte können auch nicht alle drei zugleich verschwinden, denn solches tritt wegen Nichtverschwindens der Determinante von (22) nur für $x = 0$, $y = 0$, $z = 0$ ein, das letztere Wertesystem kommt aber hier nicht in Betracht.

Um nun Schranken zu finden, innerhalb deren die Größen x, y, z überhaupt liegen müssen, wenn irgendwie die Ungleichungen (29) bestehen sollen, lösen wir die Formen (22) nach x, y, z auf:

$$\begin{aligned} x &= \alpha\xi + \alpha'\eta + \alpha''\zeta, \\ y &= \beta\xi + \beta'\eta + \beta''\zeta, \\ z &= \gamma\xi + \gamma'\eta + \gamma''\zeta, \end{aligned} \tag{30}$$

worin $\alpha, \beta, \ldots, \gamma''$ Unterdeterminanten von

$$\Delta = \begin{vmatrix} a, & b, & c \\ a', & b', & c' \\ a'', & b'', & c'' \end{vmatrix}$$

sind. Da wegen (28) jede solche Unterdeterminante absolut genommen $\leqq 2g^2$ sein muß, so haben die Gleichungen (30) und die Ungleichungen (29) notwendig zur Folge:

$$|x|,\ |y|,\ |z| \leqq 6g^3. \tag{31}$$

Hiermit sind in $-6g^3$, $6g^3$ Schranken der verlangten Art gefunden. Es gibt sonach bloß eine endliche Anzahl von solchen ganzzahligen Wertesystemen (x, y, z), welche die Ungleichungen (29) bewirken, und wir denken uns diese Wertesysteme aus der Gesamtheit der zwischen den besagten Schranken liegenden ganzzahligen Werte x, y, z herausgesucht, doch unter Ausschluß des Wertesystems (0, 0, 0).

Es möge nun $\varphi(x, y, z)$ den größten, resp. einen der größten unter den drei einem vorgegebenen Wertesystem (x, y, z) entspringenden Beträgen $|\xi|$, $|\eta|$, $|\zeta|$ bedeuten. Dann wird für die soeben ausgeschiedenen ganzzahligen Wertesysteme (x, y, z) und nur für diese,

$$0 < \varphi(x, y, z) \leqq g$$

sein. Unter diesen zugehörigen φ, deren es eine endliche Anzahl, und zwar mindestens eins gibt, muß es einen kleinsten Wert geben, der sicher von 0 verschieden ist und eventuell auch für mehrere der Systeme (x, y, z) herauskommen kann; dieses kleinste φ wollen wir das *Minimum des Formensystems* ξ, η, ζ (scil. für ganzzahlige Werte der Variabeln) nennen. Die Existenz desselben ist durch die vorstehende Betrachtung dargetan; zugleich ist festgestellt worden, daß es $\leqq g$ ist und bei Werten x, y, z eintritt, die jedenfalls in den Schranken $-6g^3$, $6g^3$ liegen.

Der Beweis des Satzes IV wird nunmehr darauf hinauslaufen, zu zeigen, daß das Minimum des Formensystems (22) den Wert 1 nicht überschreiten kann; für das spezielle System (24) ist dies bereits bewiesen.

§ 8. Variation und Transformation linearer Formen.

Wir zeigen zunächst, daß das *Minimum sich kontinuierlich ändert, wenn man die Koeffizienten der drei Formen kontinuierlichen Änderungen unterwirft.* Wir variieren die Koeffizienten $a, b, \ldots, c''$ bzw. um Größen $\delta a, \delta b, \ldots, \delta c''$, deren Beträge unterhalb einer positiven Grenze ε liegen mögen:

$$|\delta a|, |\delta b|, \ldots, |\delta c''| < \varepsilon; \tag{32}$$

wir bezeichnen dies als eine *Variation* $< \varepsilon$ *der Formen* ξ, η, ζ. Es sei nebenbei bemerkt, daß, wenn wir eine willkürliche erste Variation $< \varepsilon$ vorgenommen haben und dabei ε_0 der größte unter den Beträgen $|\delta a|, |\delta b|, \ldots, |\delta c''|$ ist, wir an dem so gewonnenen neuen Formensystem alsdann noch eine ganz beliebige Variation $< \varepsilon - \varepsilon_0$ vornehmen können und dabei das Resultat gleichbedeutend mit einer Variation $< \varepsilon$ von ξ, η, ζ sein wird. Haben wir nun eine Variation $< \varepsilon$ an ξ, η, ζ ausgeführt und bezeichnen mit ξ^*, η^*, ζ^* die dadurch aus ξ, η, ζ hervorgegangenen Formen, mit $\delta\xi$, $\delta\eta$, $\delta\zeta$ dagegen die Änderungen, welche die gegebenen Formen dabei erfahren haben, so ist

$$\begin{aligned} \xi^* &= \xi + \delta\xi = (a + \delta a)x + (b + \delta b)y + (c + \delta c)z, \\ \eta^* &= \eta + \delta\eta = (a' + \delta a')x + (b' + \delta b')y + (c' + \delta c')z, \\ \zeta^* &= \zeta + \delta\zeta = (a'' + \delta a'')x + (b'' + \delta b'')y + (c'' + \delta c'')z. \end{aligned} \tag{33}$$

Es sei nun M das Minimum der ursprünglichen, M^* jenes der variierten Formen. Wir wollen unter x, y, z solche ganzzahlige Werte der Variabeln verstehen, für welche das Minimum M eintritt; dann müssen dieselben, sobald die Voraussetzung (28) getroffen ist, nach § 7 der Ungleichung

$$|x|, |y|, |z| \leqq 6g^3 \tag{34}$$

genügen. Mit Rücksicht darauf und auf (32) folgt aus (33) für dieses Wertesystem (x, y, z):

$$|\xi^*|, |\eta^*|, |\zeta^*| < M + 18\varepsilon g^3,$$

umsomehr also

$$M^* < M + 18\varepsilon g^3. \tag{35}$$

Analog seien x^*, y^*, z^* gewisse das Minimum M^* bewirkende ganzzahlige Werte der Variabeln. Da aus der Voraussetzung (28) und aus (32) eine analoge Voraussetzung für die Koeffizienten der variierten Formen folgt, nämlich

$$|a + \delta a|, |b + \delta b|, \ldots, |c'' + \delta c''| < g + \varepsilon,$$

so müssen x^*, y^*, z^* einer zu (34) analogen Ungleichung genügen, und zwar

$$|x^*|, |y^*|, |z^*| < 6(g + \varepsilon)^3,$$

und dementsprechend folgt aus (33) für dieses Wertesystem (x^*, y^*, z^*):

$$|\xi|, |\eta|, |\zeta| < M^* + 18\varepsilon(g + \varepsilon)^3,$$

daher auch

$$M < M^* + 18\varepsilon(g + \varepsilon)^3. \tag{36}$$

Aus den Ungleichungen (35), (36) entnehmen wir nun:

$$-18\varepsilon(g + \varepsilon)^3 < M^* - M < 18\varepsilon g^3,$$

wodurch der Unterschied beider Minima, M und M^*, zwischen zwei Grenzen eingeschlossen erscheint, welche beliebig klein gemacht werden können, sobald nur ε genügend klein genommen wird, d. h. sobald die Variation der gegebenen Formen einen hinreichend kleinen Spielraum nicht überschreitet. Hiermit ist also dargetan, daß das Minimum von drei linearen Formen eine kontinuierliche Funktion der Koeffizienten ist.

Im folgenden werden wir das Formensystem ξ, η, ζ, und zwar immer nur zwei der Formen, so zu variieren haben, daß die Systemdeterminante den Wert 1 beibehält und dabei die Variationen aller Koeffizienten eine Grenze ε nicht überschreiten. Dies wird in folgender Weise zu erzielen sein: Wir variieren zunächst etwa bloß die Koeffizienten von ξ bzw. um die Größen $\delta a, \delta b, \delta c$, so zwar, daß

$$|\delta a|, |\delta b|, |\delta c| < \vartheta \tag{37}$$

bleibt, wobei ϑ noch unbestimmt, jedenfalls aber

$$0 < \vartheta < \varepsilon \tag{38}$$

sei, und es sei $1 + \delta\Delta$ die Determinante des variierten Formensystems, wobei also

$$\delta\Delta = \begin{vmatrix} \delta a, & \delta b, & \delta c \\ a', & b', & c' \\ a'', & b'', & c'' \end{vmatrix}$$

ist. Damit aus dieser Determinante wieder eine Determinante vom Werte 1 hervorgeht, multiplizieren wir in ihr eine der unvariierten Zeilen, z. B. die dritte, mit $1/(1+\delta\Delta)$. Dadurch wird aber zugleich eine Variation der Koeffizienten von ζ hervorgerufen, und zwar bzw. um die Größen:

$$\delta a'' = \frac{-a''\delta\Delta}{1+\delta\Delta}, \quad \delta b'' = \frac{-b''\delta\Delta}{1+\delta\Delta}, \quad \delta c'' = \frac{-c''\delta\Delta}{1+\delta\Delta},$$

und jetzt handelt es sich darum, daß auch diese Variation den festgesetzten Spielraum nicht überschreite, also

$$|\delta a''|, \ |\delta b''|, \ |\delta c''| < \varepsilon$$

bleiben. Nun ist mit Rücksicht auf (28)

$$|\delta\Delta| < 6\vartheta g^2$$

und daher, wenn noch

$$6\vartheta g^2 < 1 \tag{39}$$

vorausgesetzt wird,

$$\left|\frac{\delta\Delta}{1+\delta\Delta}\right| < \frac{6\vartheta g^2}{1-6\vartheta g^2};$$

mithin werden $|\delta a''|$, $|\delta b''|$, $|\delta c''|$ sicher sämtlich $< \varepsilon$ ausfallen, wenn nur

$$\frac{6\vartheta g^3}{1-6\vartheta g^2} < \varepsilon \tag{40}$$

ist. Man braucht also, um das Gewünschte zu erreichen, nur ϑ so zu wählen, daß es die Ungleichungen (38), (39), (40) gleichzeitig erfüllt.

Dem Beweise des Satzes IV muß noch die folgende Betrachtung vorausgeschickt werden:

Wir üben an den Formen ξ, η, ζ eine durch die Gleichungen

$$\begin{aligned} x &= pX + p'Y + p''Z, \\ y &= qX + q'Y + q''Z, \\ z &= rX + r'Y + r''Z \end{aligned} \tag{41}$$

gegebene lineare Transformation aus, wobei $p, p', \ldots, r''$ ganze Zahlen sein mögen und die Transformationsdeterminante

$$T = \begin{vmatrix} p, & p', & p'' \\ q, & q', & q'' \\ r, & r', & r'' \end{vmatrix}$$

den Wert 1 haben soll. Dann gehen die drei Formen in drei neue mit den Variabeln X, Y, Z über:

$$\begin{aligned} \Xi &= AX + BY + CZ, \\ H &= A'X + B'Y + C'Z, \\ Z &= A''X + B''Y + C''Z, \end{aligned} \tag{42}$$

wobei der Zusammenhang zwischen den transformierten Koeffizienten $A, B, \ldots, C''$ und den ursprünglichen $a, b, \ldots, c''$ durch eine Beziehung zwischen den zugehörigen Matrizen und der Matrix T, und zwar

$$\begin{vmatrix} A, & B, & C \\ A', & B', & C' \\ A'', & B'', & C'' \end{vmatrix} = \begin{vmatrix} a, & b, & c \\ a', & b', & c' \\ a'', & b'', & c'' \end{vmatrix} \cdot T \tag{43}$$

zum Ausdruck gebracht werden kann. Dieser Beziehung zufolge stimmt nach dem Multiplikationssatze der Determinanten die Determinante der transformierten Formen Ξ, H, Z mit derjenigen von ξ, η, ζ im Werte überein, ist also wieder $= 1$.

Für je zwei durch die Gleichungen (41) verbundene Wertesysteme (x, y, z) und (X, Y, Z) gilt:

$$\xi(x, y, z) = \Xi(X, Y, Z), \quad \eta(x, y, z) = H(X, Y, Z), \\ \zeta(x, y, z) = Z(X, Y, Z);$$

dabei entspricht jedem ganzzahligen Wertesystem (X, Y, Z) ein ganzzahliges Wertesystem (x, y, z), und — weil $T = 1$ ist — auch umgekehrt; speziell für $X = 0$, $Y = 0$, $Z = 0$ gehen x, y, z ebenfalls in das Wertesystem $(0, 0, 0)$ über, und setzt man umgekehrt in (41) $x = 0$, $y = 0$, $z = 0$ ein, so folgt wegen Nichtverschwindens der Determinante als einzige Lösung: $X = 0$, $Y = 0$, $Z = 0$.

Aus dieser Sachlage folgt ohne weiteres, daß das Minimum des Formensystems Ξ, H, Z dasselbe sein muß, wie jenes von ξ, η, ζ. *Durch eine lineare Transformation mit der Determinante* 1 *(unimodulare Substitution) ändert sich also das Minimum von drei ternären linearen Formen nicht.*

§ 9. Ausführung besonderer Variationen.

Nun läßt sich der Beweis des Satzes IV in wenigen Zügen erledigen. Angenommen, der Satz wäre nicht richtig, also das Minimum der Formen ξ, η, ζ größer als 1. Dann kann man nach § 8 ein $\varepsilon > 0$ derart angeben, daß für alle Variationen $< \varepsilon$ dieser Formen das Minimum sich so wenig ändert, daß es immer noch die Einheit übersteigt. Eine solche Variation führen wir aus, indem wir zunächst zu ε ein positives ϑ derart bestimmen, daß gleichzeitig

$$\vartheta < \varepsilon, \quad 6\vartheta g^2 < 1, \quad \frac{6\vartheta g^3}{1 - 6\vartheta g^2} < \varepsilon \tag{44}$$

wird, sodann eine positive ganze Zahl s derart festlegen, daß

$$\frac{1}{s} < \vartheta \tag{45}$$

wird, hierauf rationale Zahlen p/s, q/s, r/s suchen, so daß

$$\left|\frac{p}{s} - a\right| \leqq \frac{1}{s}, \quad \left|\frac{q}{s} - b\right| \leqq \frac{1}{s}, \quad \left|\frac{r}{s} - c\right| \leqq \frac{1}{s} \tag{46}$$

wird (s. § 1), und in der Form ξ c durch r/s ersetzen, weiter b durch q/s, wobei wir $q \neq 0$ annehmen können, da wir für dasselbe sicher die Wahl zwischen zwei benachbarten ganzen Zahlen haben, schließlich a durch $\frac{p}{s} + \frac{1}{qst}$, wobei t eine so gewählte ganze Zahl bedeute, daß

$$qst > 0 \quad \text{und zugleich} \quad \frac{1}{s} + \frac{1}{qst} < \vartheta \tag{47}$$

wird. Hierdurch werden die Koeffizienten von ξ um Größen variiert, die wegen (45) und (47) dem Betrage nach unterhalb ϑ liegen. Um noch die gleichzeitig erfolgte Variation $\delta\Delta$ der Determinante des Formensystems zu beheben, multiplizieren wir die Koeffizienten in ζ mit $1/(1 + \delta\Delta)$ und erhalten so das variierte Formensystem

$$\begin{aligned} \xi^* &= \frac{pqt+1}{qst}x + \frac{q}{s}y + \frac{r}{s}z, \\ \eta^* &= \eta, \\ \zeta^* &= \frac{\zeta}{1+\delta\Delta}, \end{aligned} \tag{48}$$

welches aus dem ursprünglichen wegen (44) (s. § 8) durch eine Variation $< \varepsilon$ hervorgeht und darum ein Minimum hat, das sicher noch > 1 ist.

Nun erfüllen die ganzen Zahlen $u = -p^2t$, $v = -pqt + 1$ die Relation

$$(pqt+1)v - q^2tu = 1,$$

und wir führen an dem System (48) die durch die Gleichungen

$$\begin{aligned} x' &= (pqt+1)x + q^2ty + qrtz, \\ y' &= ux \qquad\quad + vy, \\ z' &= \qquad\qquad\qquad\qquad z \end{aligned}$$

gegebene Transformation mit der Determinante

$$\begin{vmatrix} pqt+1, & q^2t, & qrt \\ u, & v, & 0 \\ 0, & 0, & 1 \end{vmatrix} = 1$$

aus. Die transformierten Formen, welche ξ', η', ζ' heißen mögen (wobei ξ' schon die für den Spezialfall (24) charakteristische Gestalt

$$\xi' = \frac{x'}{qst}$$

hat), und welche nach § 8 dasselbe Minimum > 1 haben, wie die Formen (48), variieren wir nun in ähnlicher Weise, wie dies mit den ursprünglich gegebenen geschehen ist. Wir bestimmen ε', ϑ' ähnlich, wie vorhin ε, ϑ bestimmt wurden, legen sodann eine positive ganze Zahl s' derart fest, daß

$$\frac{1}{s'} < \vartheta' \tag{49}$$

wird, finden weiter zu den Koeffizienten von η' nach Analogie von (46) rationale Näherungszahlen p'/s', q'/s', r'/s', wobei wir $r' \neq 0$ einrichten, und substituieren in η' p'/s' für den Koeffizienten von x', r'/s' für jenen von z' und $\frac{q'}{s'} + \frac{1}{r's't'}$ für jenen von y', wobei t' als ganze Zahl so gewählt sei, daß

$$r's't' > 0 \quad \text{und zugleich} \quad \frac{1}{s'} + \frac{1}{r's't'} < \vartheta' \tag{50}$$

wird; gleichzeitig multiplizieren wir ζ' mit dem aus der soeben erfolgten Variation $\delta'\Delta$ der Determinante sich ergebenden Faktor $1/(1+\delta'\Delta)$ und erhalten so das folgende variierte Formensystem von der Determinante 1:

$$\begin{aligned} \xi^{**} &= \frac{x'}{qst}, \\ \eta^{**} &= \frac{p'}{s'}x' + \frac{q'r't'+1}{r's't'}y' + \frac{r'}{s'}z', \\ \zeta^{**} &= \frac{\zeta'}{1+\delta'\Delta}, \end{aligned} \tag{51}$$

dessen Minimum immer noch > 1 sein wird. An diesem Formensystem üben wir die Transformation

$$\begin{aligned} x'' &= x', \\ y'' &= p'r't'x' + (q'r't'+1)y' + r'^2t'z', \\ z'' &= \qquad\qquad v'y' + w'z' \end{aligned}$$

aus, wobei wir mit $v' = -q'^2t'$, $w' = -q'r't' + 1$ der Gleichung

$$(q'r't'+1)w' - r'^2t'v' = 1$$

Genüge leisten, so daß die Transformationsdeterminante

$$\begin{vmatrix} 1, & 0, & 0 \\ p'r't', & q'r't'+1, & r'^2t' \\ 0, & v', & w' \end{vmatrix} = 1$$

wird. Hierdurch geht das Formensystem (51), wenn zur Abkürzung

$$qst = t_1, \quad r's't' = t_2$$

gesetzt wird, in das folgende über:

$$\begin{aligned} \xi'' &= \frac{x''}{t_1}, \\ \eta'' &= \qquad \frac{y''}{t_2}, \\ \zeta'' &= Ax'' + By'' + t_1 t_2 z''. \end{aligned} \tag{52}$$

(Der dritte Koeffizient in ζ'' muß $= t_1 t_2$ sein, weil die Determinante des Formensystems $= 1$ ist; die übrigen zwei Koeffizienten bezeichnen wir kurz mit A, B.) Dieses Formensystem hat dasselbe Minimum wie jenes (51), also ein Minimum > 1; dies steht aber im Widerspruch mit dem Satze IV., insofern dieser für den Spezialfall (52) bereits bewiesen ist. Hiermit ist die Unzulässigkeit der Annahme, daß das Minimum von ξ, η, ζ die Einheit übersteige, dargetan, woraus a contrario die Richtigkeit des Satzes IV. für beliebige drei ternäre lineare Formen mit der Determinante 1 folgt.

§ 10. **Grenzfälle des Satzes über drei lineare ternäre Formen.**

Für die Anwendungen werden von besonderer Wichtigkeit die Grenzfälle sein, in denen das Minimum der Formen (22) genau gleich 1 und nicht kleiner ist. Im allgemeinen werden auch solche ganzzahlige Werte der Variabeln existieren, die nicht alle verschwinden und für welche *die Beträge aller drei Formen* < 1 werden; ist dies aber nicht der Fall, wofür wir später die vollständigen Bedingungen ableiten werden, so muß, wie sich zeigen wird, namentlich mindestens eine der Formen ganzzahlige Koeffizienten haben.

Ein dem Satze IV. ganz entsprechender allgemeiner Satz für n lineare Formen mit n Variabeln läßt sich ähnlich, wie der Satz IV., beweisen; doch bietet der weitere Ausbau der soeben erwähnten, auf den Grenzfall des Satzes IV. bezüglichen Kriterien für mehr als drei Formen erhebliche Schwierigkeiten dar, die sich mit der Anzahl der Formen steigern.

Dagegen läßt sich eine andere Tatsache sehr leicht für n lineare Formen mit n Variabeln beweisen, sobald einmal der zu IV. analoge allgemeine Satz feststeht, — diese nämlich, daß *es stets ganzzahlige Werte der Variabeln gibt, die nicht alle verschwinden und für welche alle n Formen bis auf eine, von vorn herein beliebig ausgewählte, dem Betrage nach < 1 werden, diese eine dagegen $\leqq 1$ wird.*

Denn bilden wir, um bei drei Formen zu bleiben, aus den Formen ξ, η, ζ mit der Determinante 1 die drei neuen Formen $(1+\vartheta)\xi$, $(1+\vartheta)\eta$, $\zeta/(1+\vartheta)^2$, wobei ϑ eine willkürliche positive Größe bedeute, so haben die letzteren Formen ebenfalls die Determinante 1, und es gibt darum ganzzahlige, von $(0, 0, 0)$ verschiedene Wertesysteme (x, y, z), für welche

$$(1+\vartheta)|\xi| \leqq 1, \quad (1+\vartheta)|\eta| \leqq 1, \quad \frac{|\zeta|}{(1+\vartheta)^2} \leqq 1$$

und also

$$|\xi| < 1, \quad |\eta| < 1, \quad |\zeta| \leqq (1+\vartheta)^2 \tag{53}$$

wird. Unter den sämtlichen, sicher nur in endlicher Anzahl vorhandenen Wertesystemen, die überhaupt den Ungleichungen (53) genügen, greifen wir nun ein solches heraus, welches dem $|\zeta|$ den kleinstmöglichen Wert erteilt; das so bestimmte Minimum für $|\zeta|$ kann sich offenbar bei einem Übergang zu größerem ϑ nicht ändern, hat somit den gleichen Wert für irgend zwei ϑ, d. h. es ist von ϑ ganz unabhängig; da es nun stets $\leqq (1+\vartheta)^2$ ist, ϑ aber beliebig klein angenommen werden kann, so muß es notwendig $\leqq 1$ sein. Sonach gibt es in der Tat mindestens ein von $(0, 0, 0)$ verschiedenes Wertesystem (x, y, z), für welches

$$|\xi| < 1, \quad |\eta| < 1, \quad |\zeta| \leqq 1$$

wird, q. d. e.

Zweites Kapitel.

Zahlengitter in zwei Dimensionen.

§ 1. Geometrische Darstellung des Zahlengitters.

Die Gesamtheit aller ganzzahligen Wertesysteme zweier Variabeln x, y wollen wir das *Zahlengitter in zwei Dimensionen* nennen. Dasselbe kann durch ein Parallelkoordinatensystem geometrisch dargestellt werden, indem jedem ganzzahligen Wertepaare (x, y) ein Gitterpunkt mit den Koordinaten x, y zugeordnet wird (Fig. 5). Das Koordinatensystem kann recht- oder schiefwinklig angenommen werden, auch können für die Zeichnung der Koordinaten parallel den zwei Achsen zwei verschiedene und ganz beliebige Maßstäbe angewandt werden: für die Darstellung des Zahlengitters ist dies irrelevant.

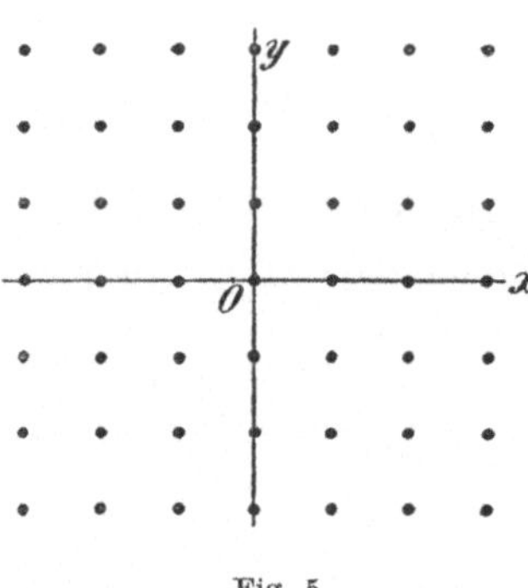

Fig. 5.

Ist in der Koordinatenebene der x, y eine begrenzte Figur gegeben, so wollen wir unter dem *Inhalt* derselben in diesen Koordinaten das auf die Fläche der Figur bezogene Doppelintegral

$$J = \iint dx\, dy$$

verstehen, wobei das Element des Integrals stets als wesentlich positive Größe zu denken ist.

§ 2. Satz über zwei binäre lineare Formen.

Es seien zwei lineare Formen zweier Variabeln mit beliebigen reellen Koeffizienten und mit nicht verschwindender Determinante gegeben:

$$\xi = \alpha x + \beta y, \quad \eta = \gamma x + \delta y; \tag{1}$$

$$\Delta = \alpha\delta - \beta\gamma \neq 0. \tag{2}$$

Wir bilden in der Ebene des Zahlengitters der x, y das von den Geraden

$$\xi = 1, \quad \xi = -1, \quad \eta = 1, \quad \eta = -1$$

begrenzte, den Nullpunkt zum Mittelpunkt habende Parallelogramm (Fig. 6), dessen Inhalt

$$J = \iint dx\,dy = \left|\frac{d(x,y)}{d(\xi,\eta)}\right| \iint d\xi\,d\eta = \frac{1}{|\Delta|}\int_{-1}^{1} d\xi \int_{-1}^{1} d\eta = \frac{4}{\Delta} \qquad (3)$$

beträgt, und denken uns dasselbe vom Nullpunkte aus nach allen Richtungen in irgend einem Verhältnis $t/1$ dilatiert; das neu entstandene, von den Geraden

$$\xi = t, \quad \xi = -t, \quad \eta = t, \quad \eta = -t$$

begrenzte Parallelogramm hat dann den Inhalt

$$t^2 J = \frac{4t^2}{|\Delta|}.$$

Jedem Werte des positiven Parameters t ist ein solches Parallelogramm zugeordnet.

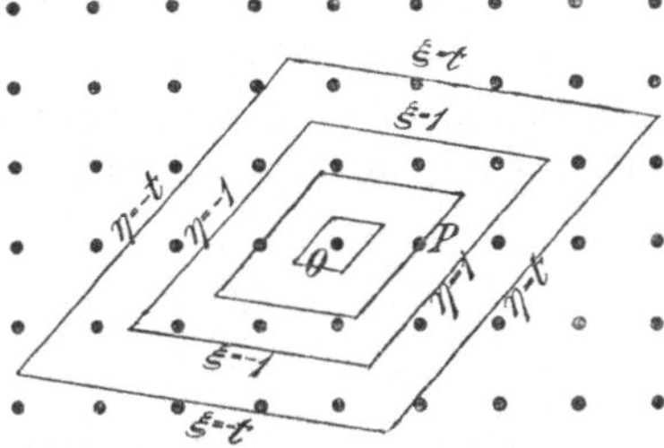

Fig. 6.

Wird nun der größere von den beiden Beträgen $|\xi|$, $|\eta|$, welche einem beliebig vorgegebenen Wertepaare (x, y) entspringen, bzw. ihr gemeinsamer Wert (analog, wie in Kap. I § 7) mit $\varphi(x, y)$ bezeichnet, so ist es einleuchtend, daß, je nachdem der Punkt (x, y) innerhalb, auf der Begrenzung oder außerhalb des Parallelogramms vom Parameterwerte t liegt,

$$\varphi(x, y) < t, \quad \text{resp.} = t, \quad \text{resp.} > t$$

sein wird.

Die ursprüngliche, zum Parameter 1 gehörige Figur bezeichnen wir als *Eichfigur*.

Wir denken uns nun die Eichfigur zuerst durch Verkleinerung des t so stark zusammengezogen, daß die resultierende neue Figur außer dem Nullpunkte keinen weiteren Gitterpunkt enthält, und dilatieren sodann diese letztere durch kontinuierliche Vergrößerung des t so lange, bis sie mit ihrer Begrenzung zum ersten Mal an einen Gitterpunkt, etwa P, stößt (Fig. 6); es soll dieses für den Parameterwert $t = M$ geschehen, so daß der Inhalt der zugehörigen Figur $M^2 J$ beträgt. Dann ist es klar, daß $\varphi(x, y)$ im Punkte P den Wert M hat und daß dies der kleinste Wert ist, den $\varphi(x, y)$ für ganzzahlige Werte x, y, ausgenommen für das System $(0, 0)$, anzunehmen vermag. Für den Punkt P ist also

$$|\xi| \leqq M, \quad |\eta| \leqq M,$$

wobei in mindestens einer dieser Ungleichungen sicher das Gleichheitszeichen gilt. Somit ist M nichts anderes, als das Minimum der Formen ξ, η für ganzzahlige von 0, 0 verschiedene Werte der Variabeln (vgl. Kap. I § 7). An diese Erkenntnis läßt sich ein neuer Beweis des im vorigen Kapitel bewiesenen Satzes für lineare Formen — hier wäre es für zwei Formen — anknüpfen; ein solcher wird nämlich erbracht sein, sobald gezeigt wird, daß

$$M \leqq \sqrt{|\Delta|}$$

ist, und dies werden wir durch eine einfache geometrische Überlegung erschließen.

Der größeren Anschaulichkeit halber empfiehlt es sich für diese Überlegung die Koordinatenachsen und die Maßstäbe auf den Achsen so zu wählen, daß die betrachtete Eichfigur in ein Quadrat übergeht (Fig. 7). Wir ziehen das dem Parameter M entsprechende, der Eichfigur homothetische Quadrat $ABCD$, auf dessen Rande der Gitterpunkt P liegt, im Verhältnis 1 : 2 zusammen und denken uns das neu entstandene Quadrat, dessen Inhalt $= \left(\frac{M}{2}\right)^2 J$ ist, vom Nullpunkte aus zu jedem anderen Gitterpunkt als Mittelpunkt parallel mit sich selbst verschoben. Es ordnen sich dann lauter solche Quadrate zunächst längs der beiderseits ins Unbegrenzte verlängerten Geraden OP an, so zwar, daß je zwei benachbarte an den einander zugekehrten Seiten zusammenstoßen; und ähnliche Züge von Quadraten erhalten wir längs weiterer, zu OP paralleler Reihen von Gitterpunkten. Die einzelnen Züge sind untereinander getrennt; denn würde etwa das Quadrat um R in jenes um O hineingreifen, so müßte der Punkt R, wie eine einfache Überlegung zeigt, im *Inneren* der Figur $ABCD$ liegen, was ausgeschlossen ist. Im allgemeinen werden sich beide genannten Quadrate, um R und um O, nicht einmal berühren; eine Berührung wird nur dann eintreten, wenn der Gitterpunkt R auf der Begrenzung der Figur $ABCD$ liegt. So wird also die ganze Ebene von den besagten Quadraten vom Parameter $M/2$ jedenfalls nirgends mehrfach überdeckt sein; sie kann dabei unter Umständen von diesen Quadraten lückenlos ausgefüllt sein, im allgemeinen aber werden zwischen den einzelnen Zügen unbedeckte Zwischenräume bleiben.

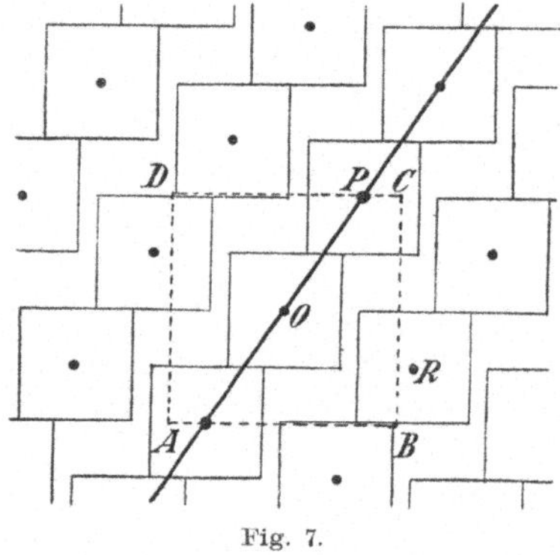

Fig. 7.

Konstruieren wir nun andererseits um jeden Gitterpunkt als

Mittelpunkt das Parallelogramm, dessen Seiten Strecken von den Längen 1 parallel zu den Koordinatenachsen vorstellen (Fig. 8). Da diese Parallelogramme die ganze Ebene einfach und lückenlos überdecken, so kann man schon daraus den Schluß ziehen, daß der Flächeninhalt $\left(\frac{M}{2}\right)^2 J$ eines jeden der vorhin um die Gitterpunkte konstruierten Quadrate vom Parameter $M/2$ kleiner, und nur im Grenzfalle der lückenlosen Erfüllung der ganzen Ebene auch durch jene Quadrate gleich

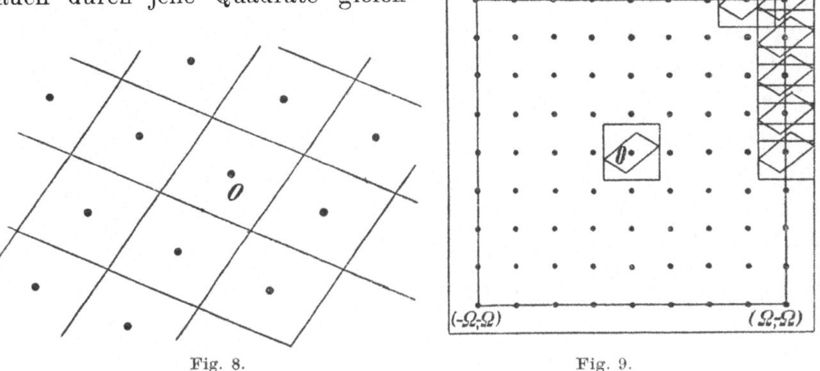

Fig. 8. Fig. 9.

ist dem Flächeninhalt 1 eines jeden der auf Fig. 8 gezeichneten Parallelogramme; aus

$$\left(\frac{M}{2}\right)^2 J < 1 \quad \text{bzw.} \quad \left(\frac{M}{2}\right)^2 J = 1 \tag{4}$$

folgt aber wegen (3):

$$\frac{M^2}{|\Delta|} < 1 \quad \text{bzw.} \quad \frac{M^2}{|\Delta|} = 1$$

oder

$$M < \sqrt{|\Delta|} \quad \text{bzw.} \quad M = \sqrt{|\Delta|},$$

und hiermit erscheint der dem Satze IV. entsprechende Satz für zwei binäre lineare Formen mit beliebiger nicht verschwindender Determinante bewiesen.

§ 3. Strenge Begründung der oberen Grenze für das Minimum.

Um noch dieser Schlußweise einwandfreie Strenge zu verleihen, wollen wir jetzt x, y als gewöhnliche rechtwinklige Koordinaten annehmen und denken uns zunächst ein endliches Stück aus dem Gitter herausgeschnitten, nämlich das um den Nullpunkt symmetrisch liegende Quadrat mit den Eckpunkten (Ω, Ω), $(-\Omega, \Omega)$, $(\Omega, -\Omega)$, $(-\Omega, -\Omega)$ (Fig. 9), wobei Ω eine ganze Zahl bedeute, über deren Größe noch verfügt werden soll, — und konstruieren um die $(2\Omega+1)^2$ innerhalb und auf der Begrenzung dieses Quadrates liegenden Gitterpunkte als Mittelpunkte unsere der Eichfigur homothetischen Parallelogramme vom Parameter $M/2$. Die letzteren kommen ins Innere des Quadrates mit den Ecken $(\pm\Omega, \pm\Omega)$ zu liegen, mit Ausnahme gewisser, welche über die Begrenzung dieses Quadrates hinausragen. Jedes dieser Parallelogramme läßt sich nun in ein Quadrat mit demselben Mittelpunkte einschließen, dessen Seiten bzw. zu den Koordinatenachsen parallel und von der Länge Mh sind, wobei h den größten unter jenen Werten bedeutet, welche von den Größen $|x|$, $|y|$ innerhalb und auf der Begrenzung der Eichfigur angenommen werden. Die Gesamtheit dieser Quadrate fällt nun vollständig in ein Quadrat, welches über die Berandung des Quadrates mit den Ecken $(\pm\Omega, \pm\Omega)$ an jeder Seite um die Breite $\frac{M}{2}h$ hinausragt und sonach den Flächeninhalt $(2\Omega + Mh)^2$ hat. In dieses letztere Quadrat fällt also auch die durch Konstruktion der Parallelogramme um die Gitterpunkte entstandene Figur vollständig hinein und, da die letztere den Flächeninhalt $(2\Omega+1)^2\left(\frac{M}{2}\right)^2 J$ hat, so haben wir:

$$(2\Omega+1)^2\left(\frac{M}{2}\right)^2 J \leqq (2\Omega + Mh)^2,$$

oder:

$$\left(\frac{M}{2}\right)^2 J \leqq \frac{\left(1+\frac{Mh}{2\Omega}\right)^2}{\left(1+\frac{1}{2\Omega}\right)^2}. \tag{5}$$

Da $\left(\frac{M}{2}\right)^2 J$ eine bestimmte endliche Größe ist, der rechts stehende Ausdruck dagegen für genügend großes Ω der Einheit beliebig nahe kommt, so folgt aus (5) notwendig:

$$\left(\frac{M}{2}\right)^2 J \leqq 1, \tag{6}$$

was zu beweisen war.

§ 4. Grenzfälle des Satzes über zwei binäre lineare Formen.

Konstruiert man um den Nullpunkt als Mittelpunkt das der Eichfigur homothetische Parallelogramm mit dem Parameter M, also dem Inhalt M^2J, sodann ein dazu homothetisches Parallelogramm vom Flächeninhalt 4, so sagt die zuletzt gewonnene Ungleichung, wenn man sie in der Form

$$M^2 J \leqq 4$$

schreibt, aus, daß das erstere Parallelogramm ganz im Inneren des letzteren liegt oder im äußersten Falle mit ihm zusammenfällt. Da nun das erstere Parallelogramm in seinem Inneren außer dem Nullpunkte keinen weiteren Gitterpunkt enthält, wohl aber auf seiner Begrenzung Gitterpunkte aufweisen muß, so können wir das vorhin gewonnene Resultat (6) auch folgendermaßen aussprechen:

V. *Ein um den Nullpunkt als Mittelpunkt konstruiertes Parallelogramm vom Flächeninhalt* 4 *enthält immer außer dem Mittelpunkte noch weitere Gitterpunkte.*

Im allgemeinen werden bereits im Inneren des Parallelogramms vom Flächeninhalt 4 außer dem Mittelpunkte noch weitere Gitterpunkte liegen; nur in dem Grenzfalle, wo $\left(\frac{M}{2}\right)^2 J$ genau gleich 1 ist (und also die beiden linearen Formen (1) nicht gleichzeitig durch ganzzahlige Werte $\neq 0,0$ der Variabeln dem Betrage nach $< \sqrt{\Delta}$ gemacht werden können), liegen diese weiteren Gitterpunkte nicht im Inneren, sondern auf der Begrenzung des Parallelogramms. Die Art und Weise, wie sie sich dabei auf die Begrenzung verteilen, läßt sich unschwer erkennen. Zunächst muß jede Seite in ihrem Inneren mindestens einen Gitterpunkt enthalten, denn wäre dies z. B. für die Seite AB

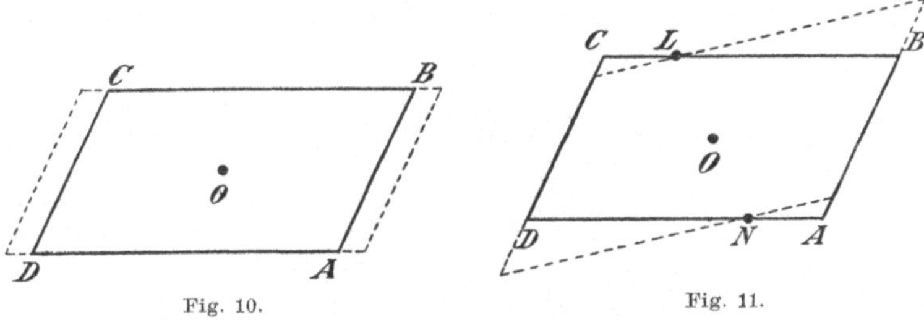

Fig. 10. Fig. 11.

(Fig. 10), also auch für die gegenüberliegende CD, nicht der Fall, so könnten wir diese beiden Seiten in entsprechender Weise parallel zu sich selbst aus dem Parallelogramm herausschieben, so daß dabei keine neuen Gitterpunkte ins Parallelogramm hereintreten; hierdurch wäre aber ein Parallelogramm mit einem Flächeninhalt > 4 gewonnen, in dessen Innerem sich kein Gitterpunkt außer dem Mittelpunkte befände, was zu einem Widerspruch mit V. führt. Liegt ferner im Inneren einer Seite ein einziger Gitterpunkt, so muß er in der Mitte der Seite liegen; denn wäre dies nicht der Fall, so könnten wir durch entsprechende Drehung dieser Seite um den Gitterpunkt (Fig. 11) und der gegenüberliegenden Seite um den auf ihr befindlichen, zum ersteren symmetrisch bezüglich O gelegenen Gitterpunkt wiederum ein Parallelogramm von einem Flächeninhalt > 4 gewinnen, welches im Inneren immer noch keinen Gitterpunkt außer dem Mittelpunkte enthalten würde. Hieraus folgt, daß in unserem Parallelogramm $ABCD$ entweder

a) jede Seite nur einen Gitterpunkt in ihrem Inneren, und zwar genau in der Mitte, enthält, oder

b) zwei gegenüberliegende Seiten je einen Gitterpunkt in der Mitte, die übrigen zwei dagegen je zwei Gitterpunkte enthalten.

Weitere Eventualitäten, daß etwa im Inneren einer *jeden* Seite zwei Gitterpunkte lägen oder gar irgend welche Seite mehr als zwei Gitterpunkte enthielte, schließen sich von selbst aus, denn aus diesen

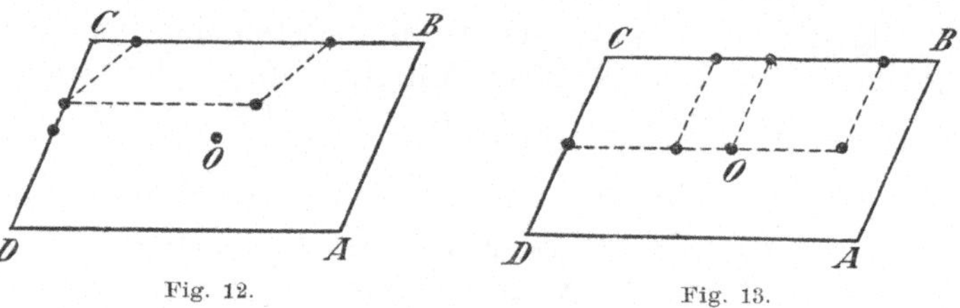

Fig. 12. Fig. 13.

Gitterpunkten würde sich durch Parallelogrammkonstruktion (Fig. 12, 13) jedesmal ein solcher neuer Gitterpunkt ableiten lassen, der im Inneren des Parallelogramms läge und mit dem Mittelpunkte nicht zusammenfiele, entgegen unseren Voraussetzungen.

Im Falle a) ist es nun klar, daß hier auch die Eckpunkte des Parallelogramms Gitterpunkte sind, also im ganzen acht Gitterpunkte auf der Begrenzung desselben liegen (Fig. 14). Im Falle b) dagegen gibt es sechs solcher Gitterpunkte (Fig. 15); dabei müssen die Gitter-

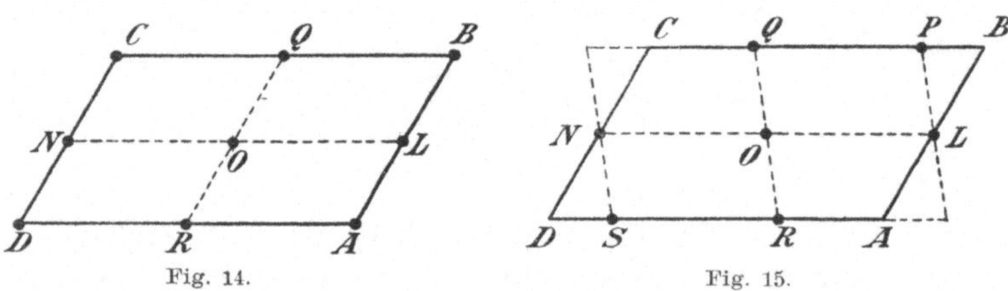

Fig. 14. Fig. 15.

punkte P, Q (resp. R, S) auf einer Seite so liegen, daß sich aus ihnen und dem Gitterpunkte L oder N auf der anstoßenden Seite durch geeignete Parallelogrammkonstruktion gerade der Mittelpunkt O ergibt; denn wäre nicht der Punkt O auf diese Weise herzustellen, so würde wiederum neben dem Mittelpunkte noch ein anderer Gitterpunkt im Inneren des Parallelogramms vorhanden sein. Man sieht auch, daß unser Parallelogramm dann dem Inhalt nach ein Vierfaches vom Parallelogramm $OLPQ$ ist; wenn also p, q bzw. r, s die (jedenfalls ganzzahligen) Koordinaten der Punkte L bzw. Q bedeuten, so muß der Flächeninhalt von $OLPQ$

$$ps - qr = 1 \tag{7}$$

sein. Ganz entsprechend ist es auch im Falle a) (Fig. 14). Die

Relation (7) muß also bestehen, wenn das zur Eichfigur homothetische, zum Parameter M gehörige Parallelogramm genau den Inhalt 4 haben soll; und umgekehrt: besteht diese Relation, so ist der besagte Inhalt tatsächlich $= 4$. Ist dies nun der Fall, so läßt sich das Zahlengitter in x, y durch die Substitution

$$\begin{aligned} x &= pX + rY, \\ y &= qX + sY, \end{aligned} \tag{8}$$

welche wegen (7)

$$\begin{aligned} X &= sx - ry, \\ Y &= -qx + py \end{aligned} \tag{9}$$

liefert, in ein Zahlengitter in X, Y überführen, in dem dann die Punkte (p, q), (r, s) die Koordinaten $X = 1$, $Y = 0$ bzw. $X = 0$, $Y = 1$ erhalten. Sind ferner

$$\xi = \alpha x + \beta y, \quad \eta = \gamma x + \delta y \tag{10}$$

gerade die Formen, welche $= 1$ resp. -1 gesetzt die vier Seiten des Parallelogramms $ABCD$ darstellen, wobei wir uns der Einfachheit wegen $M = 1$, also

$$\alpha\delta - \beta\gamma = \pm 1$$

denken, so finden wir leicht die Formen Ξ, H, in welche diese gegebenen (10) infolge der Transformation (8) übergehen, indem wir bloß berücksichtigen, daß die Gleichung der Seite ALB (wir setzen diese Zeichen auf $\xi = 1$ oder $\eta = 1$) und die Gleichung der Mittellinie NL ($\eta = 0$ bzw. $\xi = 0$) beide von dem Punkte ($X = 1$, $Y = 0$) befriedigt werden müssen. Es ergibt sich.

$$\Xi = X - aY, \quad \mathsf{H} = \pm Y, \tag{11}$$

bzw.

$$\Xi = \mp Y, \quad \mathsf{H} = X - aY, \tag{12}$$

worin a eine durch die Substitutionskoeffizienten und die Koeffizienten der Formen (10) bestimmte Konstante bedeutet.

Hiermit zeigt es sich, daß *so oft einer von den besprochenen Grenzfällen eintritt, notwendig eine ganzzahlige unimodulare Substitution existieren muß, welche die gegebenen Formen* (10) *in solche* (11) *oder* (12) *überführt. Diese notwendige Bedingung der Grenzfälle ist aber auch hinreichend:* denn da die Ungleichungen

$$|X - aY| < 1, \quad |Y| < 1$$

außer $X = 0$, $Y = 0$ keine weitere ganzzahlige Lösung besitzen, so kann infolgedessen dann das gegebene Parallelogramm vom Inhalt 4 außer dem Nullpunkte keinen weiteren Gitterpunkt in seinem Inneren enthalten, und es tritt sonach einer der beiden Grenzfälle ein. Zugleich hat man dann wegen (9) und (11) bzw. (12)

$$\pm \eta \quad \text{bzw.} \quad \mp \xi = -qx + py$$

und wenn man berücksichtigt, daß p, q zwei ganze teilerfremde Zahlen sind, andererseits die arithmetische Bedeutung der Grenzfälle beachtet, — diese nämlich, daß dann die Beträge der Formen ξ, η nicht beide zugleich durch ganzzahlige Werte (x, y), außer durch $(0, 0)$, kleiner als 1 gemacht werden können —, so erhellt die folgende Tatsache, eine Ergänzung des Satzes über zwei lineare Formen:

VI. *Zwei lineare Formen mit zwei Variabeln von der Determinante* 1 *können durch ganzzahlige, von* $(0, 0)$ *verschiedene Wertesysteme der Variabeln dann und nur dann nicht beide zugleich dem Betrage nach* < 1 *gemacht werden, wenn mindestens eine der Formen ganzzahlige teilerfremde Koeffizienten hat.* — Daraus ergibt sich ohne weiteres die Bedingung für den analogen Grenzfall bei *beliebiger* von 0 verschiedener Determinante Δ der Formen; diese Bedingung lautet, daß die Koeffizienten mindestens einer der Formen die Gestalt $-q\sqrt{|\Delta|}$, $p\sqrt{|\Delta|}$ mit ganzzahligen teilerfremden p, q haben müssen.

Die bisherigen Betrachtungen des zweiten Kapitels lassen sich ohne weiteres auf den n-dimensionalen Raum übertragen und führen dann zu einer Verallgemeinerung des hier für zwei lineare Formen bewiesenen Satzes. Nur bietet die Ausdehnung des für die Grenzfälle zuletzt gewonnenen Kriteriums auf beliebig viele Formen erhebliche Schwierigkeiten dar. n lineare Formen mit n Variabeln und von einer Determinante $= \pm 1$ können durch ganzzahlige Werte der Variabeln, die nicht alle verschwinden, dem Betrage nach sämtlich $\leqq 1$ gemacht werden; soll nun das Minimum des Formensystems genau $= 1$ sein, so vermute ich wohl und ich möchte es als Aufgabe stellen, diesen Umstand allgemein zu erweisen, daß dann mindestens eine der Formen notwendig ganzzahlige Koeffizienten haben muß; aus dieser einen Bedingung würden sich hernach die vollständigen Bedingungen dieses Grenzfalles leicht durch einen Schluß von $n-1$ auf n ergeben.

§ 5. Allgemeiner Satz über konvexe Figuren mit Mittelpunkt.

Unter einer *konvexen Figur* wollen wir eine von einem geschlossenen, sich nirgends durchsetzenden Kurvenzug begrenzte Figur verstehen, die so beschaffen ist, daß durch jeden Punkt ihrer Begrenzung mindestens eine Gerade sich ziehen läßt, welche die Figur ganz auf einer Seite läßt. Solche Geraden sollen *Stützgeraden* der Figur heißen; im allgemeinen werden es Tangenten der Begrenzungskurve sein; liegt der betreffende Punkt etwa in einem geradlinigen Stück der Begrenzungskurve, so bestimmt das letztere zugleich die

Stützgerade für diesen Punkt; bildet die Kurve in dem Punkte eine Spitze, so gehen durch ihn unendlich viele Stützgeraden (Fig. 16).

Falls die konvexe Figur einen Punkt besitzt, welcher jede durch ihn gehende Sehne halbiert, so heißt derselbe *Mittelpunkt* der Figur.

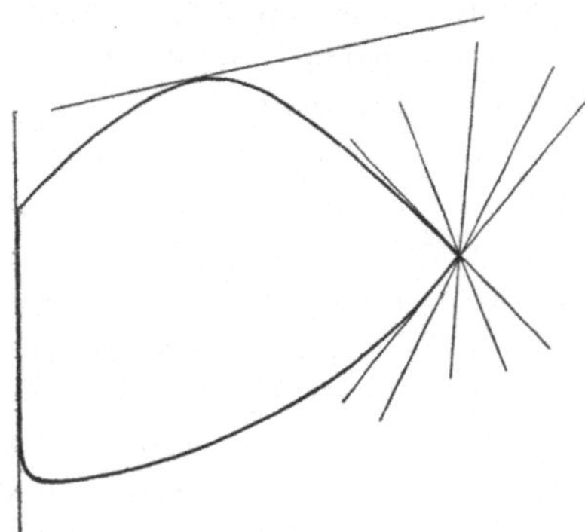

Fig. 16.

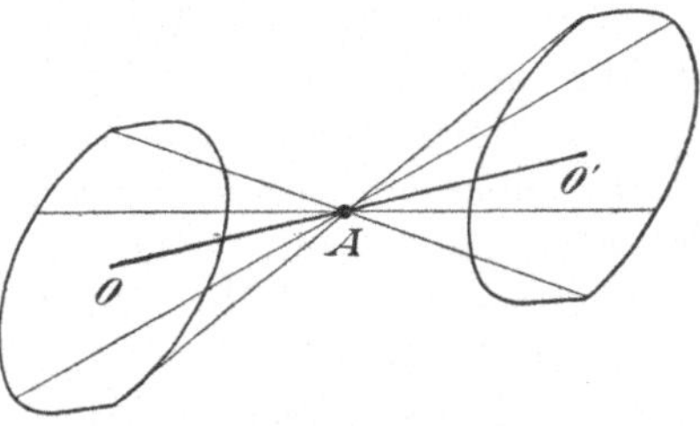

Fig. 17.

Verschiebt man eine konvexe Figur mit Mittelpunkt irgendwie parallel zu sich selbst (Fig. 17), so leuchtet es ein, daß das von der ursprünglichen und der verschobenen Figur dargestellte Gebilde symmetrisch ist in bezug auf den die Verbindungslinie beider Mittelpunkte halbierenden Punkt.

Wir werden den folgenden Satz beweisen, eine Verallgemeinerung des Satzes V:

VII. *Jede konvexe Figur mit einem Gitterpunkt als Mittelpunkt, vom Flächeninhalt 4, enthält außer dem Mittelpunkte stets noch weitere Gitterpunkte.*

Der Beweis läßt sich ganz analog führen, wie im Falle des Parallelogramms (§ 2, § 3), welch letzteres ja nur eine spezielle konvexe Figur mit Mittelpunkt ist. Wir denken uns die gegebene Figur vom Flächeninhalt 4, deren Mittelpunkt im Nullpunkt O liegen mag (Fig. 18), zunächst in einem Verhältnis $t:1$ derart zu einer *Figur vom Parameter* t, wie wir dafür sagen wollen, zusammengezogen, daß diese letztere außer dem Mittelpunkte keinen weiteren Gitterpunkt enthält, und dilatieren hernach diese letztere, indem wir t wachsen lassen, so lange, bis sie etwa für $t = M$ zum erstenmal mit ihrer Begrenzung an einen Gitterpunkt, etwa P, stößt. (Selbstverständlich stößt sie dann gleichzeitig an einen zweiten, zu P bezüglich O symmetrischen Punkt P'.) Die so gewonnene Figur vom

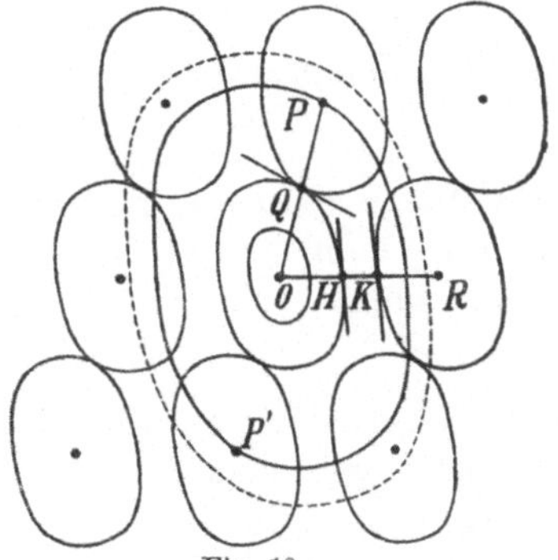

Fig. 18.

Flächeninhalt $4M^2$ ziehen wir im Verhältnis $2:1$ zusammen, erhalten auf diese Weise eine zu ihr homothetische Figur vom Parameter $M/2$ und dem Flächeninhalt M^2 und verschieben nun die letztere parallel mit sich selbst vom Nullpunkt aus zu jedem anderen Gitterpunkt als Mittelpunkt. Wir betrachten die gegenseitige Lage irgend zweier beliebiger unter den Figuren, die wir so erhalten: die eine sei die Figur um O als Mittelpunkt; bei der anderen werden wir zu unterscheiden haben, ob ihr Mittelpunkt, etwa wie P, sich auf der Figur vom Parameter M um den Nullpunkt findet, oder ob er, wie z. B. R, außerhalb der letzteren Figur fällt. Im ersteren Falle müssen offenbar beide zuvor genannten Figuren den Punkt Q, welcher die Verbindungslinie OP ihrer Mittelpunkte halbiert, gemein haben; da sie nun nach einer früheren Bemerkung um den Punkt Q zueinander symmetrisch liegen, so leuchtet es ein, daß sie durch eine diesem Punkte zugehörige Stützgerade der ersten Figur, die dann auch Stützgerade der zweiten Figur ist, vollständig getrennt werden, also sicher nicht ineinanderdringen. Im anderen Falle seien H, K die Schnittpunkte der Begrenzungskurven beider Figuren mit der Verbindungslinie OR der Mittelpunkte; dann ist

$$OH = KR < \frac{OR}{2},$$

und es zeigt folglich die Betrachtung paralleler Stützgeraden beider Figuren in den Punkten H, K, daß die Figuren vollständig auseinanderliegen. Somit wird durch die Gesamtheit der gezeichneten Figuren je von einem Flächeninhalt M^2 jedenfalls kein Stück der Ebene mehrfach überdeckt, im allgemeinen nicht einmal die ganze Ebene lückenlos erfüllt. Konstruiert man nun andererseits um jeden Gitterpunkt als Mittelpunkt ein Parallelogramm, dessen Seiten je die Länge 1 haben und zu den Koordinatenachsen parallel sind, wie z. B. das Parallelogramm

$$-\tfrac{1}{2} \leqq x \leqq \tfrac{1}{2}, \quad -\tfrac{1}{2} \leqq y \leqq \tfrac{1}{2}$$

(Fig. 8), so wird die ganze Ebene von der Gesamtheit dieser Parallelogramme vom Inhalt 1 einfach und lückenlos überdeckt Hieraus folgert man:

$$M^2 \leqq 1, \tag{13}$$

und dieser Schluß läßt sich in genau derselben Weise streng begründen, wie dies in § 4 für den Fall eines Parallelogramms geschehen ist. Aus der Ungleichung (13) folgt nun, daß die Figur vom Parameter M höchstens den Flächeninhalt 4 hat, also innerhalb der gegebenen Figur vom Flächeninhalt 4 liegen muß oder äußerstenfalls mit ihr zusammenfällt, woraus dann unmittelbar die Richtigkeit des Satzes VII einleuchtet.

§ 6. Das Produkt zweier binärer linearer Formen.

Indem wir zu den Anwendungen der gewonnenen Sätze übergehen, betrachten wir ein Produkt von zwei binären linearen Formen:

$$\xi\eta = (\alpha x + \beta y)(\gamma x + \delta y), \tag{14}$$

wobei wir

$$\alpha\delta - \beta\gamma = 1 \tag{15}$$

annehmen. Ein solches Produkt stellt eine binäre indefinite quadratische Form in den Variabeln x, y mit der Determinante $-\frac{1}{4}$ dar. Da nämlich $\xi\eta$ und $(\alpha x + \beta y)(\gamma x + \delta y)$ wegen (15) algebraisch-äquivalente Formen sind, so ist die Determinante von $(\alpha x + \beta y)(\gamma x + \delta y)$ gleich jener von $\xi\eta$, also $= -\frac{1}{4}$.

Setzen wir

$$\xi\eta = c, \quad \xi\eta = -c, \tag{16}$$

worin c eine Konstante bedeutet, über die noch verfügt werden soll, so stellen diese Gleichungen im Koordinatensystem (ξ, η), welches wir der Anschaulichkeit halber als rechtwinklig annehmen können*) (Fig. 19), zwei gleichseitige Hyperbeln dar, welche die Koordinatenachsen zu Asymptoten haben und eine kreuzförmige, bezüglich jeder der Achsen symmetrische Figur einschließen. Legt man in einem beliebigen Punkte $P = (\xi_0, \eta_0)$ eines der vier Hyperbeläste eine Tangente APB an den Ast und symmetrisch dazu Tangenten an die drei übrigen Äste, so schließen die vier Tangenten ein Parallelogramm ein, welches für die gegebenen Hyperbeln einen bestimmten, bei der Variation der Tangenten konstant bleibenden Inhalt hat. Wir wollen nun die Konstante c so bestimmen, daß dieser Flächeninhalt $= 4$ wird. Da für den letzteren wegen (15)

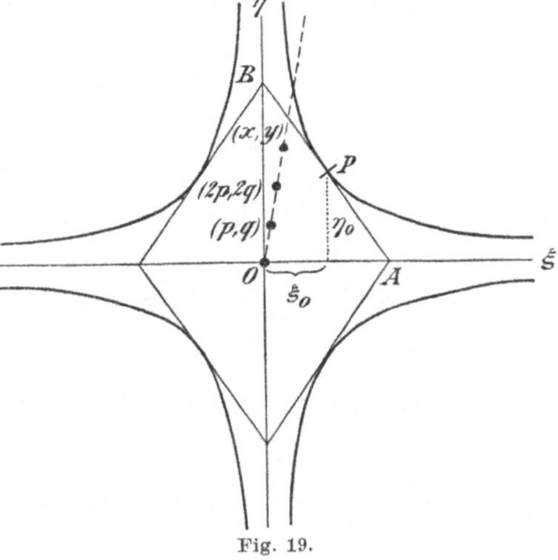

Fig. 19.

$$\iint dx\,dy = \iint d\xi\,d\eta$$

*) Indem wir über die Achsen des Koordinatensystems (x, y) und über die Maßstäbe auf den Achsen entsprechend verfügen.

gilt, so kann derselbe $= 2\overline{OA} \cdot \overline{OB}$ gesetzt werden; nun ist

$$\overline{AP} = \overline{PB}$$

folglich

$$\overline{OA} = 2\xi_0, \quad \overline{OB} = 2\eta_0;$$

daher ist der gesuchte Inhalt mit Rücksicht auf (16) gleich $8c$ und es ist also

$$c = \tfrac{1}{2}$$

zu nehmen.

Wir werden im folgenden jene Gitterpunkte in Betracht ziehen, welche für $c = \frac{1}{2}$ innerhalb der von den vier Hyperbelästen begrenzten Figur liegen, deren Koordinaten also alle ganzzahligen Lösungen der Ungleichung

$$|(\alpha x + \beta y)(\gamma x + \delta y)| < \tfrac{1}{2} \tag{17}$$

darstellen. Zieht man durch einen Gitterpunkt (x, y), der vom Nullpunkte verschieden sein soll, vom letzteren aus einen Strahl, so wird dieser Strahl möglicherweise noch andere, innerhalb der besagten Figur gelegene Gitterpunkte enthalten; jedenfalls wird es darunter einen dem Nullpunkte nächsten geben, etwa (p, q), und es ist klar, daß die Koordinaten desselben zueinander teilerfremde Zahlen sein werden und durch Verdoppelung, Verdreifachung usf. derselben sich die Koordinaten der weiteren, auf dem nämlichen Strahle befindlichen Gitterpunkte ergeben: $(2p, 2q)$, $(3p, 3q)$, usf. bis zu (x, y). Gitterpunkte (p, q) mit teilerfremden Koordinaten, welche die Ungleichung (17) befriedigen, wollen wir *primitive Lösungen* dieser Ungleichung nennen. So werden sich alle Gitterpunkte der genannten Figur auf Strahlen, die durch den Nullpunkt gehen, anordnen lassen, und unsere Betrachtung wird sich dann bloß auf die primitiven Lösungen von (17) beschränken können. Die letzteren werden in einer bestimmten, geometrisch sehr anschaulichen Weise zu ermitteln sein, nämlich mit Hilfe einer Tangente, welche längs eines Hyperbelastes gleitend, nach und nach alle primitiven Lösungen hervortreten läßt.

Um dies einzusehen, müssen wir zuerst die Verteilung der Gitterpunkte in einem Parallelogramm vom Flächeninhalt 4 studieren.

§ 7. Verteilung der Gitterpunkte in einem Parallelogramm vom Inhalt 4.

Es sei ein solches Parallelogramm um den Nullpunkt O als Mittelpunkt gegeben. Es kann zunächst vorkommen, daß dasselbe nur Gitterpunkte enthält, die auf einer einzigen durch den Nullpunkt gehenden Geraden liegen, daher in beliebiger Anzahl vorhanden sein können (z. B., wenn das Parallelogramm genügend lang in der Richtung einer der Achsen ist, Fig. 20). Gibt es zweitens im Parallelogramm Gitterpunkte, die auf zwei verschiedenen Strahlen vom Nullpunkt aus liegen, so sei $A = (p, q)$ ein solcher Gitterpunkt auf dem einen, $B = (r, s)$ ein solcher auf dem anderen Strahl, wobei die Bezeichnungen so gewählt werden können, daß

$$ps - qr > 0$$

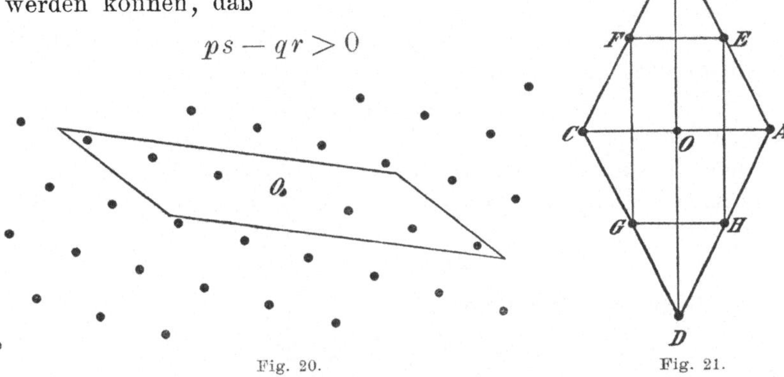

Fig. 20. Fig. 21.

ausfällt. Dann ist es klar, daß das von diesen Punkten und den dazu bezüglich O symmetrischen, $C = (-p, -q)$, $D = (-r, -s)$, als Ecken gebildete Parallelogramm ganz in dem gegebenen liegen muß, und da es den Inhalt $2(ps - qr)$ hat, so folgt hieraus notwendig:

$$ps - qr \leqq 2.$$

Diese Ungleichung kann, da $ps - qr$ eine ganze Zahl ist, nur so bestehen, daß

$$\textit{entweder} \quad ps - qr = 2 \quad \textit{oder} \quad ps - qr = 1 \tag{18}$$

ist, und diese zwei Fälle werden nun zu unterscheiden sein.

Im ersteren Falle hat das von den vier bezeichneten Punkten gebildete Parallelogramm genau den Inhalt 4; dies ist nur so möglich, daß diese Punkte mit den Ecken des gegebenen Parallelogramms bzw. zusammenfallen. Gibt es nun im Inneren des letzteren keine Gitterpunkte außer dem Nullpunkte, dann liegt offenbar der erste von den im § 4 besprochenen Grenzfällen vor, und es werden sonach neben den Ecken des Parallelogramms auch die Mittelpunkte seiner Seiten (Fig. 21), E, F, G, H, Gitterpunkte sein.

Um diese Umstände weiter arithmetisch auszulegen, identifizieren wir OAB mit dem gleichbezeichneten Dreieck vom Inhalt 1 in der Figur 19 und transformieren das Koordinatensystem der x, y durch eine ganzzahlige lineare Substitution von der Determinante 1 derart, daß die Mittelpunkte zweier anstoßender Seiten des Parallelogramms, etwa E, F, im neuen System X, Y die Koordinaten $1, 0$ resp. $0, 1$

erhalten. Dann müssen die Gleichungen der Diagonalen in die folgenden übergehen:

$$X - Y = 0, \quad X + Y = 0,$$

und es sind sonach

$$\xi = \varrho(X-Y), \quad \eta = \sigma(X+Y)$$

die transformierten Ausdrücke von ξ, η, wobei ϱ, σ positiv sind und zum Produkt $\frac{1}{2}$ ergeben müssen, weil der Wert 1 der Determinante der Formen ξ, η durch unsere Substitution nicht geändert wird; im übrigen bleibt etwa ϱ beliebig. Die Form $\xi\eta$ geht dann in die Form $\frac{1}{2}(X^2-Y^2)$ über. Läßt sich umgekehrt $\xi\eta$ durch eine ganzzahlige Substitution von der Determinante 1 in $\frac{1}{2}(X^2-Y^2)$ transformieren, — wir bezeichnen dieses Verhalten als arithmetische Äquivalenz der beiden Formen —, so entsprechen ganzzahligen Lösungen der Ungleichung

$$|\xi\eta| \leqq \tfrac{1}{2}$$

ganzzahlige Lösungen der folgenden:

$$\tfrac{1}{2}|(X-Y)(X+Y)| \leqq \tfrac{1}{2};$$

die letztere hat aber außer $(0, 0)$ nur noch die folgenden acht primitiven ganzzahligen Lösungen:

$$(\pm 1, 0), \quad (0, \pm 1), \quad (\pm 1, \pm 1).$$

In diesem Fall enthält also der von den vier Hyperbelästen eingeschlossene Bereich auf den beiden Achsen unendlich viele Gitterpunkte, außerhalb derselben dagegen nur vier Gitterpunkte, die auf den Hyperbelästen symmetrisch liegen und für welche $|\xi\eta|$ genau $= \frac{1}{2}$ wird.

Nehmen wir jetzt an, es sei zwar $ps - qr = 2$, es liege aber noch im Inneren des Parallelogramms $ABCD$ ein vom Nullpunkte verschiedener Gitterpunkt (r', s') und zwar etwa im Quadranten AOB und nicht auf der Strecke OA, dann zeigt es sich ebenso, wie vorhin entsprechend für die Punkte (p, q), (r, s), daß $ps' - qr' = 1$ sein muß*), also das von den Punkten

$$(p, q), \quad (r', s'), \quad (-p, -q), \quad (-r', -s')$$

gebildete Parallelogramm dem Inhalte nach die Hälfte des gegebenen beträgt, und hieraus geht auf Grund einer einfachen geometrischen Überlegung hervor, daß der Punkt (r', s') notwendig auf der Geraden EF liegt; würde nun (r', s') nicht auf OB fallen, so würde analog einzusehen sein, daß dieser Punkt auf der Geraden HE liegen, somit in E fallen müßte, was ein Widerspruch gegen die Voraussetzung be-

*) Die Eventualität $ps' - qr' = 2$ ist von vornherein ausgeschlossen, da der Punkt (r', s') im Inneren des gegebenen Parallelogramms liegen soll.

treffs (r', s') wäre. Also kann nur $r = 2r'$, $s = 2s'$ sein. Alsdann geht $\xi\eta$ durch die unimodulare ganzzahlige Substitution

$$x = pX + r'Y, \quad y = qX + s'Y$$

in XY über, und die Ungleichung $|\xi\eta| \leqq \frac{1}{2}$ hat nur die vier primitiven ganzzahligen Lösungen $(X, Y) = (\pm 1{,}0), (0, \pm 1)$.

Nehmen wir andererseits an, daß *nicht alle vier Ecken des gegebenen Parallelogramms vom Inhalt 4 Gitterpunkte* sind, so haben wir notwendig

$$ps - qr = 1. \tag{19}$$

Wir wenden alsdann auf das Zahlengitter der x, y die Substitution

$$x = pX + rY, \quad y = qX + sY$$

an, wodurch die Punkte $(x, y) = (p, q), (r, s)$ bzw. in die Punkte $(X, Y) = (1, 0), (0, 1)$ übergehen. Sollten dann außer den fünf Gitterpunkten $(X, Y) = (0, 0), (\pm 1, 0), (0, \pm 1)$ noch weitere zwei, etwa $(P, Q), (-P, -Q)$ im Parallelogramm liegen, so kann hierbei jede der Determinanten

$$\begin{vmatrix} P, 1 \\ Q, 0 \end{vmatrix} = -Q, \quad \begin{vmatrix} P, 0 \\ Q, 1 \end{vmatrix} = P$$

jedenfalls nur einen von den Werten $0, +1, -1$ haben; da jedoch die Kombinationen $(P = \pm 1,\ Q = 0)$ und $(P = 0,\ Q = \pm 1)$ bereits vertreten sind, so kommen nur die vier $(P = \pm 1,\ Q = \pm 1)$ in Betracht; nehmen wir nun an, es liege von den letzteren etwa der Punkt $(-1, 1)$ und hiermit auch $(1, -1)$ im Parallelogramm, so können dann die Punkte $(1, 1), (-1, -1)$ nicht mehr im Parallelogramm liegen, weil sonst aus den zwei Punkten $(1, -1), (1, 1)$ die Determinante $\begin{vmatrix} 1 & 1 \\ -1 & 1 \end{vmatrix} = 2$ hervorginge, was unseren Voraussetzungen nicht entspricht.

Somit liegen im gegebenen Parallelogramm, in dem jetzt untersuchten Falle, außer dem Mittelpunkt entweder 4 oder 6 Gitterpunkte; weitere Eventualitäten gibt es nicht.

Um noch bei Eintritt der zweiten Eventualität die Lage des Parallelogramms zu den 6 Gitterpunkten zu erkennen, fragen wir nach den an Flächeninhalt kleinsten Parallelogrammen unter allen, die das Sechseck jener Gitterpunkte in sich schließen. Man erkennt zunächst, daß, wenn in einem solchen kleinsten Parallelogramm irgend eine Seite nur einen einzigen Eckpunkt vom ganzen Sechseck enthalten soll, dieser notwendig in der Mitte der Seite liegen muß; denn sonst könnte durch Drehung dieser Seite um den bezeichneten Punkt und der gegenüberliegenden Seite um den zu jenem bezüglich O symmetrischen Punkt der Inhalt des Parallelogramms verkleinert werden (Fig. 22). Es erhellt sodann, daß die Verbindungslinie der beiden besagten Punkte Mittellinie des Parallelogramms sein wird, und hieraus folgt, daß des letzteren übrige zwei Seiten mit zwei Seiten des Sechsecks zusammenfallen müssen (Fig. 23). Daneben bleibt nur noch die Möglichkeit bestehen, daß alle vier Seiten des Parallelogramms mit vier Seiten des Sechsecks bzw. zusammenfallen, was nur in der auf Fig. 24 dargestellten Weise geschehen kann. Dies sind die einzigen Fälle, in denen der Inhalt unseres Parallelogramms einen minimalen Wert haben kann, und da derselbe in diesen Fällen offenbar 4 beträgt, so sind hiermit überhaupt diejenigen Parallelogramme vom Inhalt 4 gefunden, welche ein Sechseck von Gitterpunkten enthalten. Da nun das zweite, der Fig. 24 entsprechende Parallelogramm offenbar

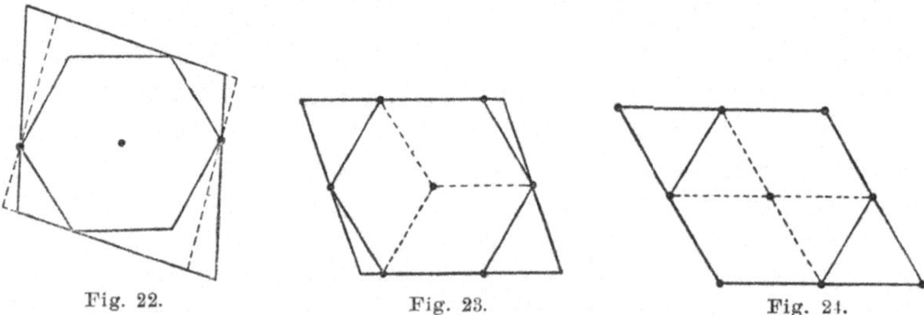

Fig. 22. Fig. 23. Fig. 24.

auch seine übrigen zwei Ecken zu Gitterpunkten hat, also zu dem schon früher abgehandelten Falle gehört, so bleibt die auf Fig. 23 dargestellte Lage als die hier einzig mögliche bestehen.

§ 8. Eigenschaften der Lösungen von $|\xi\eta| < \frac{1}{2}$.

Wir kehren nun zur Betrachtung sämtlicher Parallelogramme vom Flächeninhalt 4 zurück, die den Nullpunkt zum Mittelpunkt und die zwei Geraden

$$\xi = \alpha x + \beta y = 0, \quad \eta = \gamma x + \delta y = 0 \quad (\alpha\delta - \beta\gamma = 1) \tag{20}$$

zu Diagonalen haben, also von den zwei Hyperbeln

$$\xi\eta = \pm \tfrac{1}{2}$$

eingeschlossen werden. Dabei schließen wir die schon vorher erledigten Fälle aus, daß die Form $\xi\eta$ in den Variabeln x, y sei es mit der Form XY, sei es mit der Form $\frac{1}{2}(X^2 - Y^2)$ arithmetisch äquivalent ist.

Sind 2ϱ, 2σ die Längen der auf der ξ- bzw. η-Achse gelegenen halben Diagonalen eines solchen Parallelogramms, wobei $\varrho\sigma = \frac{1}{2}$ ist, so sind

$$\frac{\xi}{2\varrho} + \frac{\eta}{2\sigma} = \pm 1, \quad \frac{\xi}{2\varrho} - \frac{\eta}{2\sigma} = \pm 1$$

die Gleichungen der vier Seiten dieses Parallelogramms, und mit Rücksicht darauf kann man das Innere und die Begrenzung dieses letzteren durch die Ungleichung

$$\left|\frac{\xi}{2\varrho}\right| + \left|\frac{\eta}{2\sigma}\right| \leqq 1 \tag{21}$$

definieren.

Den Ergebnissen des § 7 zufolge wird ein jedes der in Rede stehenden Parallelogramme im allgemeinen entweder nur *ein* Paar entgegengesetzter primitiver Lösungen der Ungleichung

$$|\xi\eta| < \tfrac{1}{2} \tag{22}$$

und dann beliebig viele äquidistante Gitterpunkte auf einer Geraden durch den Nullpunkt oder *zwei* Paare entgegengesetzter primitiver Lösungen und dann ausschließlich diese vier Gitterpunkte (außer O) enthalten; endlich kann noch der besondere Fall eintreten, daß sechs Gitterpunkte (außer O) im Parallelogramm liegen, und zwar alle auf der Begrenzung desselben; da aber im letzteren Falle zwei von den Gitterpunkten in den Mitten zweier gegenüberliegender Seiten des Parallelogramms, also auf zwei Hyperbelästen liegen und daher die *Gleichung*

$$|\xi\eta| = \tfrac{1}{2} \tag{23}$$

erfüllen, die übrigen vier dagegen sicherlich *im Inneren* der von den vier Hyperbelästen begrenzten Figur enthalten sind, also der *Ungleichung* (22) genügen, so gibt es im Parallelogramm auch in diesem Falle bloß zwei primitive Lösungspaare von (22).

Wir zeigen nun andererseits, daß *zu jeder primitiven Lösung* (p, q) *von* (22) *sich ein Parallelogramm* (21) *konstruieren läßt, welches außer dem Nullpunkte nur die zwei Gitterpunkte* (p, q), $(-p, -q)$ *und keine weiteren enthält.* Wir legen zu diesem Behufe durch den Punkt $(p, q) = A$, welcher etwa im positiven ξ, η-Quadranten und, wie wir der Einfachheit wegen annehmen wollen, weder auf der ξ- noch auf der η-Achse liege, eine Tangente an den in demselben Quadranten befindlichen Hyperbelast, und zwar etwa jene von den beiden möglichen Tangenten, deren Berührungspunkt die kleinere Abszisse hat. Durch die Spiegelungen der konstruierten Tangente an den Achsen geht ein Parallelogramm vom Inhalt 4 hervor, welches außer (p, q) und $(-p, -q)$ sicherlich noch weitere vom Nullpunkte verschiedene Gitterpunkte enthalten wird. Liegen dieselben alle auf der Begrenzung des Parallelogramms, so tritt, weil die Äquivalenz der Form $\xi\eta$ in x, y mit $\frac{1}{2}(X^2 - Y^2)$ ausgeschlossen wurde, notwendig der zu Ende des § 7 besprochene Fall von sechs Gitterpunkten ein, welche alsdann die auf Fig. 25 dargestellte Lage haben und wobei die durch A laufende Seite noch einen zweiten Gitterpunkt, B, enthält. Liegt dagegen ein von A verschiedener Gitterpunkt, etwa $(r, s) = B$, *im Inneren* des Parallelogramms, so enthält dieses letztere außer dem Nullpunkte notwendig nur die vier Gitterpunkte: (p, q), $(-p, -q)$, (r, s), $(-r, -s)$ und keine weiteren (Fig. 26). Zerfällt man dann das Parallelogramm durch Konstruktion der zu den Seiten parallelen Mittellinien in vier Quadranten, so sieht man leicht ein, daß A und B nicht in einem und demselben Quadranten liegen können (und eo ipso auch nicht in zwei gegenüberliegenden Quadranten): denn es würde sonst auch der Punkt $(p-r, q-s)$ in das Parallelogramm fallen, dieses also mehr als vier Gitterpunkte (außer O) enthalten, die nicht alle auf seiner Begrenzung lägen, was ausgeschlossen ist. Daher wird jedenfalls der Quotient $\left|\frac{\xi}{\eta}\right|$ für B kleiner als für A ausfallen:

$$\left|\frac{\xi}{\eta}\right|_B < \left|\frac{\xi}{\eta}\right|_A. \tag{24}$$

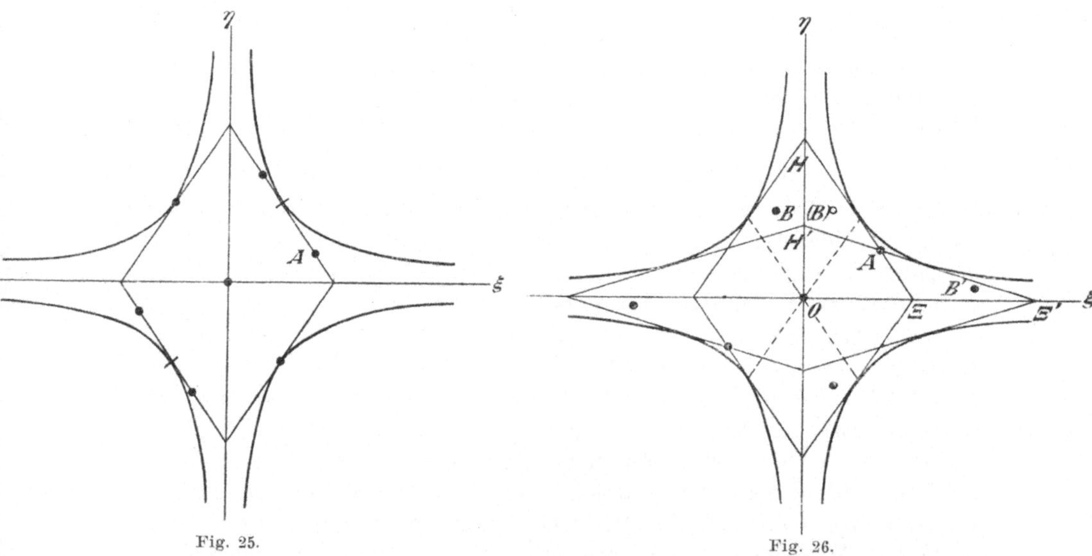

Fig. 25. Fig. 26.

Zieht man nun durch A die andere Tangente an den nämlichen Hyperbelast, so erhellt aus denselben Gründen, wie vorhin, daß das zugehörige Tangentenparallelogramm außer (p, q) noch eine Lösung von (22), etwa $(r', s') = B'$, enthalten wird, welche sodann von (p, q) wiederum durch eine Mittellinie des neuen Parallelogramms getrennt sein wird, so daß sicher

$$\left|\frac{\xi}{\eta}\right|_A < \left|\frac{\xi}{\eta}\right|_{B'} \tag{25}$$

ist.

Wir lassen nun die eine der durch A gezogenen Tangenten, $A\mathsf{H}$, gegen die andere, $A\Xi'$, hin an der Hyperbel kontinuierlich gleiten, bis sie mit $A\Xi'$ zusammenfällt. Der Punkt A bleibt dann fortwährend im Inneren des Dreiecks liegen, welches von den Achsen und der beweglichen Tangente gebildet wird; folglich kann dabei gleichzeitig mit B weder B' noch sonst ein anderer Gitterpunkt, der vom Nullpunkte O und den zu A, B bezüglich O symmetrischen Punkten verschieden wäre, sich im Parallelogramm vorfinden, und es ist somit klar, daß in einem bestimmten Momente der Punkt B aus dem Parallelogramm heraustreten und nachher noch eine Zeitlang weder B noch ein sonstiger neuer Gitterpunkt sich im Parallelogramm befinden wird. Die besagte Tangente wird somit während ihrer Bewegung sicherlich auch in solche Lagen kommen, bei denen das zugehörige Parallelogramm außer $(0, 0)$, (p, q), $(-p, -q)$ keine weiteren Gitterpunkte enthält, was zu beweisen war.

§ 9. Die Kette der primitiven Lösungen.

Es ist nun leicht zu zeigen, daß es keine primitive Lösung der Ungleichung (22) geben kann, deren zugehöriger Betrag von ξ/η der Größe nach zwischen den Beträgen $\left|\frac{\xi}{\eta}\right|_A$ und $\left|\frac{\xi}{\eta}\right|_B$ läge.

Denn angenommen, $C = (x, y)$ wäre eine solche Lösung, so seien (B) und (C) diejenigen Punkte im positiven ξ, η-Quadranten, welche mit B bzw. C in den Beträgen $|\xi|$, $|\eta|$ übereinstimmen, also B bzw. C selbst oder Spiegelbilder davon an den Achsen oder dem Punkte O vorstellen; die Annahme bedeutet, daß (C) im Winkelraume $AO(B)$ der von O durch A und (B) gezogenen Strahlen liege. Dann ließe sich dem soeben Bewiesenen zufolge eine Tangente an den Hyperbelast im ersten Quadranten konstruieren, welche den Punkt (C) auf der Seite des Nullpunktes, dagegen A und (B) auf der anderen Seite liegen läßt, — und dies würde jedenfalls erfordern, daß (C) innerhalb des Dreiecks $OA(B)$ sich befinde. Alsdann aber würde eines der beiden Tangentenparallelogramme, welche aus den zwei Tangenten durch A bzw. hervorgehen, alle drei Punkte A, B, C und die dazu bezüglich O symmetrischen enthalten, und zwar nicht alle auf der Begrenzung, was ausgeschlossen ist.

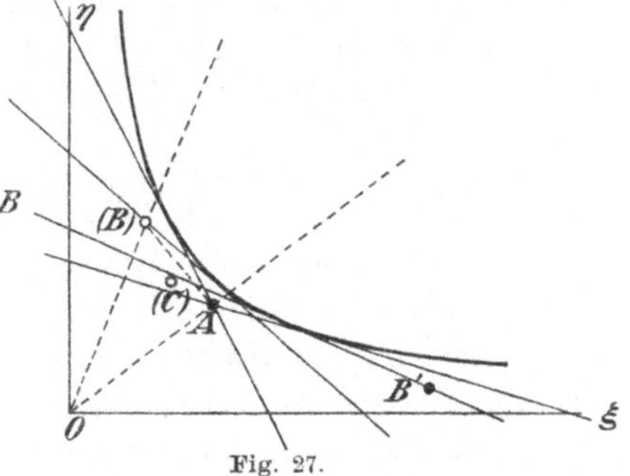

Fig. 27.

Hiermit ist in der beweglichen Tangente am Hyperbelaste $\xi\eta = \frac{1}{2}$, $\xi > 0$, ein Mittel gewonnen, alle primitiven Lösungen (x, y) der Ungleichung (22), für die $\eta \geq 0$ ist, durch aufeinanderfolgende Absonderung je einer von ihnen in ganz bestimmter Anordnung hervortreten zu lassen. Man läßt die Tangente, von einer bestimmten Lage derselben ausgehend, einmal in der einen, ein anderes Mal in der anderen Richtung an dem Hyperbelaste ins Unendliche fortgleiten, konstruiert beständig das Spiegelbild der Tangente an der η-Achse und gewinnt eine Kette der über der ξ-Achse gelegenen primitiven Lösungen $A_\varkappa$ von (22), ausgehend von einer beliebigen solchen Lösung A_0, wobei die Reihenfolge der Lösungen durch eine der Ungleichungen

$$\left|\frac{\xi}{\eta}\right|_{A_\varkappa} > \left|\frac{\xi}{\eta}\right|_{A_{\varkappa+1}}, \quad \text{bzw.} \quad \left|\frac{\eta}{\xi}\right|_{A_\varkappa} > \left|\frac{\eta}{\xi}\right|_{A_{\varkappa-1}} \tag{26}$$

gekennzeichnet wird, je nachdem die Kette in der einen oder anderen Richtung durchlaufen wird, unter $A_\varkappa, A_{\varkappa+1}$ bzw. $A_\varkappa, A_{\varkappa-1}$ zwei benachbarte Glieder der Kette verstanden. Dieses Gesetz der Anordnung läßt sich noch schärfer fassen: legt man nämlich durch den Punkt $A_\varkappa$ jene von den zwei in Betracht kommenden Tangenten, deren zugehöriges Parallelogramm den folgenden Punkt $A_{\varkappa+1}$ enthält, so müssen $A_\varkappa$ und $A_{\varkappa+1}$, wie wir gesehen haben, in zwei anstoßenden von den vier Quadranten, in welche das genannte Parallelogramm durch Konstruktion der Mittellinien zerfällt, zu liegen kommen (Fig. 28), woraus dann notwendig

$$|\xi|_{A_\varkappa} > |\xi|_{A_{\varkappa+1}} \tag{27}$$

folgt, und in ganz entsprechender Weise ergibt sich, wenn man hier die Rollen von $A_\varkappa$ und $A_{\varkappa+1}$ vertauscht:

$$|\eta|_{A_\varkappa} < |\eta|_{A_{\varkappa+1}}. \tag{28}$$

Es ordnen sich somit die primitiven Lösungen von (22) *durch unser Verfahren in der Weise an, daß* $|\xi|$ *fortwährend abnimmt und* $|\eta|$ *fortwährend wächst, oder umgekehrt, und zwar je nach dem Bewegungssinne der Tangente. Für zwei aufeinanderfolgende primitive Lösungen* $A_\varkappa$, $A_{\varkappa+1}$ *hat dabei das Dreieck* $OA_\varkappa A_{\varkappa+1}$ *jedesmal, sei es mit positivem, sei es mit negativem Umlaufssinne, den Flächeninhalt* $\frac{1}{2}$.

§ 10. Ketten mit Ende.

Wofern keine der Achsen vom Nullpunkte verschiedene Gitterpunkte enthält, wird die Kette der primitiven Lösungen von (22) sich nach beiden Richtungen ins Unendliche erstrecken. Anders ist es, wenn auch auf einer oder auf beiden Achsen sich Gitterpunkte befinden, und diese Grenzfälle wollen wir jetzt betrachten.

Es mögen etwa auf der ξ-Achse Gitterpunkte vorhanden sein und A_0 sei der nach der positiven Seite dem Nullpunkte nächste unter ihnen. Wir können unter Zulassung einer entsprechenden ganzzahligen unimodularen Transformation der Variabeln annehmen, daß A_0 die

Koordinaten 1, 0 hat. Dann ergibt sich, da A_0 auf der Geraden $\eta = 0$ liegt (vgl. (20)):

$$\gamma = 0$$

und in der Folge

$$\alpha = \frac{1}{\delta},$$

woraus

$$\xi = \frac{1}{\delta}(x + \beta\delta y), \quad \eta = \delta y$$

hervorgeht, und da es hier bloß auf die Werte von $|\xi\eta|$ ankommt, so können wir $\delta = 1$ annehmen, worauf sich die beiden Formen, wenn wir noch $-a$ für $\beta\delta$ setzen, in der Gestalt

$$\xi = x - ay, \quad \eta = y \qquad (29)$$

schreiben. Der Grenzfall, den wir hier betrachten, läuft also wesentlich darauf hinaus, daß in der ursprünglich gegebenen Form η die Koeffizienten ein rationales Verhältnis haben.

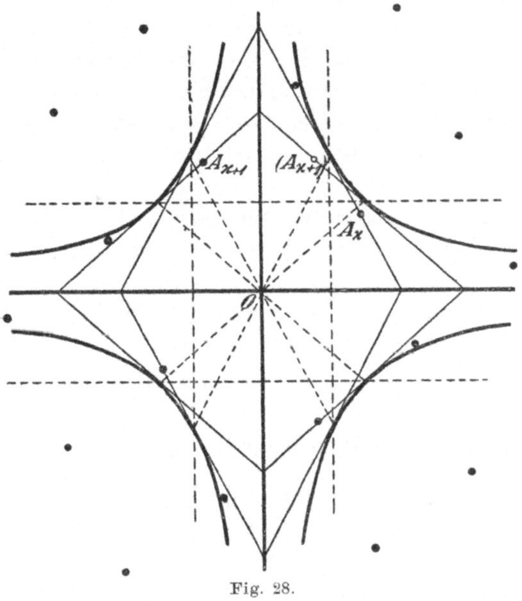

Fig. 28.

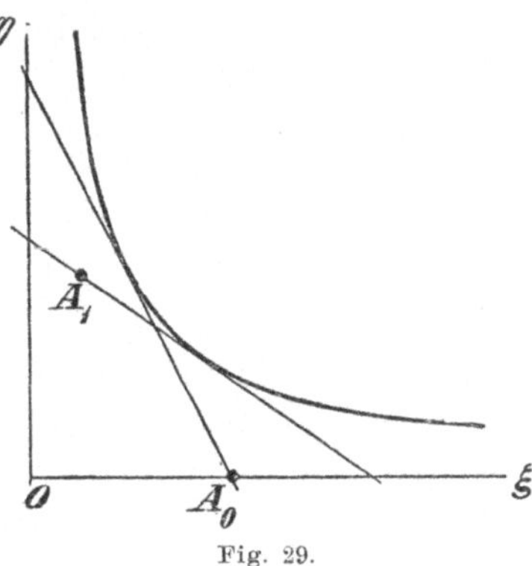

Fig. 29.

Legen wir nun durch den Punkt A_0 jene Tangente an die Hyperbel $\xi\eta = \frac{1}{2}$, deren Berührungspunkt im Endlichen liegt (Fig. 29), so enthält das zugehörige Tangentenparallelogramm vom Inhalt 4 eine weitere primitive Lösung A_1 oberhalb der ξ-Achse und es gibt dann keinen Gitterpunkt C, wofür

$$0 < \left|\frac{\eta}{\xi}\right|_C < \left|\frac{\eta}{\xi}\right|_{A_1} \qquad (30)$$

wäre, was genau in der Art von § 9 zu beweisen ist. Ziehen wir hernach durch (A_1) diejenige Tangente an $\xi\eta = \frac{1}{2}$, welche einen Berührungspunkt mit größerem $|\xi|$ aufweist, so enthält das zugehörige Tangentenparallelogramm den Punkt A_0, und wenn wir dann die letztgenannte Tangente entlang der Hyperbel in der Richtung der wachsenden $|\xi|$ gleiten lassen, so wird im gleichzeitig variierten Parallelogramm fortan nur noch die einzige primitive Lösung A_0 enthalten sein, denn eine weitere C müßte jedenfalls der Ungleichung (30) genügen, was nicht möglich ist.

Somit erscheint im vorliegenden Grenzfalle die Kette der primitiven Lösungen von (22) *nach der Richtung der wachsenden* $|\xi|$ *im Punkte* A_0 *abgebrochen und wir haben in* A_0 *eine erste Lösung, von welcher die Kette angeht.*

Von da aus kann sich die Kette in der Richtung der abnehmenden $|\xi|$ ins Unendliche erstrecken oder aber auch nach dieser Richtung abbrechen. Letzteres wird nämlich dann und nur dann der Fall sein, wenn auch die η-Achse Gitterpunkte enthält, also die Gleichung $\xi = x - ay = 0$ vom Nullpunkte verschiedene ganzzahlige Lösungen besitzt, wozu es sichtlich notwendig und hinreichend ist, daß a eine rationale Größe ist. Ist dagegen a irrational, so ist die Kette nach der besagten Richtung endlos.

Dieser Fall $\eta = y$ bietet ein besonderes arithmetisches Interesse dar. Man erkennt nämlich, daß die sich in diesem Falle ergebende Kette der primitiven Lösungen (x, y) von $|\xi\eta| = |(x-ay)y| < \frac{1}{2}$ in den Größen x/y die fortlaufenden Näherungsbrüche eines Kettenbruchs für a liefert, welcher unter den sämtlichen möglichen Kettenbrüchen für a am schnellsten konvergiert.*)

§ 11. Nichthomogene zerlegbare quadratische Ausdrücke.

Wir wollen jetzt nichthomogene zerlegbare quadratische Ausdrücke von der Gestalt

$$(\xi-\xi_0)(\eta-\eta_0) = (\alpha x+\beta y-\xi_0)(\gamma x+\delta y-\eta_0) \tag{31}$$

betrachten, wozu wesentlich andere Überlegungen als bei den homogenen Ausdrücken erforderlich sind. Die wichtigste Anwendung der Untersuchung, die sich an solche Formen knüpfen wird, bezieht sich auf die Frage nach der Annäherung eines Ausdrucks $x - ay - b$, worin a, b beliebige reelle Größen bedeuten, mittels rationaler ganzer x, y an die Null. Die ersten diesen Gegenstand betreffenden Sätze stellte Tschebyschew auf**), indem er die Existenz ganzzahliger Lösungen (x, y) der Ungleichung

$$|x-ay-b| < \frac{2}{|y|}$$

*) Darüber vgl. Minkowski, Über die Annäherung an eine reelle Größe durch rationale Zahlen. Math. Ann. Bd. LIV S. 91ff.

**) Ob odnom arifmetičeskom woprosje. (Über eine arithmetische Frage.) Denkschr. d. Petersb. Akad. Bd. X. 1866. (Auch in franz. Übers. in den „Oeuvres de P. L. Tchebychef", hgg. v. Markow u. Sonin. Bd. 1. S. 637ff.)

nachwies und solche Lösungen mit Hilfe je zweier sukzessiver Näherungswerte des für a zu bildenden Kettenbruchs aufstellte. Hermite ging auf die Tschebyschewschen Sätze ein*) und gab einen zweiten Beweis derselben, welcher sich auf einen Hilfssatz über definite ternäre quadratische Formen stützt und zu einer etwas schärferen Annäherung, als die Tschebyschewsche, führt.

Wir werden im folgenden durch geometrische Behandlung des Problems nicht nur zu einem allgemeineren Resultate, als dem von Tschebyschew angegebenen, gelangen, sondern auch die Annäherung der fraglichen Ausdrücke an Null erheblich verschärfen. Wir ziehen statt der speziellen quadratischen Verbindung $(x-ay-b)y$ die allgemeinere (31) in Betracht und werden beweisen, daß zu derselben sich immer ganze Zahlen x, y derart angeben lassen, daß

$$|(\xi-\xi_0)(\eta-\eta_0)| \leqq \tfrac{1}{4} \tag{32}$$

wird; dabei können die betreffenden Zahlen x, y unter Umständen auch beide gleich Null sein. Es wird sich ferner zeigen, daß das Gleichheitszeichen hier nur in dem Falle erforderlich ist, wo der Ausdruck $(\xi-\xi_0)(\eta-\eta_0)$ in den Variabeln x, y mit dem Ausdrucke $(X-\frac{1}{2})(Y-\frac{1}{2})$ arithmetisch äquivalent ist.

Zunächst soll die Idee der geometrischen Methode, die uns zu dieser Erkenntnis führen wird, auseinandergesetzt werden.

Es sei eine konvexe Eichfigur vom Inhalt J um den Nullpunkt als Mittelpunkt gegeben; sie soll so klein sein, daß, wenn sie von da aus zu jedem anderen Gitterpunkt als Mittelpunkt parallel mit sich selbst verschoben wird, alle so entstehenden Figuren auseinanderliegen (Fig. 30). Diese letzteren dehnen wir in der bereits wiederholt angewandten Weise in einem kontinuierlich wachsenden Dilatationsverhältnis t von ihren Mittelpunkten so lange aus, bis sie zum erstenmal zusammenstoßen; die neu gewonnenen Figuren entsprechen sodann, der im § 2 eingeführten Bezeichnung gemäß, dem Parameter $t=M/2$ und jede von ihnen hat den Flächeninhalt $M^2J/4$. Dabei werden im allgemeinen zwischen den einzelnen Figuren noch Lücken vorhanden sein. Nun dehnen wir die Figuren weiter aus, bis sie bei einem bestimmten anderen Werte des Parameters, etwa $t=N/2$ (und

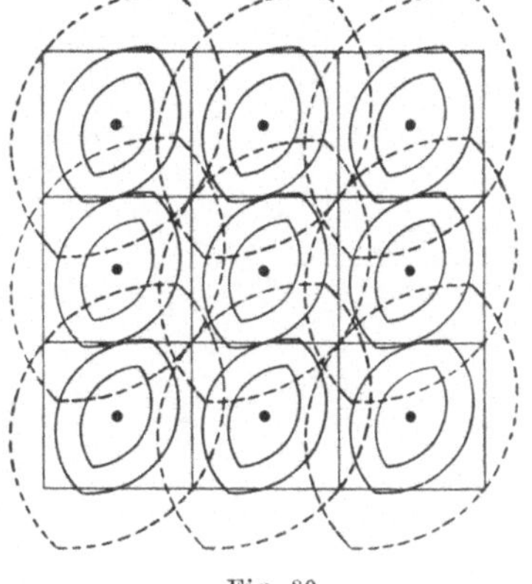

Fig. 30.

*) Sur une extension donnée à la théorie des fractions continues par M. Tchebychef. Crelles Journ. Bd. 88. 1880.

also dem Flächeninhalt $N^2 J/4$ jeder einzelnen Figur), keine Lücken mehr lassen, sondern die ganze Ebene vollständig und mindestens einfach überdecken. Dieser Zustand muß sichtlich dann bereits erreicht sein, wenn die Figur um den Nullpunkt den Bereich

$$-\tfrac{1}{2} \leqq x \leqq \tfrac{1}{2}, \quad -\tfrac{1}{2} \leqq y \leqq \tfrac{1}{2}$$

ganz einschließt. Während wir nun für den Flächeninhalt $M^2 J/4$ die Existenz einer oberen Grenze, und zwar der Grenze 1, nachgewiesen hatten, läßt sich für $N^2 J/4$ im allgemeinen keine obere Grenze angeben. (Es genügt z. B. die Eichfigur als eine Ellipse anzunehmen, deren große Achse etwa in der x-Achse liegt und die ein entsprechend kleines Verhältnis der kleinen zur großen Achse aufweist, damit der Parameter $N/2$ eine beliebig angebbare Grenze überschreite. Fig. 31). Indessen lassen sich gewisse besondere Figuren angeben, bei denen für $N^2 J/4$ eine obere Grenze existiert; dies ist nämlich immer dann der Fall, wenn die Figur vom Parameter M mehr als zwei Gitterpunkte auf der Begrenzung enthält.

Wir wollen nun als Eichfigur irgend ein solches Parallelogramm um den Nullpunkt als Mittelpunkt annehmen, dessen Diagonalen auf den durch die Gleichungen

$$\begin{gathered} \xi = \alpha x + \beta y = 0, \\ \eta = \gamma x + \delta y = 0 \\ (\alpha\delta - \beta\gamma = 1) \end{gathered} \tag{33}$$

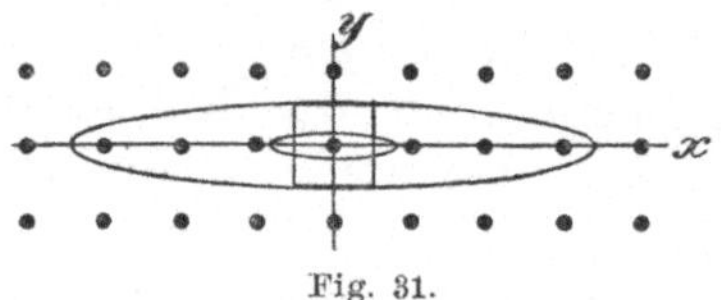

Fig. 31.

gegebenen Geraden liegen (Fig. 32). Wir verschieben dieses Parallelogramm parallel mit sich selbst zu jedem anderen Gitterpunkt als Mittelpunkt und dehnen die so entstandenen Figuren in der oben beschriebenen Weise so lange aus, bis sie zum erstenmal die ganze Ebene lückenlos überdecken, zu *$N/2$-Parallelogrammen* werden, wie wir kurz sagen wollen. Dies möge eintreten, sobald die halben Diagonalen jedes einzelnen Parallelogramms die Längen 2ϱ, 2σ, also der Flächeninhalt den Wert $8\varrho\sigma$ erreicht haben. Zu jedem beliebig in der Ebene vorgegebenen Punkte $P_0 = (x_0, y_0)$, dessen ξ-, η-Koordinaten ξ_0, η_0 seien, läßt sich dann mindestens ein Gitterpunkt $P^* = (x^*, y^*)$, resp. (ξ^*, η^*), derart angeben,

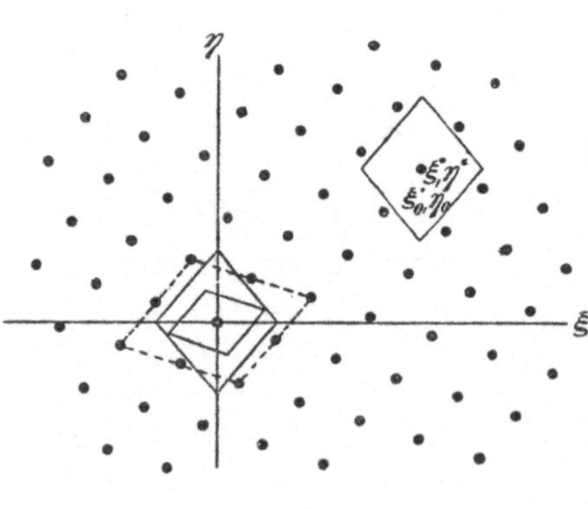

Fig. 32.

daß das um den letzteren als Mittelpunkt befindliche $N/2$-Parallelogramm den erstgenannten Punkt enthält.

Da nun der Innenraum und die Begrenzung des um den Nullpunkt befindlichen Parallelogramms durch die Ungleichung

$$\left|\frac{\xi}{2\varrho}\right| + \left|\frac{\eta}{2\sigma}\right| \leqq 1 \tag{34}$$

definiert ist und das Parallelogramm um (ξ^*, η^*) aus dem erstgenannten durch Parallelverschiebung um ξ^*, η^* längs den ξ-, η-Achsen entsteht, so müssen ξ_0, η_0 der folgenden Ungleichung genügen:

$$\frac{|\xi_0 - \xi^*|}{2\varrho} + \frac{|\eta_0 - \eta^*|}{2\sigma} \leqq 1, \tag{35}$$

umsomehr also der Ungleichung

$$\sqrt{\frac{|\xi_0 - \xi^*|}{\varrho} \cdot \frac{|\eta_0 - \eta^*|}{\sigma}} \leqq 1, \tag{36}$$

da das geometrische Mittel zweier (nicht negativer) Größen nicht größer sein kann als das arithmetische Mittel derselben Größen. Die Ungleichung (36) schreiben wir, wie folgt:

$$|(\xi^* - \xi_0)(\eta^* - \eta_0)| \leqq \varrho\sigma. \tag{37}$$

Es frägt sich nun, ob sich ein Parallelogramm mit Diagonalen auf den gegebenen Geraden $\xi = 0$, $\eta = 0$ immer so konstruieren läßt, daß für dasselbe die Größe $8\varrho\sigma$, also der Flächeninhalt des zugehörigen $N/2$-Parallelogramms, eine gewisse, von der Wahl der Formen ξ, η unabhängige, endliche Größe nicht überschreitet. Dies ist tatsächlich der Fall; wir werden nämlich bei beliebig gegebenen Diagonalgeraden (33) $N/2$-Parallelogramme um den Nullpunkt in solcher Art herstellen können, daß durch Translation des betreffenden $N/2$-Parallelogramms vom Nullpunkte zu jedem Gitterpunkt als Mittelpunkt eine *nirgends öftere, als zweifache,* lückenlose Überdeckung der Ebene erreicht wird. Da bei überall zweifacher Überdeckung der Ebene auf den einzelnen Gitterpunkt genau ein Flächeninhalt $= 2$ kommen würde, so wird alsdann ein derartiges $N/2$-Parallelogramm notwendig einen Flächeninhalt $\leqq 2$ haben müssen, also dafür $\varrho\sigma \leqq \frac{1}{4}$ sein und dadurch gemäß (37) ein System von ganzzahligen Lösungen x, y der Ungleichung

$$|(\xi - \xi_0)(\eta - \eta_0)| \leqq \tfrac{1}{4}, \tag{38}$$

bzw. in dem eingangs dieses Paragraphen erwähnten Spezialfalle, der Ungleichung

$$(x - ay - b)y| \leqq \tfrac{1}{4} \tag{39}$$

gefunden sein.

§ 12. Paare primitiver Lösungen.

Zu Parallelogrammen, wie die zuletzt erwähnten, wird man durch die Kette der primitiven Lösungen der Ungleichung $|\xi\eta| < \frac{1}{2}$ geführt.

Wir legen durch einen Punkt A, welcher einer primitiven Lösung der erwähnten Ungleichung entspricht und etwa im ersten ξ-, η-Quadranten liege (Fig. 33), eine Tangente an die Hyperbel $\xi\eta = \frac{1}{2}$. Dann enthält das zugehörige Tangentenparallelogramm noch eine zweite primitive Lösung B in demselben oder dem zweiten Quadranten und es bedeute wiederum (B) im ersten Falle B selbst, im zweiten das Spiegelbild von B an der η-Achse (den Punkt mit gleicher η-, entgegengesetzter ξ-Koordinate wie B). Wir lassen die besagte Tangente (falls sie nicht von vornherein durch (B) geht, vgl. Fig. 25, S. 38) an der Hyperbel in der Richtung gegen den Punkt (B) hin so lange gleiten, bis sie den letzteren erreicht; dann wird das Parallelogramm, welches dieser neuen Lage der Tangente entspricht, immer noch den Punkt A enthalten und es leuchtet daher ein, daß die Tangente während ihrer Bewegung einmal parallel zur Verbindungslinie der Punkte A, (B) gerichtet sein muß. Das dieser Zwischenlage (bzw. Ausgangslage) entsprechende Tangentenparallelogramm nehmen wir als Eichfigur an; alsdann wird die zugehörige Figur vom Parameter M die Punkte A, B beide auf ihrer Begrenzung enthalten und bilden wir nun die homothetische Figur vom Parameter $M/2$ und konstruieren zur letzteren kongruente und ähnlich orientierte Figuren um die einzelnen Gitterpunkte als Mittelpunkte, so stößt die um den Nullpunkt O befindliche Figur an jede der vier um A, um B und um deren Gegenpunkte bezüglich O gelegenen Figuren an. Infolgedessen können dann die Lücken zwischen allen den konstruierten Figuren nie mehr ineinander zu unendlichen Gebieten verschmelzen, wie dies unter anderen Umständen (vgl. Fig. 7) möglich wäre, sondern sie werden untereinander völlig getrennt sein und einzeln ebenfalls parallelogrammatische Gestalt haben. Die Gesamtfigur zeigt dann entweder das auf Fig. 34 oder das auf Fig. 35

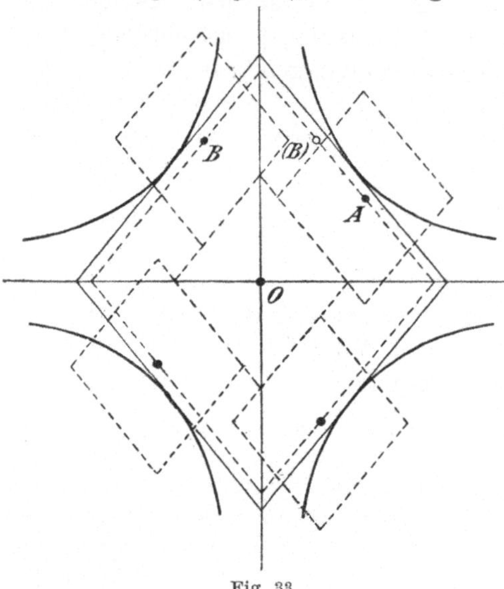

Fig. 33.

dargestellte Bild*), und zwar je nachdem jedes einzelne Parallelogramm mit jeder der vier Seiten an je ein benachbartes Parallelogramm sich anlehnt oder bloß mit zwei gegenüberliegenden Seiten an je zwei Parallelogramme stößt, d. h. je nachdem A und B (Fig. 33) in zwei nebeneinanderliegenden oder aber in demselben ξ-, η-Quadranten sich befinden. Die Lücken kommen ganz zum Fortfall, wenn die Verbindungslinie A (B) selbst Tangente der Hyperbel ist, andererseits würden sie von gleicher Größe wie die $M/2$-Parallelogramme (kongruent mit diesen) werden, falls A und B beide auf den Achsen lägen, was die arithmetische Äquivalenz der Form $\xi\eta$ der Variabeln x, y mit der Form XY bedeuten würde.

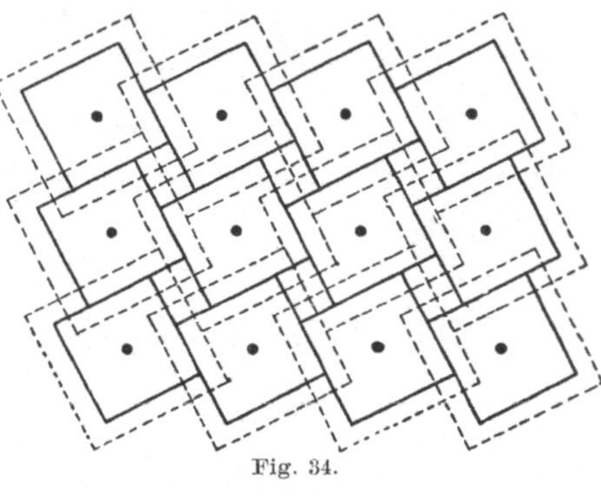
Fig. 34.

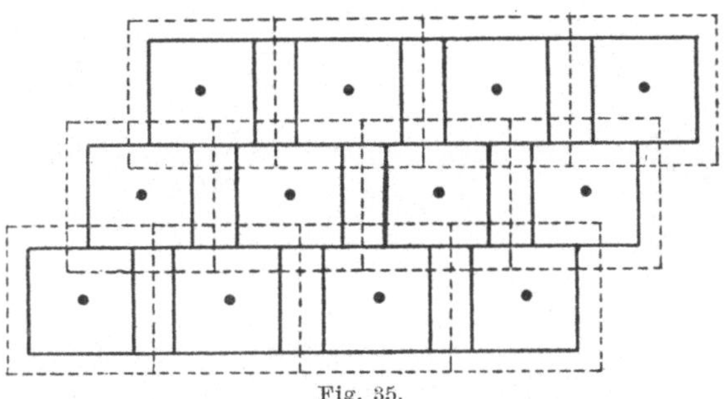
Fig. 35.

Nun braucht man, damit die Lücken verschwinden, die konstruierten Figuren nur soweit homothetisch auszudehnen, daß sie über ihre ursprüngliche Begrenzung um die halbe Länge der kleineren Seite einer Lücke in Richtung dieser Seite hinausragen. Alsdann wird die ganze Ebene von den Figuren lückenlos, und zwar offenbar nirgends mehr als zweifach, überdeckt sein. Daraus folgt, daß der Flächeninhalt jedes einzelnen der so entstandenen Parallelogramme $\leqq 2$ ist, welcher Schluß sich ohne Schwierigkeit in der im § 3 angewandten Weise strenge begründen läßt, und hieraus geht ohne weiteres das am Schlusse des § 11 ausgesprochene Resultat hervor.

§ 13. Potenzsummen.

Wir wollen unsere Sätze über konvexe Figuren noch auf einen ziemlich allgemeinen Fall anwenden.

---

*) Dabei ist das Koordinatensystem der x, y so gewählt gedacht, daß die Figuren quadratförmig ausfallen.

Es seien zwei lineare Formen

$$\xi = \alpha x + \beta y, \quad \eta = \gamma x + \delta y \tag{40}$$

mit positiver Determinante

$$\Delta = \alpha\delta - \beta\gamma > 0 \tag{41}$$

gegeben. Wir betrachten im positiven ξ-, η-Quadranten die durch die Gleichung

$$\xi^p + \eta^p = 1 \tag{42}$$

dargestellte Kurve, indem wir unter p irgend eine reelle Größe $\geqq 1$ verstehen; dabei setzen wir das Koordinatensystem in ξ, η als rechtwinklig voraus, indem wir über das Koordinatensystem in x, y entsprechend verfügen (Fig. 36). Die Kurve (42) im positiven Quadranten erfüllt überall die Bedingung:

$$0 \leqq \xi \leqq 1 \text{ und } 0 \leqq \eta \leqq 1. \tag{43}$$

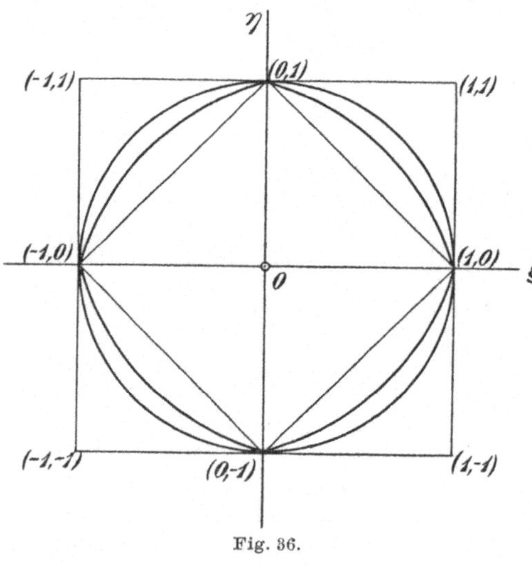

Fig. 36.

Wir spiegeln die Kurve noch an jeder Achse und ferner am Nullpunkte und gewinnen so eine Figur, welche im Nullpunkte einen Mittelpunkt hat und deren Inneres nebst der Begrenzung durch die Ungleichung

$$|\xi^p| + |\eta^p| \leqq 1 \tag{44}$$

definiert wird. Für $p = 1$ geht dieselbe in ein Quadrat mit den Eckpunkten $(\xi, \eta) = (\pm 1, 0)$, (0 ± 1) über; wächst p von da an, so ergeben sich aus der Gleichung (42) zu einem und demselben Werte des $|\xi|$ immer größere Werte des $|\eta|$ und umgekehrt, so daß also die ganze Figur sich allmählich aufbläht und ihre Begrenzung sich immer enger an das von den Seiten $\xi = \pm 1$, $\eta = \pm 1$ begrenzte Quadrat anschmiegt, welches darum als Grenzfall der Figur für $p = \infty$ aufgefaßt werden kann.

Es ist leicht zu ersehen, daß, so lange $p > 1$ ist, die betrachtete Figur konvex ist. Dazu genügt es zu zeigen, daß $\eta'' = \frac{d^2\eta}{d\xi^2}$ innerhalb des ersten Quadranten beständig negativ ist. In der Tat ergibt sich aus (42):

$$\eta' = \frac{d\eta}{d\xi} = -\left(\frac{\xi}{\eta}\right)^{p-1} \tag{45}$$

und hieraus durch logarithmische Differentiation:

$$\frac{\eta''}{\eta'} = (p-1)\left(\frac{1}{\xi} - \frac{\eta'}{\eta}\right),$$

oder mit Rücksicht auf (45)

$$\eta'' = -(p-1)\left(\frac{\xi}{\eta}\right)^{p-1}\left(\frac{1}{\xi} + \frac{\xi^{p-1}}{\eta^p}\right),$$

oder wegen (42)

$$\eta'' = -(p-1)\frac{\xi^{p-2}}{\eta^{2p-1}};$$

hieraus geht wegen der gleichzeitigen Positivität von ξ und η die Richtigkeit unserer Behauptung für $p > 1$ hervor; gleichzeitig sieht man auch, daß die entsprechende Figur für Werte $p < 1$ aufhören würde, konvex zu sein.

Wir fassen nun die Figur (44) mit $p > 1$ als Eichfigur auf; ihr Inhalt sei J. Durch Dilatation aller Durchmesser im Verhältnis $t:1$ gelangen wir zu einer homothetischen Figur

$$\left|\frac{\xi}{t}\right|^p + \left|\frac{\eta}{t}\right|^p \leqq 1; \tag{46}$$

erteilen wir dem t einen solchen Wert M, daß die zugehörige Figur mit ihrer Begrenzung an Gitterpunkte stößt und im Inneren nur den Nullpunkt als einzigen Gitterpunkt enthält, so muß nach dem Satze VII der Flächeninhalt $M^2 J$ dieser Figur $\leqq 4$ sein; er kann aber, so lange p endlich und > 1 ist, nicht $= 4$ sein, weil dann die Begrenzung der Figur aus lauter krummlinigen Stücken besteht und daher die zugehörigen Figuren vom Parameter $M/2$, um die Gitterpunkte (x, y) in der üblichen Weise konstruiert, sicherlich zwischen einander Lücken in der Ebene lassen; mithin gilt dann notwendig die Ungleichung:

$$M^2 J < 4 \quad \text{oder} \quad M < \frac{2}{\sqrt{J}}. \tag{47}$$

Nun ist

$$J = \iint dx\, dy = \frac{1}{\Delta}\iint d\xi\, d\eta,$$

wobei der Integrationsbereich bezüglich ξ, η durch die Ungleichung (44) gegeben ist, oder, wenn wir für J das Vierfache des Inhalts des im ersten Quadranten liegenden Teiles der Figur nehmen,

$$J = \frac{4}{\Delta}\iint d\xi\, d\eta, \tag{48}$$

worin das Integral auf den Bereich

$$\xi^p + \eta^p \leqq 1, \quad \xi \geqq 0, \quad \eta \geqq 0$$

zu beziehen ist. Durch die Substitution

$$\xi^p = \varrho, \quad \eta^p = \sigma$$

in dem Integral geht der Ausdruck (48) in den folgenden über:

$$J = \frac{4}{p^2 \Delta} \iint \varrho^{\frac{1}{p}-1} \sigma^{\frac{1}{p}-1} d\varrho\, d\sigma,$$

worin das Integral sich auf den Bereich

$$\varrho + \sigma \leqq 1, \quad \varrho \geqq 0, \quad \sigma \geqq 0$$

bezieht, und der letztere Ausdruck kann nach einer bekannten Formel durch Werte der Gammafunktion ausgedrückt werden, wie folgt:

$$J = \frac{4}{\Delta} \frac{\left(\Gamma\left(1+\frac{1}{p}\right)\right)^2}{\Gamma\left(1+\frac{2}{p}\right)}. \tag{49}$$

Wir setzen

$$\frac{\left(\Gamma\left(1+\frac{2}{p}\right)\right)^{\frac{1}{2}}}{\Gamma\left(1+\frac{1}{p}\right)} = \varkappa_p \tag{50}$$

und haben also

$$J = \frac{4}{\varkappa_p^2 \Delta},$$

folglich nach (47):

$$M < \varkappa_p \sqrt{\Delta}. \tag{51}$$

Andererseits ist für einen beliebigen Punkt (x, y), welcher auf der Begrenzung der Figur vom Parameter M liegt,

$$|\alpha x + \beta y|^p + |\gamma x + \delta y|^p = M^p;$$

hieraus folgt wegen (51):

$$|\alpha x + \beta y|^p + |\gamma x + \delta y|^p < \varkappa_p^p \Delta^{\frac{p}{2}}, \tag{52}$$

und die Tatsache, daß auf der Begrenzung dieser Figur sich *Gitterpunkte* befinden, führt uns zu folgendem Satze:

VIII. *Sind* $\xi = \alpha x + \beta y$, $\eta = \gamma x + \delta y$ *zwei lineare Formen mit positiver Determinante* Δ *und ist* p *eine beliebige reelle Größe* > 1, *so lassen sich immer ganzzahlige Werte der Variabeln* x, y, *die nicht beide verschwinden, derart angeben, daß für dieselben*

$$|\xi|^p + |\eta|^p < \varkappa_p^p \Delta^{\frac{p}{2}} \tag{53}$$

wird, wobei $\varkappa_p$ *den Zahlenfaktor* (50) *bedeutet.*

§ 14. Der Maximalwert für das Minimum von $|\xi|^p + |\eta|^p$.

Das Ungleichheitszeichen in (53) zeigt an, daß das Minimum des Ausdrucks $|\xi|^p + |\eta|^p$ für ganzzahlige $x, y \neq 0, 0$ wohl immer unterhalb der Größe $\varkappa_p^p \Delta^{p/2}$ liegt, aber dieselbe nie erreicht; folglich muß der *größte* Wert, den die Größe $M/\sqrt{\Delta}$ (vgl. (51)) für ein bestimmtes p bei beliebig variierenden Koeffizienten $\alpha, \beta, \gamma, \delta$ erreichen kann, — falls ein solcher überhaupt existiert, was erst zu beweisen ist, — kleiner als $\varkappa_p$ sein. Über diesen eventuellen Maximalwert von $M/\sqrt{\Delta}$ wollen wir jetzt Aufschluß zu erhalten suchen.

Zunächst sieht man unmittelbar ein, daß der Ausdruck $M/\sqrt{\Delta}$ ungeändert bleibt, wenn die Formen ξ, η durch $\tau\xi, \tau\eta$ ersetzt werden, unter τ eine beliebige positive Konstante verstanden. Nehmen wir nun τ gleich dem den Formen ξ, η zugehörigen Werte von $1/M$ an, so geht der Parameter M für das Formensystem $\xi/M, \eta/M$ in 1 über, und bezeichnen wir die neuen Formen und deren Determinante wiederum bzw. mit ξ, η, Δ, so läuft alsdann unsere Aufgabe darauf hinaus, den Maximalwert von $1/\Delta$ oder den Minimalwert von Δ zu finden, während $\alpha, \beta, \gamma, \delta$ in solcher Weise variieren, daß die zugehörige Eichfigur

$$|\xi|^p + |\eta|^p = 1 \tag{54}$$

dabei stets in ihrem Inneren außer dem Nullpunkte keinen weiteren Gitterpunkt, aber Gitterpunkte auf der Begrenzung enthält. Wir bemerken noch, daß das Vorhandensein von Gitterpunkten auf der Begrenzung von (54) hierbei nicht ausdrücklich verlangt zu werden braucht; denn wofern nur $M \geqq 1$ vorgeschrieben wird, bringt ein Minimum von $\Delta = M^2 \cdot (\Delta/M^2)$ von selbst $M = 1$ mit sich.

Die so gefaßte Aufgabe läßt sich in anschaulicher Weise geometrisch deuten. Wir denken uns das Koordinatensystem der ξ, η und darin die Figur (54) festgehalten, dagegen die Koordinaten x, y und damit das parallelogrammatische System des Zahlengitters in x, y entsprechend den Veränderungen von $\alpha, \beta, \gamma, \delta$ variiert. Da der Flächeninhalt des im x-, y-Gitter durch

$$0 \leqq x < 1, \quad 0 \leqq y < 1 \tag{55}$$

gegebenen Parallelogramms, welches wir kurzweg das *Grundparallelogramm in* x, y nennen wollen, sich in den ξ-, η-Koordinaten gleich

$$\iint d\xi\, d\eta = \Delta \iint dx\, dy = \Delta$$

berechnet, so können wir infolge der so festgestellten geometrischen Bedeutung von Δ unsere Aufgabe nunmehr folgendermaßen interpretieren: *Bei gegebener Figur* (54) *in einem festen Koordinatensystem der* ξ, η *mit dem Nullpunkte* O *sind diejenigen Zahlengitter in* x, y *mit* O *als Nullpunkt zu suchen, welche außer* O *keinen weiteren Gitterpunkt ins Innere der Figur* (54) *schicken und dabei ein Grundparallelogramm von möglichst kleinem Inhalt haben.*

Diese Stellung der Frage gibt auch die Mittel an die Hand, die vorgelegte Aufgabe in Angriff zu nehmen. Wir wollen dabei p endlich und > 1 voraussetzen, so daß die Figur (54) konvex, aber kein Parallelogramm wird; den Fall eines Parallelogramms hatten wir ja bereits abgehandelt. Wir konstruieren nun zunächst im Koordinatensystem der ξ, η, das wir als ein gewöhnliches rechtwinkliges annehmen wollen, irgend ein solches Zahlengitter der x, y mit O als Nullpunkt, wobei außer O kein weiterer der Gitterpunkte (x, y) ins Innere oder auf die Begrenzung der Figur (54) hinkommt. Sodann denken wir uns durch Translation des in diesem Gitter durch (55) gegebenen Grundparallelogramms $OABC$ von O aus nach jedem der Gitterpunkte (x, y) als Mittelpunkt ein Netz von Parallelogrammen hergestellt, welche in ihrer Gesamtheit die Ebene einfach und lückenlos überdecken, und verändern dieses Netz in der Weise, daß wir einen O nicht gegenüberliegenden Eckpunkt von $OABC$, etwa A, auf dessen Verbindungsgeraden mit O in der Richtung gegen O rücken lassen, dabei den zu A gegenüberliegenden Eckpunkt C festhalten und die übrigen Gitterpunkte (x, y) gleichzeitig so bewegen, daß dieselben fortwährend ein parallelogrammatisches Netz bleiben. Unterdessen verkleinert sich offenbar kontinuierlich und unbegrenzt der Inhalt von $OABC$. Diese unsere Variation des Gitters soll nun soweit vor sich gehen, bis zum erstenmal, außerhalb der festgehaltenen Geraden OC, Gitterpunkte auf die Begrenzung der Figur (54) fallen, was ja einmal geschehen muß, nämlich infolge des Satzes VII, bevor noch der Inhalt von $OABC$ zu einem Viertel des Inhalts der Figur (54) zusammenschrumpft.

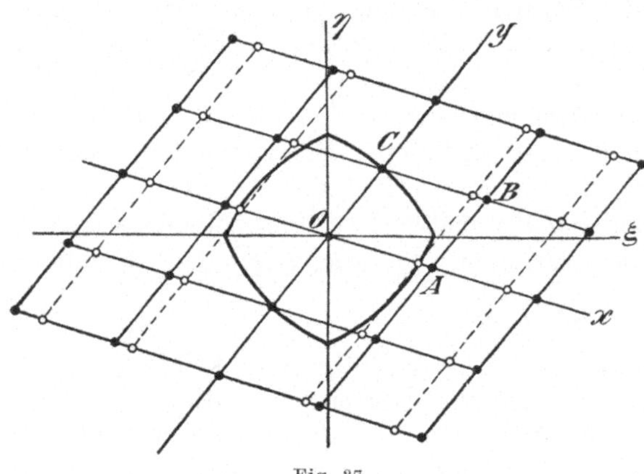

Fig. 37.

Es möge nun etwa bloß ein Paar von Gitterpunkten in die Begrenzung der Figur fallen; die Koordinaten eines jeden derselben sind gewiß teilerfremde Zahlen, und wir können daher das Gitter der x, y

durch eine geeignete ganzzahlige Substitution von der Determinante 1 derart in sich transformieren, daß das Grundparallelogramm der neuen Koordinaten, für die wir der Einfachheit halber die Zeichen x, y belassen wollen, die Strecke zwischen O und einem jener zwei auf die Peripherie der Figur getretenen Gitterpunkte zu einer Seite erhält (Siehe hierzu Fig. 37). Zu diesem Parallelogramm, das wiederum mit $OABC$ bezeichnet werde, wobei C den zuletzt genannten Gitterpunkt bedeute, denken wir uns wiederum das zugehörige parallelogrammatische Netz entworfen und verändern dasselbe genau nach dem früheren Prinzipe, indem wir den zu C in $OABC$ gegenüberliegenden Eckpunkt A auf der Geraden OA gegen O hin solange verschieben und damit gleichzeitig den Inhalt von $OABC$ solange verkleinern, bis neue Gitterpunkte in die Begrenzung der Figur (54) eintreten, was wiederum einmal aus demselben Grunde und vor analogem Termin, wie vorhin, erfolgen muß. Es liegen alsdann mindestens vier Gitterpunkte auf der Peripherie der Figur.

Fallen jetzt auch nicht mehr als vier Gitterpunkte auf die Begrenzung der Figur, so greifen wir irgend welche zwei unter ihnen heraus, die mit dem Nullpunkte nicht in einer Geraden liegen. Die Determinante der Koordinaten dieser Punkte ist dann nach einer früheren Überlegung*) notwendig $= \pm 1$, und wir können daher wiederum die Koordinaten des Gitters so unimodular transformieren, daß diese zwei Punkte, die jetzt A, C heißen mögen, die neuen Koordinaten 1, 0 bzw. 0, 1 erhalten. Wir ergänzen sodann das Dreieck OAC zum Parallelogramm $OABC$ mit $B = (1, 1)$ und verändern wiederum das zu $OABC$ gehörige parallelogrammatische Netz, diesmal in der Weise, daß wir C auf der Begrenzung der Figur gegen die Gerade OA heranrücken lassen, wodurch der Inhalt von $OABC$ abermals beständig abnimmt (Fig. 38). Dies soll wiederum so lange geschehen, bis neue Gitterpunkte in die Peripherie der Figur eintreten.

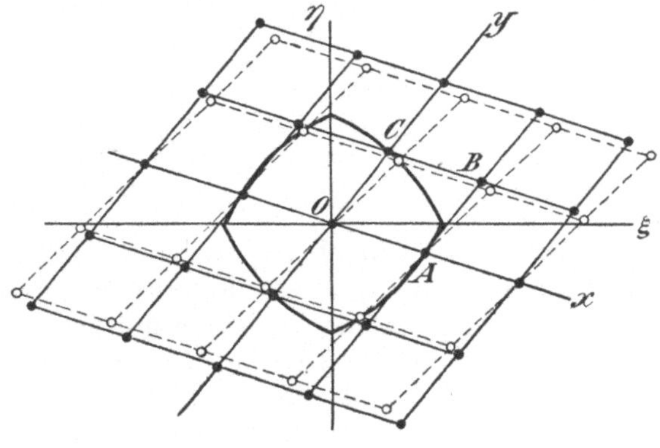

Fig. 38.

Nun liegen minde-

*) Vgl. (18) S. 33. Es kommt hier offenbar die zweite dort besprochene Möglichkeit $ps - qr = 1$ ausschließlich in Frage.

stens drei Paar von Gitterpunkten, A, A', B, B', C, C' (Fig. 39), auf der Begrenzung der Figur (54). Irgend zwei unter diesen Gitterpunkten, die nicht in einer Geraden mit dem Nullpunkt liegen, etwa A, B, können wir uns mit den Koordinaten (1, 0) bzw. (0, 1) versehen denken; dann haben zwei weitere der sechs Gitterpunkte notwendig Koordinaten $\pm 1, \pm 1$ und indem wir uns eventuell x, y durch $-y, x$ ersetzt denken, und da jene Gitterpunkte sich paarweise um O als Mittelpunkt gruppieren, können wir sonach annehmen, daß die Koordinaten von A, B, C bzw. $1, 0;\ 0, 1;\ -1, 1$ sind. Mehr als diese sechs Gitterpunkte können unter den gestellten Bedingungen auf keinerlei Weise auf der Begrenzung der Figur liegen; denn eine solche Lage käme nur noch für die Punkte $(1, 1)$, $(-1, -1)$ in Frage, würde aber, da $(1, 1)$ mit $(-1, 1)$ die Determinante 2 ergibt, einen Widerspruch dagegen involvieren, daß der Inhalt der Figur (54) hier < 4 sein soll.

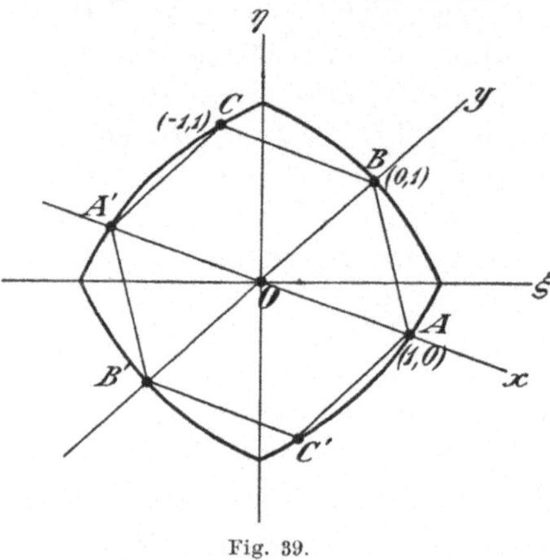

Fig. 39.

Jetzt ist es klar, daß wir solche Wertesysteme $\alpha, \beta, \gamma, \delta$, aus denen das Minimum von Δ entspringt, nur unter allen denjenigen zu suchen haben, welche der Fig. 39 entsprechen, d. h. so beschaffen sind, daß jeder der sechs Punkte $(\pm 1, 0)$, $(0, \pm 1)$, $(-1, 1)$, $(1, -1)$ der Gleichung

$$|\alpha x + \beta y|^p + |\gamma x + \delta y|^p = 1 \tag{56}$$

genügt, daß also die drei Gleichungen

$$\begin{aligned} |\alpha|^p + |\gamma|^p &= 1, \\ |\beta|^p + |\delta|^p &= 1, \\ |-\alpha + \beta|^p + |-\gamma + \delta|^p &= 1 \end{aligned} \tag{57}$$

bestehen. Mit Hilfe dieser Gleichungen können wir uns die vier Unbekannten $\alpha, \beta, \gamma, \delta$ als Funktionen eines Parameters dargestellt denken, und es würde endlich erübrigen, diesen Parameter so zu bestimmen, daß $|\alpha\delta - \beta\gamma|$ ein Minimum wird.

Für den Spezialfall $p = 2$ läßt sich diese Aufgabe leicht erledigen. Die Potenzsumme $|\xi|^p + |\eta|^p$ stellt in diesem Falle eine positive quadratische Form

$$f(x, y) = (\alpha x + \beta y)^2 + (\gamma x + \delta y)^2 = ax^2 + 2bxy + cy^2$$

mit den Koeffizienten

$$a = \alpha^2 + \gamma^2, \quad b = \alpha\beta + \gamma\delta, \quad c = \beta^2 + \delta^2$$

und der Determinante

$$D = ac - b^2 = (\alpha\delta - \beta\gamma)^2 = \Delta^2$$

vor. Die Gleichungen (57) gehen dann in die folgenden über:

$$a = 1, \quad c = 1, \quad a - 2b + c = 1,$$

und daraus ergibt sich unmittelbar

$$f_0 = \xi^2 + \eta^2 = x^2 + xy + y^2 \tag{58}$$

als diejenige Form, oder vielmehr als Repräsentant derjenigen Klasse arithmetisch äquivalenter Formen, für welche das Minimum von Δ eintritt, während $M = 1$ ist; und zwar wird dieser minimale Wert von Δ hier

$$\Delta_0 = \sqrt{D_0} = \frac{\sqrt{3}}{2}.$$

Mithin ist $1/\Delta_0 = 2/\sqrt{3}$ unseren früheren Ausführungen gemäß der Maximalwert, den das Minimum des Ausdrucks $\frac{ax^2 + 2bxy + cy^2}{\sqrt{ac - b^2}}$ für ganzzahlige, von (0,0) verschiedene Wertesysteme (x, y) im ganzen durch $ac - b^2 > 0$ und $a > 0$ definierten Bereiche reeller Werte a, b, c zu erreichen vermag und auch tatsächlich im Falle (58) erreicht, und es gilt somit der Satz:

IX. *Zu einer binären positiven quadratischen Form $f(x, y)$ mit der Determinante D lassen sich immer für die Variabeln ganzzahlige Werte x, y, die nicht beide verschwinden, derart angeben, daß für dieselben*

$$f(x, y) \leqq \frac{2}{\sqrt{3}} \sqrt{D}$$

wird. Hierbei hat das Gleichheitszeichen nur dann statt, wenn $f(x, y)$ mit der Form $\sqrt{D}\,(x^2 + xy + y^2)$ arithmetisch äquivalent ist.

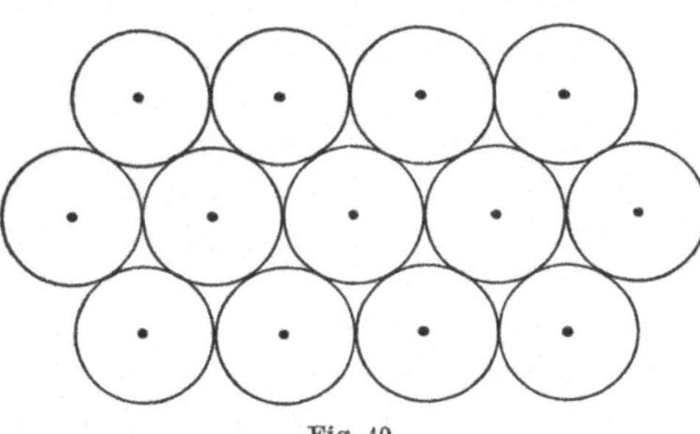

Fig. 40.

Das geometrisch sehr evidente Resultat dieser Betrachtung für den Fall $p = 2$ formulieren wir noch dahin:

Bei der dichtesten Lagerung von Kreisen in der Ebene derart, daß die Mittelpunkte ein Gitter bilden und die Kreise nicht ineinander eindringen, verhält sich der von den Kreisen bedeckte Flächeninhalt zu dem übrigen freien Flächeninhalt wie

$$\frac{\pi}{4} : \left(\frac{\sqrt{3}}{2} - \frac{\pi}{4}\right) = 9{,}741 \ldots \text{ (vgl. Fig. 40).}$$

Ist nun $p > 2$ oder $p < 2$ und > 1, so bestimmen die Relationen (57) den Minimalwert von Δ noch nicht vollständig. Die Bestimmung desselben hängt dann von einer transzendenten Gleichung ab, über deren Lösung wir wenigstens eine Vermutung formulieren wollen. Es seien M, M' bzw. N, N' die Schnittpunkte der Figur (54)

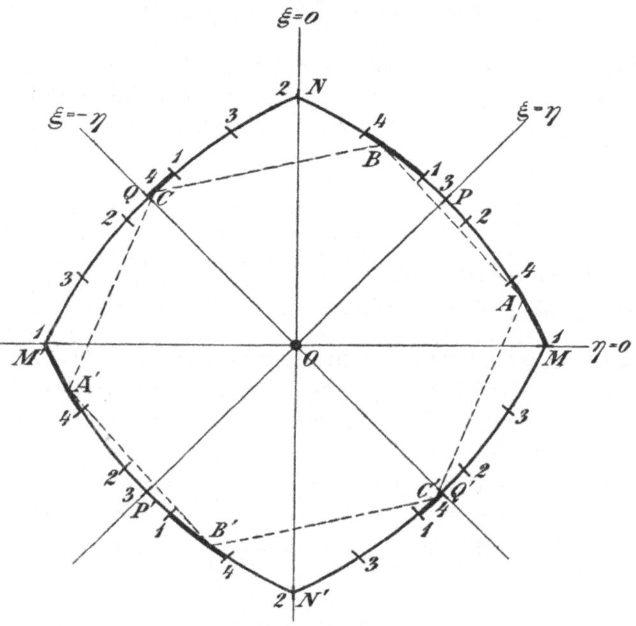

Fig. 41.

mit der ξ- bzw. η-Achse, P, P' bzw. Q, Q' die Schnittpunkte derselben mit der Geraden $\xi = \eta$ bzw. $\xi = -\eta$. Unter den Lösungen der Gleichungen (57), deren jeder ein bestimmtes Sechseck $ABCA'B'C'$ mit Mittelpunkt und mit Seiten parallel seinen Diagonalen entspricht (Fig. 39), denken wir uns diejenige herausgegriffen, deren zugehöriges Sechseck die Punkte M, M' zu Eckpunkten hat, und konstruieren das letztere, indem wir in der Figur (54) jene zwei zur ξ-Achse parallelen Sehnen errichten, welche je die Länge $OM = \frac{1}{2} M'M$ haben (Fig. 41). Die Eckpunkte dieses bezüglich der ξ- und der η-Achse symmetrischen Sechsecks wollen wir mit je einer Ziffer 1 bezeichnen. In ähnlicher Weise konstruieren wir sodann jenes Sechseck, welches die Punkte N, N' zu Eckpunkten hat und dessen sechs Eckpunkte einzeln mit der Ziffer 2 bezeichnet werden mögen; dasselbe ist ebenfalls bezüglich jeder der Achsen symmetrisch und dem vorigen kongruent und geht aus dem vorigen durch eine Drehung um $\pi/2$ in beliebigem Sinne hervor. Weiter konstruieren wir noch zwei Sechsecke mit O als Mittelpunkt und Seiten parallel den Diagonalen, welche die Punkte P, P' resp. Q, Q' unter ihren Eckpunkten haben und deren einzelne Eckpunkte wir mit der Ziffer 3 bzw. 4 versehen; diese zwei Sechsecke liegen symmetrisch bezüglich jeder der Geraden $\xi = \eta$, $\xi = -\eta$, sind einander kongruent und gehen durch eine Drehung um $\pi/2$ auseinander hervor. Wir lassen nun den Punkt A von der Ecke $M(1)$ längs der Begrenzung der Figur gegen den nächstbenachbarten Eckpunkt 4 fortschreiten und denken uns dazu jedesmal das zugehörige aus sechs kongruenten Dreiecken bestehende Sechseck $ABCA'B'C'$ konstruiert; dann ist es leicht zu ersehen, daß gleichzeitig jeder der übrigen Eckpunkte von 1 zum bzw. benachbarten Eckpunkte 4 wandert und dabei die sechs vereinzelt liegenden Bogenstücke, welche von den Eckpunkten des veränderlichen Sechsecks $ABCA'B'C'$ beschrieben werden, durch geeignete Spiegelungen an den Symmetrielinien der Figur in den positiven ξ-, η-Quadranten hineinversetzt werden können, so daß sie hier den ganzen Quadranten ausmachen. Daher genügt es, mit Rücksicht auf jene Symmetrien, um alle möglichen Formen des Sechsecks $ABCA'B'C'$ in Betracht zu ziehen, den Punkt A bloß von M aus die erste Strecke 14 durchwandern zu lassen. Es liegt nun die Vermutung nahe, daß die Größe Δ, der Flächeninhalt des Grundparallelogramms, sich während dieser Bewegung fortwährend *im gleichen Sinne* ändert und daher das Minimum von Δ einer der beiden äußersten Lagen von $ABCA'B'C'$ entspricht: entweder dem Sechseck (1) oder jenem (4). Da ferner wenig unterhalb $p = 2$ dieses Minimum, wie man sich leicht überzeugt, wesentlich dem Sechseck (1) entspricht, dagegen wenig oberhalb $p = 2$ dem Sechseck (4), im Falle $p = 2$ aber (wie auch in den Grenzfällen $p = 1$ und $p = \infty$ selbst) von allen möglichen in Betracht kommenden Sechsecken derselbe Wert von Δ geliefert wird, so liegt es weiter nahe zu vermuten — wofür der Beweis aber noch zu erbringen wäre —, daß für $p < 2$ immer das Sechseck (1), für $p > 2$ immer das Sechseck (4) dem Minimum von Δ entspricht. Im ersteren Falle würde dann, weil die Punkte $x = 1$, $y = 0$ und $\xi = 1$, $\eta = 0$ zusammenfallen, aus

$$\xi = \alpha x + \beta y = 1, \quad \eta = \gamma x + \delta y = 0$$

sich

$$\alpha = 1, \quad \gamma = 0$$

ergeben, was in die Gleichungen (57) eingesetzt:

$$\beta = \tfrac{1}{2}, \quad \delta = (1 - 2^{-p})^{\frac{1}{p}}$$

liefert; sonach würde für das Minimum von Δ in diesem Falle

$$\Delta_0 = (1 - 2^{-p})^{\frac{1}{p}}$$

folgen. Im anderen Falle dagegen, wo der Gitterpunkt $(1 < p < 2)$ $(-1, 1)$ auf der Geraden $\xi = -\eta$ und ähnlich der Gitterpunkt $(1, 1)$ auf der Geraden $\xi = \eta$ liegt, haben wir infolgedessen:

$$-\alpha + \beta = \gamma - \delta, \quad \alpha + \beta = \gamma + \delta,$$

also

$$\alpha = \delta, \quad \beta = \gamma,$$

und dies ergibt, in die Gleichungen (57) eingesetzt,

$$\alpha^p + \beta^p = 1, \quad 2(\alpha - \beta)^p = 1,$$

oder

$$\alpha = 2^{-1+\frac{1}{p}}\Delta + 2^{-1-\frac{1}{p}}, \quad \beta = 2^{-1+\frac{1}{p}}\Delta - 2^{-1-\frac{1}{p}},$$

$$\left(2^{\frac{2}{p}}\Delta + 1\right)^p + \left(2^{\frac{2}{p}}\Delta - 1\right)^p = 2^{p+1} \; (p > 2);$$

doch läßt sich die Auflösung der letzteren Gleichung für Δ nicht in geschlossener Form bewerkstelligen.*)

*) Die Ausführungen hier übertragen sich zu großem Teile auf ein jedes konvexe Oval, das die vier Geraden $\xi = 0$, $\eta = 0$, $\xi = \pm\eta$ zu Symmetrielinien hat und in der Tat ist in den Figuren 37 (p. 52), 38 (p. 53), 39 (p. 54), 41 (p. 56), wie schon aus dem Vorhandensein von Ecken ersichtlich, nicht speziell ein Oval $|\xi^p| + |\eta^p| = 1$ $(p > 1)$ gezeichnet.

Drittes Kapitel.

Zahlengitter in drei Dimensionen.

§ 1. Definition des Zahlengitters in drei Dimensionen.

Unter dem *Zahlengitter in drei Dimensionen* wollen wir die Gesamtheit aller ganzzahligen Wertesysteme dreier Variabeln x, y, z verstehen. Dieses Zahlengitter kann man geometrisch mittelst eines räumlichen Parallelkoordinaten-Systems darstellen, indem man drei sich in einem Punkte treffende und nicht in einer Ebene gelegene Geraden beliebig im Raume als Koordinatenachsen annimmt, die Maßstäbe auf denselben beliebig festlegt und einem jeden ganzzahligen Wertesystem (p, q, r) den Punkt mit den Koordinaten $x = p$, $y = q$, $z = r$ zuordnet. Dieses räumliche Gitter kann auch durch beliebige Festlegung der vier Punkte

$$(0, 0, 0), \quad (1, 0, 0), \quad (0, 1, 0), \quad (0, 0, 1),$$

doch so, daß nicht alle vier in einer Ebene liegen, vollständig bestimmt werden (Fig. 42); das durch diese vier Punkte als Ecken gebildete Tetraeder bezeichnen wir dann als das *Fundamentaltetraeder* des betreffenden Gitters.

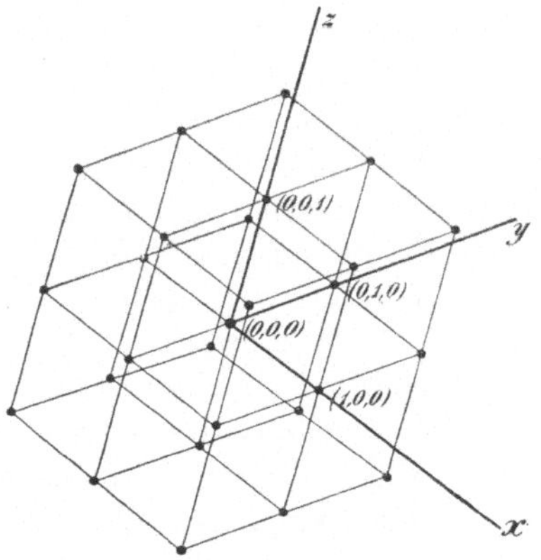

Fig. 42.

Ist im Koordinatenraume ein irgendwie begrenzter Körper gegeben, so wollen wir unter dem Volumen desselben das auf den Bereich des Körpers bezogene dreifache Integral

$$J = \iiint dx\, dy\, dz \tag{1}$$

verstehen, wobei das Element des Integrals stets als wesentlich positive Größe zu denken ist.

§ 2. Theorem über konvexe Körper mit Mittelpunkt.

Da wir uns im Laufe der weiteren Untersuchungen hauptsächlich auf die Betrachtung einfacher, nur von Ebenen oder Flächen zweiter Ordnung begrenzter Körper beschränken werden, so können wir hier von der Aufstellung einer strengen Definition für die konvexen Körper absehen und uns nur mit der Feststellung der wesentlichsten Eigenschaften derselben begnügen. Wir stellen uns unter einem konvexen Körper eine *abgeschlossene* Punktmenge vor, die *vollständig im Endlichen* liegt, d. h. in eine um den Nullpunkt mit angebbarem endlichem Radius beschriebene Kugel vollständig eingeschlossen werden kann; sie soll ferner *nicht* vollständig *in einer Ebene* liegen und durch jeden Punkt ihrer Begrenzung soll wenigstens eine *Stützebene* gelegt werden können, d. h. eine Ebene, auf deren einer Seite kein Punkt der Punktmenge liegt.

Falls ein konvexer Körper einen Punkt aufweist, der alle durch ihn gehenden Sehnen des Körpers halbiert, so heißt dieser Punkt *Mittelpunkt* des Körpers.

Für die konvexen Körper mit Mittelpunkt gilt im Raume ein ganz analoges Theorem, wie in der Ebene für die konvexen Figuren mit Mittelpunkt; dasselbe lautet:

X. *Ein konvexer Körper mit einem Gitterpunkt als Mittelpunkt, vom Volumen* 8, *enthält stets außer dem Mittelpunkt noch wenigstens einen weiteren Gitterpunkt.*

Auch der Beweis dieses Satzes gestaltet sich ähnlich wie im Falle der ebenen konvexen Figuren.

Es sei um den Nullpunkt als Mittelpunkt ein konvexer Körper vom Volumen J gegeben. Dilatieren wir alle seine Radien im Verhältnis $t:1$, so wollen wir den so hervorgehenden neuen Körper vom Volumen t^3J als den *zum Parameter t gehörigen Körper* oder kurz als den *t-Körper* bezeichnen. Der ursprünglich gegebene, dem Parameterwerte $t = 1$ entsprechende Körper soll der *Eichkörper* heißen.

Wir ziehen den Eichkörper zunächst derart zusammen, daß der neu entstandene Körper außer dem Mittelpunkt keinen weiteren Gitterpunkt enthält, und treiben dann den letzteren Körper so lange auf, bis er etwa für den Parameterwert $t = M$ mit seiner Begrenzung zum erstenmal an einen Gitterpunkt stößt.*) Diesen M-Körper ziehen wir hierauf im Verhältnis $2:1$ zusammen und denken uns den so gewonnenen $M/2$-Körper vom Nullpunkt aus zu jedem anderen Gitterpunkt als Mittelpunkt parallel mit sich selbst verschoben. So

*) Schematisch kann man sich diese Verhältnisse an der Fig. 18, S. 29 veranschaulicht denken.

entsteht ein System von Körpern, deren jeder an mindestens zwei benachbarte stößt und in keinen anderen der Körper eindringt, so daß keine Stelle des Raumes mehr als einfach von dem System ausgefüllt wird, während zwischen den einzelnen Körpern im allgemeinen noch Lücken vorhanden sein werden. Denken wir uns nun andererseits um den Nullpunkt als Mittelpunkt das von den sechs Ebenen $x = \pm \frac{1}{2}$, $y = \pm \frac{1}{2}$, $z = \pm \frac{1}{2}$ begrenzte Parallelepiped konstruiert und sodann dasselbe von da aus zu jedem anderen Gitterpunkt als Mittelpunkt parallel mit sich selbst verschoben, so erscheint der ganze Raum von diesen Parallelepipeden, deren jedes das Volumen 1 hat, *einfach und lückenlos* erfüllt. Hieraus erhellt, daß das Volumen eines $M/2$-Körpers nur kleiner oder höchstens gleich 1 sein kann:

$$\left(\frac{M}{2}\right)^3 J \leqq 1, \tag{2}$$

und daher folgt für das Volumen des M-Körpers:

$$M^3 J \leqq 8. \tag{3}$$

Um einen zum Eichkörper homothetischen Körper genau vom Volumen 8 zu erhalten, muß man sonach den M-Körper im allgemeinen noch ein wenig ausdehnen und nur im Grenzfalle fallen die zwei genannten Körper zusammen. Es enthält also der Körper vom Volumen 8 den M-Körper und damit außer dem Mittelpunkte notwendig noch weitere (mindestens zwei) Gitterpunkte, und zwar im allgemeinen in seinem Inneren, im Grenzfalle nur auf der Begrenzung.

§ 3. Grenzfälle des letzteren Theorems.

Es soll zunächst ein strenger Beweis der schon an sich plausiblen Tatsache gegeben werden, daß das Volumen eines $M/2$-Körpers < 1 oder $= 1$ ist, je nachdem die um die einzelnen Gitterpunkte konstruierten $M/2$-Körper Lücken zwischen einander lassen oder den ganzen Raum lückenlos ausfüllen.

Wir nehmen zunächst an, daß derartige Lücken vorhanden sind. Sind x_0, y_0, z_0 die Koordinaten irgend eines im Inneren einer Lücke gelegenen Punktes, so leuchtet es ein, daß auch alle Punkte $(x_0 + p, y_0 + q, z_0 + r)$, wobei p, q, r unabhängig voneinander sämtliche ganze Zahlen durchlaufen, im Inneren von Lücken liegen werden; die Gesamtheit dieser Punkte, die wir als ein System von *homologen* Punkten bezeichnen, geht aus dem gegebenen Zahlengitter einfach durch eine derartige Translation desselben hervor, bei welcher irgend ein Gitterpunkt in den Punkt (x_0, y_0, z_0) übergeht. Um jeden der Punkte $(x_0 + p, y_0 + q, z_0 + r)$ als Mittelpunkt denken wir uns einen zum Eichkörper ähnlichen und ähnlich gestellten Körper konstruiert, von solcher, etwa dem Parameterwerte $T/2$ entsprechender Größe, daß weder irgend zwei von diesen $T/2$-Körpern ineinander eindringen noch irgend ein $T/2$-Körper in einen der um die einzelnen Gitterpunkte konstruierten $M/2$-Körper eindringt. Zwischen den so errichteten $T/2$-Körpern und den vorhin konstruierten $M/2$-Körpern kann eine eineindeutige Zuordnung festgelegt werden, indem etwa dem $M/2$-Körper um (p, q, r) der $T/2$-Körper um $(x_0 + p,\ y_0 + q,\ z_0 + r)$ als *Trabant*, wie wir sagen wollen, zugeordnet wird. Nun konstruieren wir um jeden Gitterpunkt als Mittelpunkt einen Würfel mit Seitenflächen parallel den Koordinatenebenen und einer solchen festen Kantenlänge $2d$, daß der Würfel den um den Gitterpunkt befindlichen $M/2$-Körper und jetzt auch den Trabanten des letzteren vollständig in sich einschließt, — endlich um den Nullpunkt einen Würfel mit Seitenflächen parallel den Koordinatenebenen und einer Kante 2Ω, wobei Ω eine positive ganze Zahl bedeute, über deren Größe wir noch verfügen wollen (Fig. 43). Die Gesamtheit derjenigen unter den erstgenannten Würfeln, deren Mittelpunkte im Inneren und auf der Begrenzung des großen Würfels von der Kante 2Ω liegen, ragt über des letzteren Begrenzung überall höchstens so weit heraus, daß, wenn der Würfel von der Kante 2Ω zu einem homothetischen von der Kante $2\Omega + 2d$ ausgedehnt wird, dieser neue vergrößerte Würfel sicherlich alle vorhin genannten Würfel von der Kantenlänge $2d$ und damit auch alle die von diesen Würfeln bzw. eingeschlossenen Paare von je einem $M/2$-Körper und dem zugehörigen Trabanten vollständig in sich schließt. Da nun $(2\Omega + 1)^3$ solche getrennt liegende Körperpaare hier in Betracht kommen, so hat man hiernach:

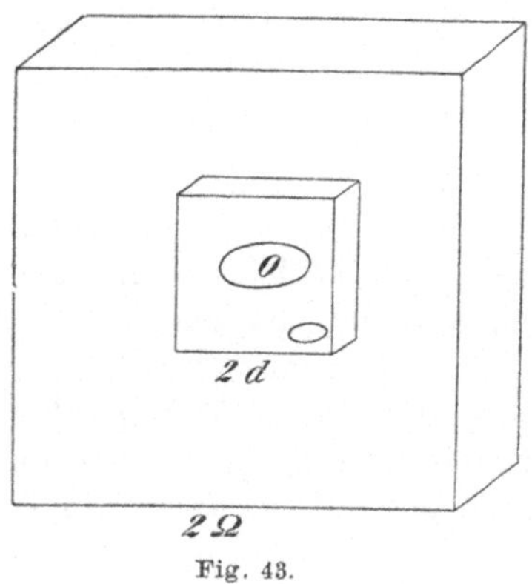

Fig. 43.

$$(2\Omega + 2d)^3 \geqq (2\Omega + 1)^3 \left\{ \left(\frac{M}{2}\right)^3 + \left(\frac{T}{2}\right)^3 \right\} J,$$

woraus, wenn man beiderseits durch $(2\Omega + 1)^3$ dividiert und zur Grenze für $\Omega = \infty$ übergeht,

$$\left\{ \left(\frac{M}{2}\right)^3 + \left(\frac{T}{2}\right)^3 \right\} J \leqq 1,$$

folglich

$$\left(\frac{M}{2}\right)^3 J < 1 \tag{4}$$

hervorgeht, was zu beweisen war.

Im Falle *lückenloser* Ausfüllung des Raumes durch die $M/2$-Körper fassen wir zunächst die *außerhalb* des Würfels von der Kante 2Ω gelegenen Gitterpunkte ins Auge. Jeder der um diese Punkte befindlichen Würfel von der Kantenlänge $2d$ liegt entweder ganz außerhalb dieses erstgenannten Würfels oder dringt zum Teil in ihn ein, und zwar höchstens bis zur Tiefe d, in Richtungen normal zu den entsprechenden Koordinatenebenen gemessen. Wir nehmen nun $\Omega > d$ an und konstruieren um den Nullpunkt einen zum erstgenannten homothetischen kleineren Würfel von der Kante $2\Omega - 2d$; in diesen letzteren dringt dann keiner der besagten Würfel von der Kantenlänge $2d$ mehr ein, folglich muß sein Inneres ganz in solche der $M/2$-Körper aufgehen, deren Mittelpunkte im Würfel von der Kante 2Ω gelegen sind. Der von der Gesamtheit der hiermit bezeichneten $M/2$-Körper ausgefüllte Raum kann daher nicht kleiner sein, als das Volumen des Würfels von der Kante $2\Omega - 2d$ und es gilt demnach die Ungleichung:

$$(2\Omega - 2d)^3 \leqq (2\Omega + 1)^3 \left(\frac{M}{2}\right)^3 J.$$

Aus dieser schließen wir, indem wir Ω wiederum über jede Grenze hinaus wachsen lassen:

$$\left(\frac{M}{2}\right)^3 J \geqq 1,$$

und dies ist wegen (2) nur so möglich, daß

$$\left(\frac{M}{2}\right)^3 J = 1 \tag{5}$$

ist, was zu beweisen war.

Durch Parallelverschiebungen auseinander hervorgehende konvexe Körper, die um Gitterpunkte als Mittelpunkte konstruiert sind und, wie die $M/2$-Körper, teilweise aneinander stoßen, ohne je ineinander einzudringen, wollen wir *Stufen im Zahlengitter* nennen. Wir wollen nun die Gestalt der Stufen im Falle des maximalen Volumens 1 derselben, also bei lückenloser Erfüllung des ganzen Raumes durch die Stufen, eingehender studieren.

§ 4. Charakter der Oberfläche bei einem maximalen $M/2$-Körper.

Zunächst erkennen wir, daß jeder Punkt der Oberfläche einer Stufe vom Volumen 1, kurz: einer *maximalen Stufe*, zugleich der Oberfläche wenigstens einer von den homologen Stufen um die anderen Gitterpunkte angehören muß. Würde nämlich ein Punkt P der Begrenzung einer maximalen Stufe, deren Mittelpunkt wir etwa im Nullpunkte O annehmen wollen, keiner anderen Stufe angehören, so müßten wir, auf dem Radius OP über P hinaus fortschreitend, auf

Punkte kommen, welche überhaupt keiner Stufe angehören, was wegen der lückenlosen Ausfüllung des Raumes durch die Stufen ausgeschlossen ist.

Es sei nun $A = (p, q, r)$ der Mittelpunkt einer unter denjenigen maximalen Stufen, welche mit der um O befindlichen Stufe, die kurz die *Nullpunktstufe* heiße, zusammenstoßen (Fig. 44). Die Stufe um A und die Nullpunktstufe sind dann offenbar beide in bezug auf den Halbierungspunkt E der Strecke OA zueinander symmetrisch. Der Punkt E ist beiden Stufen gemein und es geht durch ihn eine gemeinsame Stützebene der beiden Stufen. In dieser Stützebene haben beide Stufen entweder bloß den Punkt E oder geradlinige Strecken oder aber konvexe ebene Partien liegen. Da nun die Stufe um O, als Stufe überhaupt, wie leicht einzusehen, nur mit einer *endlichen* Anzahl anderer Stufen zusammenstoßen kann und dabei, als maximale Stufe, mit ihrer *ganzen* Begrenzung an andere Stufen stoßen muß, so ist es klar, daß ihre Oberfläche *ganz* in einer *endlichen* Anzahl ihrer Stützebenen liegen muß. *Die maximalen Stufen sind somit Polyeder.* Zugleich erkennen wir, daß es unter den der Nullpunktstufe benachbarten Stufen gewisse gibt, welche mit der Nullpunktstufe ebene Partien (nicht bloß Kanten oder Ecken) gemein haben und daß die ganze Begrenzung der Nullpunktstufe aus den Partien solcher Art besteht.

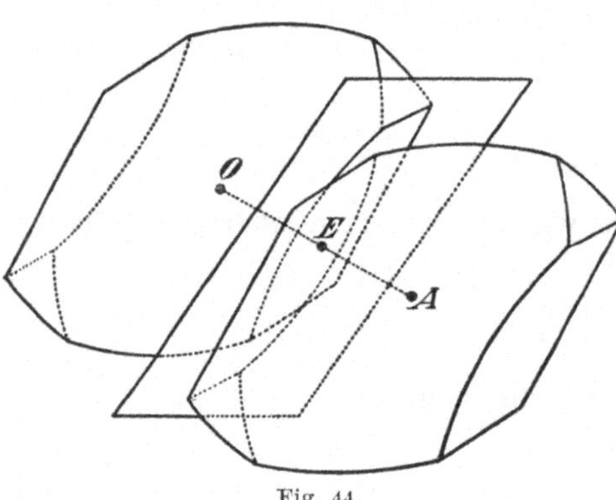

Fig. 44.

Umgekehrt leuchtet jetzt ein, daß, wenn jede Stufe ihre ganze Oberfläche mit anderen Stufen teilt, die Stufen tatsächlich den Raum lückenlos ausfüllen, also je das Volumen 1 haben müssen. Denn angenommen, es existierten dabei noch Lücken und es wäre Q ein Punkt in einer Lücke, so könnten wir eine Strecke von Q aus nach dem Inneren irgend einer Stufe derart legen, daß diese Strecke in ihrem Verlaufe keiner einzigen Stufe in einer Kante oder einer Ecke begegnet; und wäre dann P, von Q aus gerechnet, der erste Punkt der Strecke, der auf der Oberfläche einer Stufe zu liegen kommt, so könnte P offenbar nur dieser einen Stufe und keiner weiteren unter den Stufen angehören, was unserer Voraussetzung widerspräche.

Liegt eine beliebige konvexe Figur Φ vor (Fig. 45), so wollen wir jenen Teil von Φ, welchen diese Figur mit einer Figur Φ^* gemein hat, die durch Spiegelung von Φ an einem inneren Punkte E

von Φ entsteht, die *Deckung der Figur Φ in bezug auf den Punkt E* nennen.

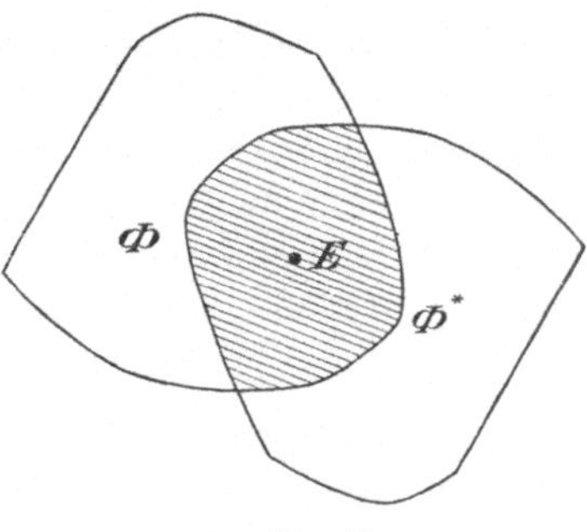

Fig. 45.

Haben nun die Nullpunktstufe und die dieser benachbarte Stufe um A in der den beiden gemeinsamen Stützebene Seitenflächen (und nicht bloß Kanten oder Ecken) liegen und ist Φ die Seitenfläche der Nullpunktstufe und E der Halbierungspunkt von OA, so ist die den zwei Stufen gemeinsame Partie offenbar mit der Deckung von Φ in bezug auf E identisch. Beachten wir noch, daß der Punkt E kein Gitterpunkt sein kann, also die Koordinaten $p/2$, $q/2$, $r/2$ von E Hälften von ganzen Zahlen, aber nicht sämtlich ganzzahlig sind, so läßt sich das Ergebnis unserer Betrachtung folgendermaßen zusammenfassen:

XI. *Eine maximale Stufe ist von lauter ebenen Seitenflächen begrenzt; dabei enthält jede Seitenfläche wenigstens einen Punkt, dessen Koordinaten Hälften von ganzen Zahlen, aber nicht sämtlich ganzzahlig sind, und es besteht jede Seitenfläche genau aus ihren Deckungen in bezug auf die verschiedenen derartigen in ihr enthaltenen Punkte.*

Wir können diese Eigenschaften der maximalen $M/2$-Körper ohne weiteres auf die *maximalen M-Körper*, d. h. M-Körper vom Volumen 8 in folgender Weise übertragen:

Ein maximaler M-Körper ist ein Polyeder, dessen jede Seitenfläche mindestens einen Gitterpunkt mit nicht sämtlich durch zwei teilbaren Koordinaten enthält und regelmäßig genau aus ihren Deckungen in bezug auf die verschiedenen in ihr befindlichen Gitterpunkte besteht.

§ 5. Die Anzahl der Seitenflächen eines maximalen M-Körpers.

Dieses Ergebnis gestattet uns, die größtmögliche Anzahl der Seitenflächen eines maximalen M-Körpers sowie in der Folge die genaue Gestalt eines solchen Körpers zu ermitteln.

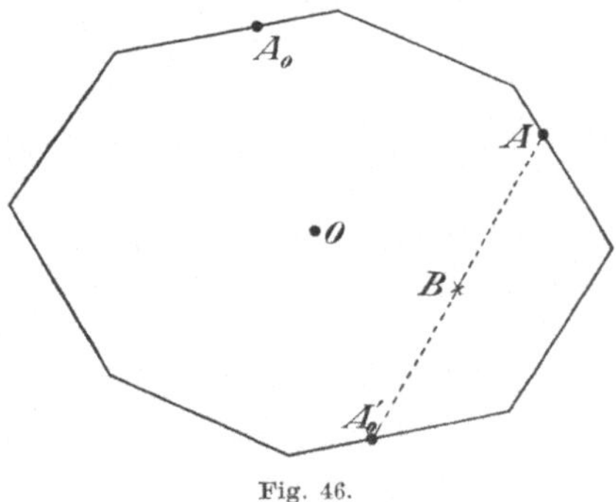

Fig. 46.

Es sei ein maximaler M-Körper um den Nullpunkt O als Mittelpunkt gegeben. Seine Seitenflächen werden paarweise parallel und zueinander in bezug auf O symmetrisch sein. Es sei $A_0 = (p_0, q_0, r_0)$ ein Gitterpunkt auf der Begrenzung des Körpers, und zwar liege derselbe im *Inneren* einer Seitenfläche des Körpers; derartige Punkte muß ja nach

§ 4 jede Seitenfläche des Körpers aufweisen (Fig. 46). Dann liegt auch der Gitterpunkt $A_0' = (-p_0, -q_0, -r_0)$ auf der Begrenzung des Körpers, und zwar im Inneren derjenigen Seitenfläche, welche zur erstgenannten bezüglich O symmetrisch ist. Ist weiter $A = (p, q, r)$ ein Gitterpunkt im Inneren einer weiteren, von den zwei vorigen verschiedenen Seitenfläche des Körpers, so liegt der Punkt

$$B = \left(\tfrac{1}{2}(p - p_0),\quad \tfrac{1}{2}(q - q_0),\quad \tfrac{1}{2}(r - r_0)\right),$$

welcher die Strecke AA_0' halbiert, notwendig im Inneren des Körpers, ist aber vom Nullpunkte verschieden; infolgedessen können die Koordinaten von B nicht sämtlich ganze Zahlen sein, also nicht die Kongruenzen

$$p \equiv p_0, \quad q \equiv q_0, \quad r \equiv r_0 \pmod{2}$$

sämtlich gleichzeitig bestehen. Fassen wir nun für jede einzelne Seitenfläche einen der in ihrem Inneren gelegenen Gitterpunkte ins Auge und bilden wir die echten Reste der Koordinaten dieses Punktes modulo 2, so müssen die so erhaltenen Restetripel für irgend zwei Seitenflächen, die nicht speziell als Spiegelbilder in bezug auf den Nullpunkt zusammengehören, stets untereinander verschieden ausfallen. Solcher Tripel gibt es aber überhaupt $2^3 = 8$, indem jeder Rest nur die Werte 0, 1 annehmen kann; dabei wird das Tripel (0, 0, 0) jedenfalls nicht vorkommen, da die Begrenzung des M-Körpers keinen Gitterpunkt mit lauter geradzahligen Koordinaten enthält; somit leuchtet der folgende Satz ein:

XII. *Die Anzahl der Seitenflächen eines maximalen M-Körpers (und ebenso einer maximalen Stufe) kann höchstens $2(2^3 - 1) = 14$ betragen.*

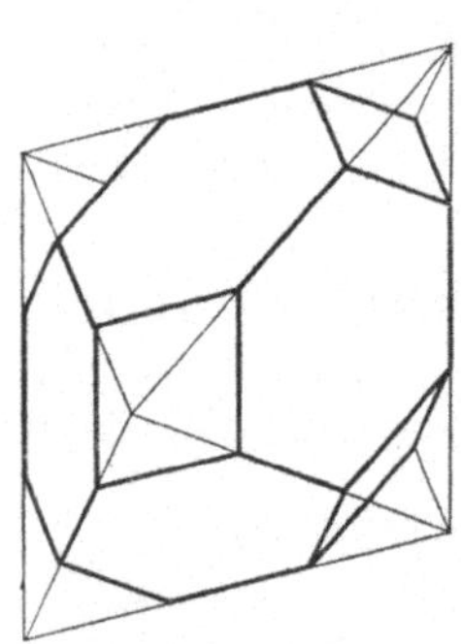

Fig. 47.

Solche maximale M-Polyeder kann man auch nach Methoden, die wir in der Folge kennen lernen werden, ermitteln. Es sind dies 14-Flächner (resp. Ausartungen derselben), die aus Oktaedern durch Stutzung der Ecken mittels entsprechend geführter ebener Schnitte entstehen (Fig. 47).

Die hier abgeleiteten Sätze lassen sich auf Räume von beliebig vielen Dimensionen übertragen. Es zeigt sich, daß im Raume von n Dimensionen die maximalen M-Körper Polyeder sind, deren Seitenanzahl höchstens $2(2^n - 1)$ betragen kann.

§ 6. Die Anzahl der Gitterpunkte auf einem M-Körper.

Wir fragen ferner nach der Anzahl der Gitterpunkte, die auf der Oberfläche eines M-Körpers liegen können.

Es sei um den Nullpunkt O (Fig. 48) ein beliebiger M-Körper gegeben und $A_0 = (p_0, q_0, r_0)$, $A = (p, q, r)$ seien irgend zwei verschiedene Gitterpunkte auf der Oberfläche desselben. Wir betrachten das von den Punkten

$$O, A_0' = (-p_0, -q_0, -r_0), A$$

gebildete Dreieck. Der Schwerpunkt desselben,

$$B = (\tfrac{1}{3}(p-p_0), \tfrac{1}{3}(q-q_0), \tfrac{1}{3}(r-r_0)),$$

liegt unter allen Umständen im Inneren des gegebenen M-Körpers und ist jedenfalls von O verschieden; er ist daher sicher kein Gitterpunkt und mit Rücksicht darauf können die Zahlen p, q, r nicht alle zugleich den Zahlen p_0, q_0, r_0 mod. 3 bzw. kongruent sein.

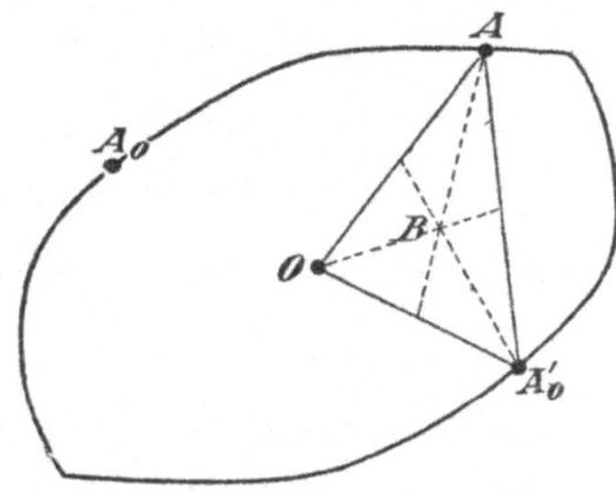

Fig. 48.

Wenn wir also nun für jeden auf der Oberfläche des M-Körpers gelegenen Gitterpunkt die echten Reste seiner Koordinaten mod. 3 ins Auge fassen, so können unter den so erhaltenen Restetripeln keine zwei gleichen vorkommen; da es aber überhaupt nur $3^3 = 27$ solche Restetripel gibt und das Restetripel (0, 0, 0) hier jedenfalls ausgeschlossen erscheint, so folgt, daß

XIII. *die Oberfläche eines M-Körpers nicht mehr als $3^3 - 1 = 26$ Gitterpunkte enthalten kann.*

Es gibt auch in der Tat M-Körper mit 26 Gitterpunkten auf der Begrenzung; ein solcher Körper ist z. B. der durch die Ungleichungen

$$-1 \leqq x \leqq 1,$$
$$-1 \leqq y \leqq 1,$$
$$-1 \leqq z \leqq 1$$

definierte Würfel; die Koordinaten der auf dessen Oberfläche gelegenen Gitterpunkte ergeben sich durch Bildung sämtlicher Kombinationen aus je einem Werte jeder der drei Wertereihen

$$x = -1, \quad 0, \quad +1,$$
$$y = -1, \quad 0, \quad +1,$$
$$z = -1, \quad 0, \quad +1,$$

mit Ausschluß der Kombination $x = 0$, $y = 0$, $z = 0$.

§ 7. Parallelepipede.

Wir wollen nun die gewonnenen Sätze auf spezielle konvexe Körper, zunächst auf Parallelepipede, anwenden.

Es seien drei lineare Formen dreier Variabeln x, y, z mit beliebigen reellen Koeffizienten und nicht verschwindender Determinante Δ gegeben:

$$\begin{aligned} \xi &= \lambda x + \lambda' y + \lambda'' z, \\ \eta &= \mu x + \mu' y + \mu'' z, \\ \zeta &= \nu x + \nu' y + \nu'' z, \end{aligned} \qquad \Delta = \begin{vmatrix} \lambda, & \lambda', & \lambda'' \\ \mu, & \mu', & \mu'' \\ \nu, & \nu', & \nu'' \end{vmatrix} \neq 0. \tag{6}$$

Wir betrachten als Eichkörper das von den sechs Ebenen

$$\xi = 1, \quad \xi = -1, \quad \eta = 1, \quad \eta = -1, \quad \zeta = 1, \quad \zeta = -1 \tag{7}$$

begrenzte Parallelepiped und wenden auf dasselbe das Theorem (3) (S. 61) an. Danach gilt, wenn J das Volumen des bezeichneten Eichkörpers in den Koordinaten x, y, z bedeutet, für das Volumen $M^3 J$ des zugehörigen M-Körpers die Ungleichung:

$$M^3 J \leqq 8. \tag{8}$$

Nun ist

$$J = \iiint dx\, dy\, dz = \frac{1}{|\Delta|} \iiint d\xi\, d\eta\, d\zeta,$$

wobei das letztere dreifache Integral auf den Bereich

$$-1 \leqq \xi \leqq 1, \quad -1 \leqq \eta \leqq 1, \quad -1 \leqq \zeta \leqq 1$$

zu erstrecken ist, also

$$J = \frac{8}{|\Delta|},$$

und dies ergibt, in (8) eingesetzt, für M die folgende Ungleichung:

$$M \leqq \sqrt[3]{|\Delta|}. \tag{9}$$

Da die Oberfläche des vorliegenden M-Körpers aus allen jenen Punkten (x, y, z) besteht, für welche

$$\max(|\xi|, |\eta|, |\zeta|) = M$$

ist, und unter diesen Punkten der Bedeutung von M zufolge sich notwendig auch Gitterpunkte befinden müssen, so folgt aus (9) weiter, *daß es ganzzahlige Werte x, y, z geben muß, die nicht sämtlich verschwinden und für welche*

$$\max(|\xi|, |\eta|, |\zeta|) \leqq \sqrt[3]{|\Delta|},$$

also

$$|\xi| \leqq \sqrt[3]{|\Delta|}, \quad |\eta| \leqq \sqrt[3]{|\Delta|}, \quad |\zeta| \leqq \sqrt[3]{|\Delta|} \tag{10}$$

wird. Hiermit erscheint derselbe Satz IV (S. 9) bewiesen, welcher den Hauptgegenstand des ersten Kapitels bildete und dort durch rein arithmetische Betrachtungen abgeleitet wurde. Während aber dort die Frage nach den Grenzfällen, in denen das Minimum M der drei

Formen genau den Wert $\sqrt[3]{\Delta}$ hat, offen blieb, werden wir jetzt diese Frage durch eine geometrische Überlegung vollständig beantworten.

Soll $M = \sqrt[3]{\Delta}$ sein, dann hat das M-Parallelepiped genau den Inhalt 8, ist also ein maximaler M-Körper. Daher muß dann eine jede Seitenfläche desselben, den Ergebnissen des § 4 gemäß, in ihrem Inneren wenigstens einen Gitterpunkt enthalten und genau aus den einzelnen, untereinander getrennten Deckungen ihrer selbst in bezug auf die sämtlichen in ihr enthaltenen Gitterpunkte bestehen. Da nun die Seitenflächen im vorliegenden Falle Parallelogramme sind, so werden auch ihre Deckungen, wie man leicht sieht, parallelogrammatische Form haben; dabei wird eine jede dieser Deckungen notwendig mindestens einen der Eckpunkte der betreffenden Seitenfläche mitnehmen (Fig. 49).

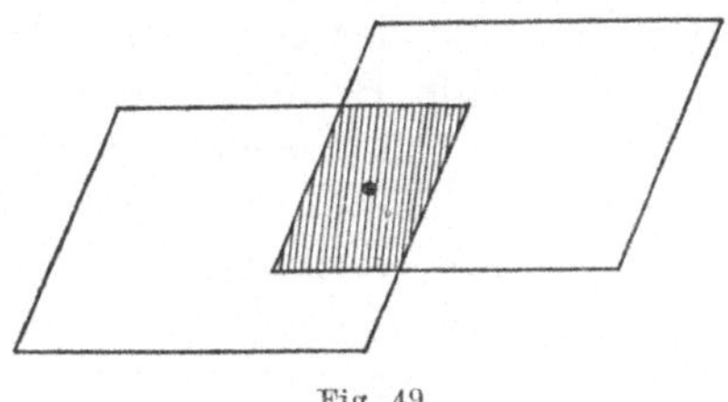

Fig. 49.

Wir fassen nun irgend eine Seitenfläche $ABCD$ des maximalen M-Parallelepipeds und einen darin enthaltenen Gitterpunkt P ins Auge und bilden die Deckung von $ABCD$ in bezug auf P, welche etwa jedenfalls den Eckpunkt A mitnehmen möge. Um zu erkennen, wie sich $ABCD$ weiter aus Deckungen aufbaut, werden wir zunächst zu unterscheiden haben, ob die erstgenannte Deckung nur die eine Ecke A oder noch eine andere oder alle vier Ecken der Seitenfläche mitnimmt [Fig. 50, A), B), Γ)]; nur diese drei Eventualitäten sind offenbar möglich.

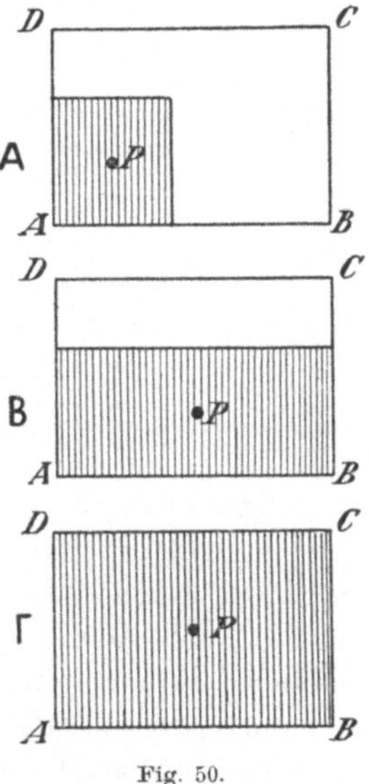

Fig. 50.

Im Falle A) muß die Seitenfläche außer P noch wenigstens zwei weitere Gitterpunkte enthalten. Es sei Q derjenige von den letzteren, dessen zugehörige Deckung die Ecke D fortnimmt; dann ist es klar, daß die Deckungen um P und Q aneinander stoßen müssen: denn sonst müßte es weitere Deckungen geben, welche gar keine Ecken von $ABCD$ in sich enthalten, was ausgeschlossen ist. Sind nun die Seiten, mit denen die beiden genannten Deckungen, um P und um Q, aneinander stoßen, von ungleicher Länge, so ist zu unterscheiden, ob die Deckung um Q nur die eine Ecke D oder auch noch die Ecke C fortnimmt; im ersteren Falle muß es im Parallelogramm $ABCD$ notwendig noch zwei Deckungen geben, deren jede je eine der noch übrigen Ecken B, C fortnimmt (Fig. 51a); im zweiten Falle dagegen ist nur noch eine, die Ecke B enthaltende Deckung vorhanden (Fig. 51b). Fallen aber die beiden bezeichneten Seiten der Deckungen um P und Q auch der Länge nach zusammen, dann kann der noch freie Teil des Parallelogramms entweder in zwei weitere Deckungen zerfallen (Fig. 51c, d) oder selbst eine Deckung sein (Fig. 51e).

Im Falle B) gibt es nur zwei Möglichkeiten: entweder wird jeder der noch freien Eckpunkte D, C durch je eine besondere Deckung mitgenommen (Fig. 51f) oder gehören beide Eckpunkte einer einzigen Deckung an (Fig. 51g).

Im Falle Γ) schließlich bildet das Parallelogramm selbst seine eigene Deckung (Fig. 51h).

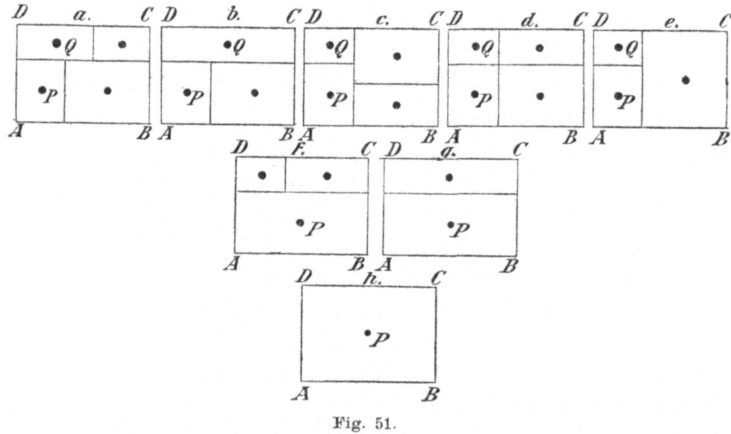

Fig. 51.

Hiermit wären alle möglichen Fälle erschöpft. Wir sehen zugleich, daß die Fälle a), c) wesentlich miteinander identisch sind und d) bloß einen gemeinsamen Grenzfall dieser beiden Fälle darstellt, ferner, daß auch b), e), f) im Wesen einen und denselben Fall darstellen. Daher kommen hier bloß die folgenden vier wesentlich untereinander verschiedenen Fälle in Betracht: a), b), g), h), und diese werden nun nacheinander zu untersuchen sein.

Wir können dabei der Einfachheit halber $\Delta = \pm 1$, also $M = 1$ annehmen.

Angenommen, es befinde sich unter den Seitenflächen des in Rede stehenden maximalen M-Parallelepipeds eine solche, etwa in der Ebene $\zeta = 1$ gelegene, welche dem Falle a) entspricht; ihre Seiten sollen in der Reihenfolge, wie sie von den Ebenen $\xi = -1$, $\xi = 1$, $\eta = -1$, $\eta = 1$ ausgeschnitten werden, AD, BC, AB, DC heißen und P, Q, R, S seien die vier Gitterpunkte in den Deckungen dieser

Seitenfläche, in der Reihenfolge, wie diese Deckungen die Ecken A, D, B, C bzw. mitnehmen (Fig. 52). Sind dann α_1, β_1, 1 die Koordinaten von P im ξ-, η-, ζ-System, wobei offenbar $-1 < \alpha_1 < 0$, $-1 < \beta_1 < 0$ ist, so hat R die Koordinaten $\alpha_1 + 1$, β_1, 1, denn es ist $PR = \frac{1}{2} AB$ und $PR \parallel AB$. Mit Rücksicht darauf, daß die Projektion von PQ auf AD gleich $\frac{1}{2} AD$ ist, seien ferner α_2, $\beta_1 + 1$, 1 die Koordinaten von Q. Sind nun etwa a'', b'', c'' die Koordinaten von P im x-, y-, z-System, $a + a''$, $b + b''$, $c + c''$ jene von R in demselben System, so hat der Punkt (a, b, c), welcher ebenfalls ein Gitterpunkt ist und symbolisch mit $R - P$ bezeichnet werden möge, im ξ-, η-, ζ-System dem oben Gesagten gemäß die Koordinaten 1, 0, 0. Sonach gibt es im vorliegenden Falle ein System von ganzzahligen Werten der Variabeln x, y, z, und zwar $x = a$, $y = b$, $z = c$, für welches

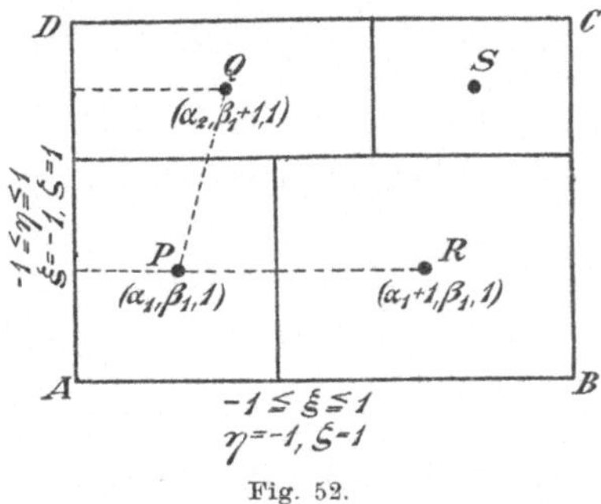

Fig. 52.

$$\xi = 1, \quad \eta = 0, \quad \zeta = 0 \tag{11}$$

wird. In derselben Weise finden wir durch Betrachtung des Punktes $Q - P$, daß ein anderes ganzzahliges Wertesystem derselben Variabeln, etwa (a', b', c'), existiert, für welches

$$\xi = \alpha', \quad \eta = 1, \quad \zeta = 0 \tag{12}$$

wird, wobei $\alpha_2 - \alpha_1 = \alpha'$ gesetzt ist. Zu diesen zwei Wertesystemen von x, y, z wollen wir noch das System (a'', b'', c'') hinzufügen und die aus dem letzteren hervorgehenden Werte von ξ, η, ζ nunmehr der Analogie halber mit

$$\xi = \alpha'', \quad \eta = \beta'', \quad \zeta = 1 \tag{13}$$

bezeichnen. Dabei ist zu beachten, daß

$$|\alpha'|, \quad |\alpha''|, \quad |\beta''| < 1$$

sind.

Die Beziehungen, in welchen die drei den Punkten $R - P$, $Q - P$, P bzw. als Koordinaten entsprechenden Wertesysteme der Variabeln x, y, z zu den zugehörigen Wertesystemen (11), (12), (13) der Formen ξ, η, ζ stehen, lassen sich in der Matrizen-Relation

$$\begin{matrix} 1, & \alpha', & \alpha'' \\ 0, & 1, & \beta'' \\ 0, & 0, & 1 \end{matrix} = \begin{matrix} \lambda, & \lambda', & \lambda'' \\ \mu, & \mu', & \mu'' \\ \nu, & \nu', & \nu'' \end{matrix} \cdot \begin{matrix} a, & a', & a'' \\ b, & b', & b'' \\ c, & c', & c'' \end{matrix}$$

zusammenfassen und diese letztere ergibt, da die links stehende Determinante $= 1$ und die erstere der rechts stehenden $= \pm 1$ ist:

$$\begin{vmatrix} a, & a', & a'' \\ b, & b', & b'' \\ c, & c', & c'' \end{vmatrix} = \pm 1. \tag{14}$$

Wenden wir nun auf das Zahlengitter in x, y, z die Transformation

$$\begin{aligned} x &= aX + a'Y + a''Z, \\ y &= bX + b'Y + b''Z, \\ z &= cX + c'Y + c''Z \end{aligned} \tag{15}$$

an, so entspricht vermöge derselben jedem ganzzahligen Wertesystem (X, Y, Z) ein ganzzahliges Wertesystem (x, y, z) und wegen (14) auch umgekehrt. Die Transformation (15) führt also das Zahlengitter der x, y, z genau in das Zahlengitter der X, Y, Z über; dabei erhalten die Punkte $R-P$, $Q-P$, P im neuen Gitter bzw. die Koordinaten $1, 0, 0$; $0, 1, 0$; $0, 0, 1$ und mit Rücksicht darauf und auf (11), (12), (13) gehen die gegebenen Formen ξ, η, ζ durch die besagte Transformation in die folgenden über:

$$\begin{aligned} X + \alpha'Y + \alpha''Z&, \\ Y + \beta''Z&, \\ Z&. \end{aligned} \tag{16}$$

Hiermit ist im vorliegenden Falle die Existenz einer unimodularen ganzzahligen Substitution nachgewiesen, welche das gegebene Formensystem (6) *in ein spezielles Formensystem* (16) *überführt.* Dabei ist die Anordnung, in welcher die Formen (16) aus jenen ξ, η, ζ entstehen, gleichgültig; sie hängt bloß davon ab, in welcher der Seitenflächen des Parallelepipeds und bei welcher Reihenfolge ihrer Kanten der hier vorausgesetzte Fall a) sich darbietet.

Nicht anders, wie im Falle a), liegen die Dinge in jedem der drei weiteren Fälle: b), g), h).

Für den Fall b) bleibt die soeben durchgeführte Betrachtung ohne weiteres gültig, denn das Vorhandensein eines vierten Gitterpunktes S in der betreffenden Seitenfläche, wodurch sich der Fall a) von jenem b) unterscheidet, war für die obige Betrachtung völlig belanglos.

Nehmen wir weiter an, es würde für keine der Seitenflächen des Parallelepipeds der Fall a) noch der Fall b) zutreffen, es gebe aber eine Seitenfläche $ABCD$, in welcher der Fall g) statthat, und diese liege etwa in der Ebene $\eta = 1$, wobei die Seiten AB, DC bzw. von den Ebenen $\xi = -1$, $\xi = 1$ ausgeschnitten werden mögen (Fig. 53). Die zwei in dieser Seitenfläche befindlichen Gitterpunkte P, Q haben dann ξ-, η-, ζ-Koordinaten α', 1, 0; $\alpha' + 1$, 1, 0; hieraus läßt sich unmittelbar der Gitterpunkt $Q - P$, ($\xi = 1$, $\eta = 0$, $\zeta = 0$), ableiten; nehmen wir nun zu den Gitterpunkten $Q - P$, P noch einen dritten T hinzu, welcher innerhalb der Seitenfläche

$$|\xi| \leqq 1, \quad |\eta| < 1, \quad \zeta = 1$$

liege und ξ-, η-, ζ-Koordinaten α'', β'', 1 habe, bezeichnen wir ferner die x-, y-, z-Koordinaten der drei Gitterpunkte $Q - P$, P, T bzw. mit

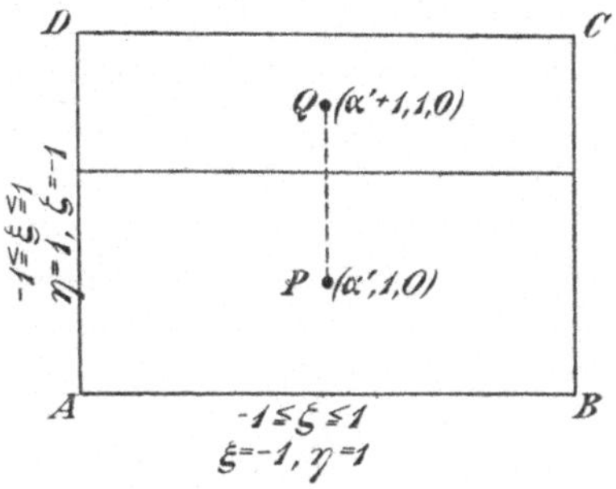

Fig. 53.

$$a, b, c; \quad a', b', c'; \quad a'', b'', c''$$

und wenden auf das Formensystem (6) die Transformation an, die sich hier genau wie (15) schreibt, so zeigt es sich wiederum, wie in den Fällen *a*), *b*), daß dann das Formensystem (6) in das spezielle (16) übergeht.

Nehmen wir schließlich an, daß sich keiner der Fälle *a*), *b*), *g*) auf den Seitenflächen des maximalen M-Parallelepipeds vorfindet, also *jede* Seitenfläche desselben gemäß *h*) im Inneren bloß *einen* Gitterpunkt, und zwar in der Mitte, enthält; dann haben die drei Gitterpunkte, welche innerhalb der in den Ebenen

$$\xi = 1, \quad \eta = 1, \quad \zeta = 1$$

bzw. gelegenen Seitenflächen sich befinden, bzw. folgende ξ-, η-, ζ-Koordinaten:

$$1, 0, 0; \quad 0, 1, 0; \quad 0, 0, 1,$$

und die x-, y-, z-Koordinaten dieser Punkte liefern sonach wiederum eine unimodulare ganzzahlige Substitution, durch welche das gegebene Formensystem in das folgende übergeht:

$$\xi = X, \quad \eta = Y, \quad \zeta = Z, \tag{17}$$

also in den allereinfachsten Spezialfall des Formensystems (16).

Wir sehen somit, daß *in allen vier Fällen eine unimodulare ganzzahlige Substitution existiert, welche die gegebenen Formen* ξ, η, ζ, *abgesehen von der Reihenfolge, in spezielle Formen* (16) *überführt.* Es gilt aber auch die Umkehrung hiervon: *wenn die Formen* ξ, η, ζ, *abgesehen von der Reihenfolge, durch eine unimodulare ganzzahlige Substitution in spezielle Formen* (16) *übergeführt werden können, so ist ihr Minimum für ganzzahlige* x, y, z *notwendig* $= 1$. Denn dieses Minimum ist dann jedenfalls gleich jenem der transformierten Formen, diese letzteren aber können, wie ersichtlich, durch ganzzahlige Werte der Variabeln nicht sämtlich absolut < 1 gemacht werden, es sei denn so, daß zunächst $Z = 0$, sodann $Y = 0$, schließlich $X = 0$ angenommen wird; das letztere Wertesystem schließen wir aber von vornherein aus.

Hiermit haben wir für alle Fälle bewiesen, daß

XIV. *das Minimum von drei linearen Formen* ξ, η, ζ *mit einer Determinante* ± 1 *dann und nur dann genau* $= 1$ *wird, und also die diesen Formen entsprechenden* $M/2$*-Parallelepipede dann und nur dann den Raum lückenlos erfüllen, wenn eine ganzzahlige Substitution mit einer Determinante* ± 1 *existiert, welche die drei Formen, abgesehen von der Reihenfolge, in solche von der speziellen Gestalt* (16) *überführt.*

XIV′. *Im besonderen ist es dann immer möglich, zwei von den Formen durch ganzzahlige Werte der Variabeln* $= 0$ *zu machen, während die dritte* $= 1$ *wird.* Solches tritt nämlich bei den oben gebrauchten Bezeichnungen für $x = a$, $y = b$, $z = c$ ein, indem hierfür

$$X = 1, \quad Y = 0, \quad Z = 0,$$

und also

$$\xi = 1, \quad \eta = 0, \quad \zeta = 0 \tag{18}$$

wird.

Andererseits geht dabei durch die besagte Substitution stets mindestens eine der drei Formen (oben war es immer zumindest die Form ζ) einfach in eine der drei neuen Variabeln X, Y, Z über; da nun jede dieser letzteren sich durch die früheren Variabeln x, y, z aus (15) linear homogen *mit ganzzahligen Koeffizienten ohne einen gemeinsamen Teiler* > 1 ausdrückt, so erkennen wir weiter als

XIV″. *eine notwendige Bedingung für das Eintreten des Grenzfalles* $M = 1$ *dies, daß wenigstens in einer der gegebenen Formen die Koeffizienten ganzzahlig und ohne gemeinsamen Teiler* > 1 *sind.*

Den beiden zuletzt hervorgehobenen Umständen kommt auch eine einfache geometrische Bedeutung zu. Wegen des ersteren Umstandes gibt es an einem maximalen M-Parallelepiped mindestens ein Paar von gegenüberliegenden Seitenflächen, die im Innern bloß je einen Gitterpunkt, in der Mitte, enthalten (oben war von dieser Art die Seitenfläche $\xi = 1$ mit dem Punkte $X = 1$, $Y = 0$, $Z = 0$); hieraus folgt, daß *die maximalen* $M/2$*-Parallelepipede sich im Raume in durchgehende Säulen ordnen*, indem jedes von ihnen mit

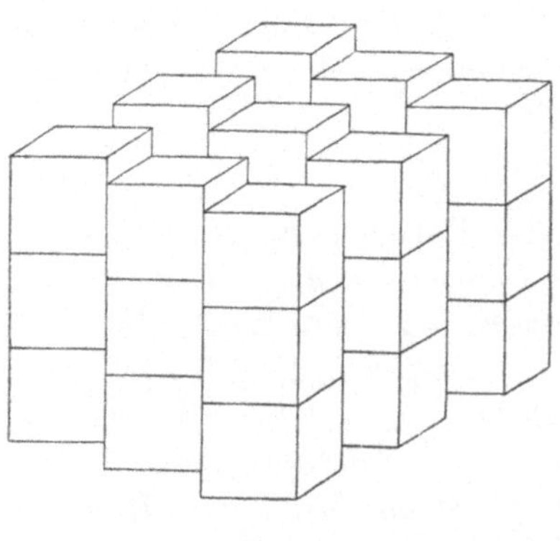

Fig. 54.

einem Paar gegenüberliegender Seitenflächen in deren ganzer Ausdehnung an zwei benachbarte $M/2$-Parallelepipede stößt (Fig. 54). Andererseits geht aus dem zweiten der besagten Umstände hervor, daß *sich die $M/2$-Parallelepipede in Schichten ordnen*, die hier insbesondere von je zwei sukzessiven der Ebenen

$$(\zeta =)\, Z = \ldots, -\tfrac{3}{2}, -\tfrac{1}{2}, \tfrac{1}{2}, \tfrac{3}{2}, \ldots$$

begrenzt werden (Fig. 54).

§ 8. Elliptische Zylinder.

Indem wir noch einige weitere konvexe Körper in Betracht ziehen, werden wir zu Sätzen gelangen, welche später auf die Theorie der algebraischen Zahlen Anwendung finden sollen.

Es seien wiederum drei lineare Formen dreier Variabeln mit nicht verschwindender Determinante Δ gegeben:

$$\begin{aligned} \xi &= \lambda x + \lambda' y + \lambda'' z, \\ \eta &= \mu x + \mu' y + \mu'' z, \\ \zeta &= \nu x + \nu' y + \nu'' z. \end{aligned} \tag{19}$$

Diesesmal sollen aber die Koeffizienten von ξ, η bzw. konjugiert-komplexe Größen sein,

$$\lambda = \frac{\varrho + i\sigma}{\sqrt{2}}, \quad \lambda' = \frac{\varrho' + i\sigma'}{\sqrt{2}}, \quad \lambda'' = \frac{\varrho'' + i\sigma''}{\sqrt{2}},$$

$$\mu = \frac{\varrho - i\sigma}{\sqrt{2}}, \quad \mu' = \frac{\varrho' - i\sigma'}{\sqrt{2}}, \quad \mu'' = \frac{\varrho'' - i\sigma''}{\sqrt{2}},$$

worin $\varrho, \varrho', \varrho'', \sigma, \sigma', \sigma''$ irgend welche reelle Werte sind; die dritte Form ζ dagegen habe reelle Koeffizienten. Die Determinante Δ ist dann eine rein imaginäre Größe, da sie bei der Vertauschung von i mit $-i$ bloß das Vorzeichen ändert. Jede der Formen ξ, η denken wir uns in ihren reellen und imaginären Bestandteil zerlegt:

$$\xi = \frac{\varphi + i\psi}{\sqrt{2}}, \quad \eta = \frac{\varphi - i\psi}{\sqrt{2}}, \tag{20}$$

worin

$$\begin{aligned} \varphi &= \varrho x + \varrho' y + \varrho'' z, \\ \psi &= \sigma x + \sigma' y + \sigma'' z \end{aligned} \tag{21}$$

ist.

Wir nehmen als Eichkörper den Körper an, dessen Bereich durch die Ungleichungen

$$|\xi| \leqq 1, \quad |\eta| \leqq 1, \quad |\zeta| \leqq 1, \tag{22}$$

oder, was dasselbe ist, durch die Ungleichungen

$$\varphi^2 + \psi^2 \leqq 2, \quad -1 \leqq \zeta \leqq 1 \tag{23}$$

definiert ist. Verfügen wir über das Koordinatensystem (x, y, z) in der Weise, daß das Koordinatensystem (φ, ψ, ζ) sich als ein gewöhnliches rechtwinkliges herausstellt, dann wird jener Eichkörper offenbar ein *gerader Kreiszylinder*, welcher von der Mantelfläche

$$\varphi^2 + \psi^2 = 2$$

und den Grundflächen

$$\zeta = 1, \quad \zeta = -1$$

begrenzt erscheint. (Sonst ist es ein allgemeiner elliptischer Zylinder.)

Auf diesen Körper wenden wir nun das Theorem (3) an; danach gilt, wenn J das Volumen des Eichkörpers in den Koordinaten x, y, z bedeutet, für das Volumen $M^3 J$ des zugehörigen M-Körpers die Ungleichung:

$$M^3 J \leqq 8;$$

da aber das Gleichheitszeichen in (3) nur bei Polyedern statthaben kann, so gilt im vorliegenden Falle notwendig das Ungleichheitszeichen und wir haben also

$$M < \frac{2}{\sqrt[3]{J}}. \tag{24}$$

Nun ist

$$J = \iiint dx\,dy\,dz = \left|\frac{d(x, y, z)}{d(\varphi, \psi, \zeta)}\right| \iiint d\varphi\,d\psi\,d\zeta,$$

wobei das letztere dreifache Integral das Volumen des Kreiszylinders (23) in den φ-, ψ-, ζ-Koordinaten ausdrückt, also den Wert 4π hat. Ferner ist nach einem bekannten Satze über Funktionaldeterminanten

$$\frac{d(x, y, z)}{d(\varphi, \psi, \zeta)} = \frac{d(x, y, z)}{d(\xi, \eta, \zeta)} \cdot \frac{d(\xi, \eta, \zeta)}{d(\varphi, \psi, \zeta)};$$

da nun

$$\frac{d(x, y, z)}{d(\xi, \eta, \zeta)} = \frac{1}{\Delta},$$

$$\frac{d(\xi, \eta, \zeta)}{d(\varphi, \psi, \zeta)} = \frac{d(\xi, \eta)}{d(\varphi, \psi)} = \begin{vmatrix} \frac{1}{\sqrt{2}}, & \frac{i}{\sqrt{2}} \\ \frac{1}{\sqrt{2}}, & \frac{-i}{\sqrt{2}} \end{vmatrix} = -i$$

ist, so haben wir:

$$\frac{d(x, y, z)}{d(\varphi, \psi, \zeta)} = -\frac{i}{\Delta}.$$

Es folgt somit:

$$J = \frac{4\pi}{|\Delta|}$$

und also wegen (24):

$$M < \sqrt[3]{\frac{2}{\pi}|\Delta|}. \tag{25}$$

Der M-Körper ist nun im vorliegenden Falle durch die Ungleichungen

$$\left(\frac{\varphi}{M}\right)^2 + \left(\frac{\psi}{M}\right)^2 \leq 2, \quad \left|\frac{\zeta}{M}\right| \leq 1 \tag{26}$$

oder auch

$$|\xi| \leq M, \quad |\eta| \leq M, \quad |\zeta| \leq M \tag{27}$$

charakterisiert, und da seine Oberfläche notwendig Gitterpunkte enthält, so gibt es sonach ganzzahlige Werte x, y, z, die nicht alle verschwinden und, in ξ, η, ζ eingesetzt, die Ungleichungen

$$|\xi| < \sqrt[3]{\frac{2}{\pi}|\Delta|}, \quad |\eta| < \sqrt[3]{\frac{2}{\pi}|\Delta|}, \quad |\zeta| < \sqrt[3]{\frac{2}{\pi}|\Delta|}$$

bewirken. Hiermit ist der folgende Satz gewonnen:

XV. *Sind drei lineare Formen dreier Variabeln mit nicht verschwindender Determinante* Δ *gegeben, wobei eine der Formen reell ist und die beiden übrigen in ihren Koeffizienten konjugiert-komplex sind, dann gibt es ganzzahlige Werte der Variabeln, die nicht alle verschwinden und für welche jede der drei Formen dem Betrage nach* $< \sqrt[3]{\frac{2}{\pi}|\Delta|}$ *wird.*

§ 9. Oktaeder.

Es seien, wie in § 7, drei lineare Formen ξ, η, ζ dreier Variabeln x, y, z mit reellen Koeffizienten und nicht verschwindender Determinante Δ gegeben. Wir fassen im gewöhnlichen rechtwinkligen Koordinatensystem der ξ, η, ζ das Oktaeder ins Auge, welches die sechs Punkte

$$(\xi, \eta, \zeta) = (\pm 1, 0, 0), \ (0, \pm 1, 0), \ (0, 0, \pm 1)$$

zu Eckpunkten hat (Fig. 55), dessen Bereich also, wie man leicht findet, durch die Ungleichung

$$|\xi| + |\eta| + |\zeta| \leq 1$$

gegeben ist.

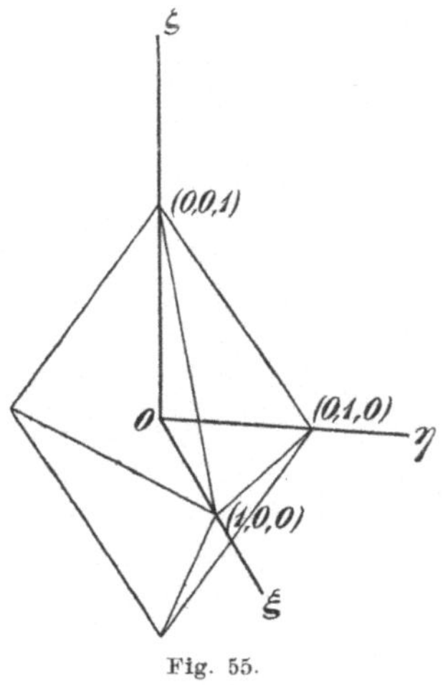

Fig. 55.

Für das Volumen J dieses Oktaeders in den x, y, z-Koordinaten haben wir

$$J = \iiint dx\, dy\, dz = \frac{1}{|\Delta|} \iiint d\xi\, d\eta\, d\zeta$$

und in der Folge, da $\iiint d\xi\, d\eta\, d\zeta$, das Volumen desselben Körpers in den ξ-, η-, ζ-Koordinaten, $= 8 \cdot \frac{1}{6}$ ist,

$$J = \frac{4}{3\,|\Delta|}. \tag{28}$$

Denken wir uns nun den besagten Körper zu einem homothetischen M-Körper dilatiert und wenden auf den letzteren die Formel (3) an, so ergibt sich für M mit Rücksicht auf (28) die Ungleichung:

$$M \leqq \sqrt[3]{6\,|\Delta|}. \tag{29}$$

Das Gleichheitszeichen wird hier nie statthaben können, da der Raum, wie wir zeigen werden, nicht vollständig von homologen Oktaedern erfüllt werden kann. Zum Beweise dieser letzteren Behauptung brauchen wir den folgenden Hilfssatz:

XVI. *Eine ebene konvexe Figur, welche sich aus einer endlichen Anzahl von lauter Figuren mit Mittelpunkt zusammensetzt, besitzt immer selbst einen Mittelpunkt.*

Für unsere Zwecke genügt es, diesen Satz bloß für Polygone zu beweisen. Es sei ein konvexes Polygon gegeben, welches irgendwie vollständig in eine endliche Anzahl von lauter Polygonen mit Mittelpunkt zerfällt (Fig. 56). Wir greifen von den Seiten desselben irgend eine, AB, heraus und denken uns dieselbe etwa horizontal, so zwar, daß die ganze Figur unterhalb AB zu liegen kommt. Nun suchen wir in jedem einzelnen der Teilpolygone, aus denen sich die ganze Figur zusammensetzt, jede existierende horizontale Seite auf und bringen ihre Länge jedesmal mit dem Vorzeichen $+$ oder $-$ in Rechnung, je nachdem das betreffende Teilpolygon unterhalb oder oberhalb an sie angrenzt. Da die Teilpolygone lauter Figuren mit Mittelpunkt sind, erhalten wir dadurch für jedes einzelne und also auch für alle zusammen ein verschwindendes Aggregat von Strecken. In diesem Gesamtaggregat finden wir alle diejenigen horizontalen Strecken, welche Teilpolygone trennen und im Inneren der gegebenen Figur verlaufen, einerseits mit positiver, andererseits mit negativer Gesamtlänge vertreten, sodann die Strecke AB ihrer ganzen Länge nach positiv gerechnet, und müssen daher endlich, weil eine konvexe Figur nicht mehr als zwei horizontale Strecken auf der Begrenzung darbieten kann, notwendig die tiefstgelegenen Punkte des gegebenen Polygons sich zu *einer* horizontalen Seite $B'A'$ desselben von gleicher Länge wie AB vereinigen. Hiermit ist zunächst erwiesen, daß die Begrenzung des Polygons aus *Paaren von parallelen Seiten gleicher Länge* besteht.

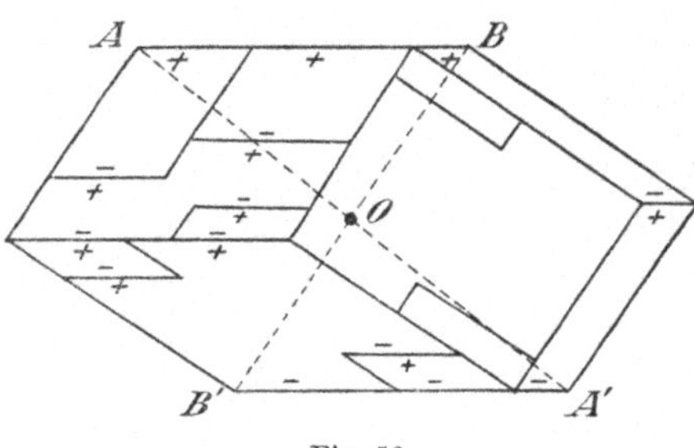

Fig. 56.

Ein Polygon von diesem besonderen Charakter hat aber notwendig einen Mittelpunkt, und zwar ist dies im vorliegenden Falle der Schnittpunkt O der Geraden AA', BB'; denn dieser letztere halbiert jede durch ihn gelegte Sehne des Polygons, was man leicht einsieht, wenn man die Begrenzung des Polygons von BA bzw. $B'A'$ aus in gleichem Umlaufssinne fortsetzt.

Der Satz XVI läßt sich auch auf den Raum übertragen, wo er, wie folgt, lautet:

XVI'. *Wenn ein konvexer Körper sich aus einer endlichen Anzahl von lauter Körpern mit Mittelpunkt zusammensetzt, so hat er stets selbst einen Mittelpunkt.*

Ist dabei der Körper ein Polyeder, so kann man durch eine der obigen analoge Betrachtung zeigen, daß dieses Polyeder von *Paaren paralleler Seitenflächen gleichen Flächeninhalts* begrenzt sein muß; der Nachweis aber, daß ein Polyeder von dieser letzteren Eigenschaft notwendig einen Mittelpunkt hat, gestaltet sich schwierig und erfordert ein tieferes Eindringen in die Theorie der konvexen Körper (vgl. Göttinger Nachrichten, Math.-phys. Kl. 1897, pag. 216).

Kehren wir nun zum vorliegenden Falle des Oktaeders zurück. Angenommen, es läge ein M-Oktaeder vom Maximalvolumen 8 vor; dann sollte jede Seitenfläche desselben wenigstens einen Gitterpunkt im Inneren enthalten und genau aus ihren Deckungen in bezug auf die sämtlichen in ihr befindlichen Gitterpunkte bestehen. Da nun die Deckung einer konvexen Figur notwendig eine konvexe Figur mit Mittelpunkt ist, so zerfiele hiernach jede Seitenfläche unseres maximalen M-Oktaeders, wie überhaupt eines jeden maximalen M-Polyeders, in eine endliche Anzahl konvexer Figuren mit Mittelpunkt, müßte also nach dem soeben für Polygone bewiesenen Hilfssatze XVI stets selbst einen Mittelpunkt haben. Letzteres trifft aber bei Oktaedern nicht zu; hiermit ist die Unmöglichkeit eines M-Oktaeders vom Volumen 8 und also der lückenlosen Erfüllung des Raumes durch homologe Oktaeder dargetan und es gilt daher in (29) notwendig das Ungleichheitszeichen:

$$M < \sqrt[3]{6\,|\Delta|}.$$

Aus dieser Ungleichung folgern wir durch eine schon wiederholt angewandte Überlegung den Satz:

XVII. *Sind ξ, η, ζ drei lineare reelle Formen dreier Variabeln mit nicht verschwindender Determinante Δ, so gibt es stets ganzzahlige Werte der Variabeln, die nicht sämtlich verschwinden und für welche*

$$|\xi| + |\eta| + |\zeta| < \sqrt[3]{6\,|\Delta|}$$

wird.

Wegen

$$\sqrt[3]{|\xi\eta\zeta|} \leqq \frac{|\xi| + |\eta| + |\zeta|}{3} \tag{30}$$

folgt aus diesem Satze weiter insbesondere der nachstehende:

XVII′. *Es gibt immer ganzzahlige Werte der Variabeln, die nicht sämtlich verschwinden und für welche*

$$|\xi\eta\zeta| < \frac{2}{9}|\Delta|$$

wird. Dieser letztere Satz wird in der Theorie des kubischen Zahlkörpers eine wichtige Anwendung finden.

Was die zwischen dem arithmetischen und dem geometrischen Mittel dreier nicht negativer Größen bestehende Ungleichung (30) betrifft, so bieten sich dafür hier folgende Beweise dar.

Erstens: Wir betrachten den Ausdruck

$$\left(\frac{a^\tau + b^\tau + c^\tau}{3}\right)^{\frac{1}{\tau}}, \tag{31}$$

worin τ einen variablen Parameter und a, b, c irgend welche nicht negative Konstanten bedeuten, welch letztere wir zunächst als nicht sämtlich einander gleich voraussetzen wollen. Für $\tau = 1$ geht dieser Ausdruck in das arithmetische Mittel der drei Größen a, b, c über; dagegen haben wir für $\tau = 0$:

$$\lim_{\tau=0}\left(\frac{a^\tau + b^\tau + c^\tau}{3}\right)^{\frac{1}{\tau}} = \lim_{\tau=0}\left(\frac{e^{\tau\log a} + e^{\tau\log b} + e^{\tau\log c}}{3}\right)^{\frac{1}{\tau}} =$$

$$= \lim_{\tau=0}\left(1 + \frac{\tau}{3}\log(abc)\right)^{\frac{1}{\tau}} = e^{\frac{\log(abc)}{3}} = \sqrt[3]{abc}.$$

Es läßt sich zeigen (vgl. Geom. d. Zahl. p. 118), daß der Ausdruck (31) stets gleichzeitig mit τ wächst und abnimmt, und so folgt hieraus:

$$\frac{a+b+c}{3} > \sqrt[3]{abc}.$$

Ist aber $a = b = c$, so haben wir unmittelbar:

$$\frac{a+b+c}{3} = \sqrt[3]{abc}.$$

Ein anderer Beweis ergibt sich bei sämtlich positiven a, b, c aus der Betrachtung der Fläche

$$\xi\eta\zeta = abc$$

im positiven ξ-, η-, ζ-Oktanten. Diese Fläche ist überall konvex und wendet ihre konvexe Seite beständig dem Nullpunkte zu; sie hat die drei Koordinatenebenen zu asymptotischen Tangentialebenen. Wir denken uns an diese Fläche im Punkte $(\sqrt[3]{abc}, \sqrt[3]{abc}, \sqrt[3]{abc})$ die Tangentialebene gelegt; dieselbe hat die Gleichung:

$$\tfrac{1}{3}(\xi + \eta + \zeta) = \sqrt[3]{abc}. \tag{32}$$

Ein beliebiger Punkt der Fläche liegt dann, wofern er nicht gerade mit dem Berührungspunkte selbst zusammenfällt, immer auf jener Seite der Tangentialebene (32), auf welcher sich der Nullpunkt nicht befindet; dies gilt insbesondere auch für den Punkt (a, b, c) und für diesen folgt daher aus (32) die Ungleichung:

$$\frac{a+b+c}{3} \geqq \sqrt[3]{abc}, \quad \text{q. d. e.}$$

§ 10. Doppelkegel.

Es seien, wie in § 8, ξ, η zwei konjugiert-komplexe und ζ eine reelle lineare Form der drei Variabeln x, y, z, wobei die Determinante Δ der Koeffizienten der drei Formen nicht verschwinden soll; ferner sei wiederum

$$\xi = \frac{\varphi + i\psi}{\sqrt{2}}, \quad \eta = \frac{\varphi - i\psi}{\sqrt{2}},$$

worin φ, ψ reell sind. Wir fassen die Gesamtheit jener reellen Wertesysteme (x, y, z) ins Auge, für welche

$$|\xi| + |\eta| + |\zeta| \leqq 1,$$

oder, was dasselbe ist,

$$|\sqrt{2(\varphi^2+\psi^2)}| + |\zeta| \leqq 1$$

wird. Der Bereich der Wertesysteme (φ, ψ, ζ), welche der letzteren Ungleichung genügen, bildet, auf ein gewöhnliches rechtwinkliges Koordinatensystem (φ, ψ, ζ) bezogen, einen Doppel-Kreiskegel, dessen Spitzen auf der ζ-Achse in Abständen 1 vom Nullpunkte liegen und dessen Basis von dem in der φ-ψ-Ebene gelegenen Kreise

$$\varphi^2 + \psi^2 = \tfrac{1}{2}$$

gebildet wird. Das Volumen dieses Körpers in den φ-, ψ-, ζ-Koordinaten beträgt $\pi/3$, also das Volumen in den x-, y-, z-Koordinaten

$$J = \frac{1}{|\Delta|}\iiint d\varphi\, d\psi\, d\zeta = \frac{\pi}{3\,|\Delta|}.$$

Mithin gilt für den zugehörigen M-Körper nach (3) die Ungleichung:

$$M \leqq 2\sqrt[3]{\frac{3\,|\Delta|}{\pi}},$$

und zwar kann hier, da der Körper kein Polyeder ist, nur das Ungleichheitszeichen statthaben. Wir erhalten somit den Satz:

XVIII. *Zu zwei konjugiert-komplexen ternären linearen Formen* ξ, η *und einer dritten reellen Form* ζ, *wobei die Determinante* Δ *der drei Formen nicht verschwindet, lassen sich immer ganzzahlige, nicht insgesamt verschwindende Werte der Variabeln angeben, für welche*

$$|\xi| + |\eta| + |\zeta| < 2\sqrt[3]{\frac{3|\Delta|}{\pi}}$$

wird.

Gehen wir wiederum vom arithmetischen zum geometrischen Mittel über, so ist hiermit

XVIII'. *unter den gegebenen Voraussetzungen auch die Existenz von ganzzahligen Werten* x, y, z *nachgewiesen, die nicht sämtlich verschwinden und für welche*

$$|\xi\eta\zeta| < \frac{8|\Delta|}{9\pi}$$

wird.

§ 11. Dichteste Lagerung kongruenter homologer Körper.

Während das Volumen $M^3 J$ eines M-Parallelepipeds die obere Grenze 8 unter Umständen wirklich erreicht, gilt für die drei weiteren von uns behandelten Körper, und zwar für den Zylinder, das Oktaeder und den Doppelkegel, in der Ungleichung (3) notwendig nur das Ungleichheitszeichen. Wenn es nun für jeden einzelnen dieser drei Körper bei beliebig variierenden Koeffizienten $\lambda, \lambda', \cdots, \nu''$ in den Formen ξ, η, ζ einen *Maximalwert* von $M^3 J$ gibt, — was wir in der Tat zeigen werden, — so muß derselbe jedesmal unterhalb 8 liegen. Die Methoden zur Bestimmung dieses Maximalwertes wollen wir jetzt allgemein in Angriff nehmen. Dabei können wir, anstatt das Zahlengitter in x, y, z festzuhalten und das Koordinatensystem der ξ, η, ζ resp. der φ, ψ, ζ und mit diesem zugleich den darin gegebenen M-Körper gemäß den Änderungen von $\lambda, \lambda', \cdots, \nu''$ zu variieren, hier mit mehr Vorteil (vgl. Kap. II, § 14) umgekehrt das ξ-, η-, ζ- resp. φ-, ψ-, ζ-System und darin den M-Körper festhalten, hingegen das Gitter in x, y, z entsprechend variieren. Dieses letztere Gitter wird dann also derart zu bestimmen sein, daß $M^3 J$ dafür ein Maximum wird; da aber

$$M^3 J = \frac{M^3}{|\Delta|} \int\!\!\int\!\!\int d\xi\, d\eta\, d\zeta \quad \text{bzw.} \quad = \frac{M^3}{|\Delta|} \int\!\!\int\!\!\int d\varphi\, d\psi\, d\zeta$$

ist, wobei das Integral über den betreffenden Eichkörper zu erstrecken ist, und da ferner das Volumen des Eichkörpers in den ξ-, η-, ζ- bzw. in den φ-, ψ-, ζ-Koordinaten während der Variationen, die wir vornehmen wollen, konstant bleibt, so fragt es sich hiernach lediglich um das Maximum von $\frac{M^3}{|\Delta|}$.

Denken wir uns nun in den Gleichungen (6) bzw. (19) alle Größen $\lambda, \lambda', \cdots, \nu''$ mit einer willkürlichen positiven Konstante τ multipliziert. Dies wird geometrisch unter Festhalten der ξ-, η-, ζ-Koordinaten auf eine Dilatation des x-, y-, z-Gitters im Verhältnis $\tau : 1$ hinauslaufen. Der in dem so gewonnenen neuen Gitter zum gegebenen Eichkörper gehörige M-Körper wird daher aus dem M-Körper des ursprünglichen Gitters ebenfalls durch eine Dilatation im Verhältnis $\tau : 1$ hervorgehen und daher zum Parameter nicht mehr den früheren Wert M, sondern $M^* = \tau M$ haben. Andererseits geht dabei gleichzeitig Δ in $\Delta^* = \tau^3 \Delta$ über, so daß

$$\frac{M^{*3}}{|\Delta^*|} = \frac{M^3}{|\Delta|}$$

wird, also der Ausdruck $\frac{M^3}{|\Delta|}$, auf den es uns allein ankommt, dabei seinen Wert nicht ändert. Mit Rücksicht darauf nehmen wir speziell $\tau = 1/M$, also $M^* = 1$ an und unsere Aufgabe läuft dann darauf hinaus, *die Bedingungen und den Wert des Maximums von* $\frac{1}{|\Delta^*|}$, *oder des Minimums von* $|\Delta^*|$, *zu suchen.* Wenn wir noch der Einfachheit halber für die Größen $\tau\lambda, \tau\lambda', \cdots, \tau\nu''$, Δ^* wieder bzw. die Bezeichnungen $\lambda, \lambda', \cdots, \nu''$, Δ einführen und beachten, daß $|\Delta|$ mit dem in den ξ-, η-, ζ- bzw. φ-, ψ-, ζ-Koordinaten berechneten Volumen des Parallelepipeds

$$0 \leqq x < 1, \quad 0 \leqq y < 1, \quad 0 \leqq z < 1 \tag{33}$$

identisch ist:

$$\iiint d\xi\, d\eta\, d\zeta \text{ bzw. } \iiint d\varphi\, d\psi\, d\zeta = |\Delta| \iiint dx\, dy\, dz = |\Delta|,$$

so können wir nunmehr unsere Aufgabe folgendermaßen aussprechen, wobei wir uns für das Parallelepiped (33) hier, wie in der Folge, der Bezeichnung *Grundparallelepiped*, scil. in den Koordinaten x, y, z, bedienen wollen:

In einem festen Koordinatensystem der ξ, η, ζ *bzw.* φ, ψ, ζ *mit dem Nullpunkte* O *ist ein konvexer Körper* K *mit Mittelpunkt in* O *gegeben; es soll ein Zahlengitter in* x, y, z *mit dem Nullpunkte* O *gefunden werden, welches außer* O *keinen weiteren Gitterpunkt in das Innere von* K *schickt und dabei ein Grundparallelepiped von möglichst kleinem Volumen hat, also, kurz ausgedrückt, möglichst dicht ist.*

An diese Formulierung unserer Aufgabe (vgl. auch Kap. II, § 14) werden wir bei der Lösung derselben anzuknüpfen haben.

Wenn wir uns den um den Nullpunkt als Mittelpunkt gegebenen M-Körper im Verhältnis $1 : \frac{1}{2}$ zusammengezogen und dann von da aus parallel mit sich selbst zu jedem Gitterpunkt als Mittelpunkt verschoben denken, so können wir dementsprechend unsere Aufgabe auch noch in der folgenden Variante aussprechen:

Unendlich viele gegebene kongruente konvexe Körper mit Mittelpunkt sollen im Raume parallel orientiert und derart angeordnet sein, daß keine zwei dieser Körper ineinander eindringen, während die Mittelpunkte der Körper ein dreidimensionales Punktgitter bilden; wie ist die Anordnung dieser Körper einzurichten, damit der von denselben nicht erfüllte Raum möglichst klein ausfällt?

Es wird also, kurz ausgedrückt, nach der *dichtesten gitterförmigen Lagerung homologer kongruenter konvexer Körper mit Mittelpunkt* gefragt; dabei sind unter *homolog* (scil. in bezug auf ein Zahlengitter) allgemein solche Gebilde zu verstehen, die durch Translationen um ganzzahlige Werte der Gitterkoordinaten auseinander hervorgehen.

Es leuchtet vor allem ein, daß bei einer solchen dichtesten Lagerung der Körper jeder derselben an gewisse andere anstoßen, also den Charakter eines $M/2$-Körpers (einer *„Stufe“*) haben wird. Wir werden nun zeigen, daß jeder der Körper dabei *in einer ganz bestimmten Weise an eine gewisse Folge der übrigen Körper* anstoßen muß. Zu diesem Zwecke werden wir aber vorerst unserer Aufgabe eine analytische Formulierung geben müssen und hierzu ist vor allem eine *analytische Definition des konvexen Körpers* erforderlich. Der Ableitung dieser letzteren wollen wir uns jetzt zuwenden.

§ 12. Analytischer Charakter der konvexen Körper.

Wir denken uns im Raume ein festes Parallel-Koordinatensystem der ξ, η, ζ und es sei darin ein beliebiger konvexer Körper K gegeben, der keinen Mittelpunkt zu haben braucht, aber den Nullpunkt O des Koordinatensystems im Inneren enthalte. Wir definieren eine Funktion $\varphi(\xi, \eta, \zeta)$ in folgender Weise: Für die Punkte der Begrenzung von K soll

$$\varphi(\xi, \eta, \zeta) = 1 \qquad (34)$$

sein; bedeutet dagegen $P = (\xi, \eta, \zeta)$ einen Punkt in dem außerhalb oder innerhalb der Begrenzung von K befindlichen Raume, so können wir uns K zu einem dazu bezüglich O homothetischen Körper derart dilatiert denken, daß die Begrenzung des neuenstandenen

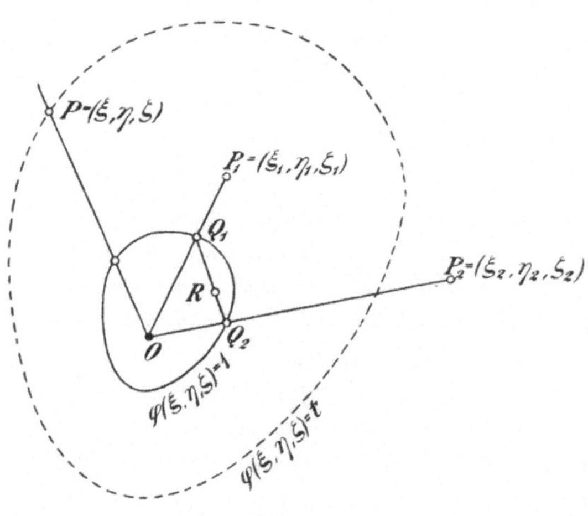

Fig. 57.

Körpers durch P geht (Fig. 57), und ist $t:1$ das hierzu erforderliche Dilatationsverhältnis ($\gtrless 1$), so setzen wir für die Koordinaten von P:

$$\varphi(\xi, \eta, \zeta) = t; \tag{35}$$

für den Nullpunkt nehmen wir so insbesondere

$$\varphi(0, 0, 0) = 0 \tag{36}$$

an.

Es gilt alsdann für nicht negatives t und beliebige ξ, η, ζ stets die Beziehung:

$$\varphi(t\xi, t\eta, t\zeta) = t\varphi(\xi, \eta, \zeta); \tag{37}$$

die Funktion $\varphi(\xi, \eta, \zeta)$ ist danach in ihren Variabeln homogen von erster Ordnung.

Den Wert $\varphi(\xi, \eta, \zeta)$ wollen wir als die *Strahldistanz* des Punktes (ξ, η, ζ) vom Nullpunkte und K als den *Eichkörper* dieser Strahldistanzen bezeichnen; der Bereich des Eichkörpers ist durch die Ungleichung

$$\varphi(\xi, \eta, \zeta) \leqq 1 \tag{38}$$

definiert.

Die Voraussetzung, daß der Eichkörper ein konvexer Körper sei, zieht eine weitere Eigentümlichkeit der Funktion $\varphi(\xi, \eta, \zeta)$ nach sich. Es seien

$$P_1 = (\xi_1, \eta_1, \zeta_1), \quad P_2 = (\xi_2, \eta_2, \zeta_2)$$

zwei beliebige vom Nullpunkte O verschiedene Punkte mit den Strahldistanzen t_1 bzw. t_2 von O (Fig. 57). Wir denken uns die Schnittpunkte der von O nach P_1 bzw. P_2 gehenden Strahlen mit der Oberfläche des Eichkörpers, und zwar

$$Q_1 = \left(\frac{\xi_1}{t_1}, \frac{\eta_1}{t_1}, \frac{\zeta_1}{t_1}\right), \quad Q_2 = \left(\frac{\xi_2}{t_2}, \frac{\eta_2}{t_2}, \frac{\zeta_2}{t_2}\right),$$

als Massenpunkte, mit den Massen t_1 bzw. t_2 behaftet; das System dieser zwei Massenpunkte hat dann den Punkt

$$R = \left(\frac{\xi_1 + \xi_2}{t_1 + t_2}, \frac{\eta_1 + \eta_2}{t_1 + t_2}, \frac{\zeta_1 + \zeta_2}{t_1 + t_2}\right)$$

zum Schwerpunkt und da dieser letztere jedenfalls in der Strecke $Q_1 Q_2$ liegt, diese Strecke aber, sobald der Eichkörper konvex ist, stets vollständig dem Bereiche desselben angehört, so folgt gemäß (38):

$$\varphi\left(\frac{\xi_1 + \xi_2}{t_1 + t_2}, \frac{\eta_1 + \eta_2}{t_1 + t_2}, \frac{\zeta_1 + \zeta_2}{t_1 + t_2}\right) \leqq 1,$$

oder wegen (37):

$$\varphi(\xi_1 + \xi_2, \eta_1 + \eta_2, \zeta_1 + \zeta_2) \leqq t_1 + t_2,$$

und sonach, der Bedeutung von t_1, t_2 zufolge,

$$\varphi(\xi_1 + \xi_2, \eta_1 + \eta_2, \zeta_1 + \zeta_2) \leqq \varphi(\xi_1, \eta_1, \zeta_1) + \varphi(\xi_2, \eta_2, \zeta_2). \tag{39}$$

Diese Beziehung (39) muß also für beliebige Werte $\xi_1, \eta_1, \zeta_1, \xi_2, \eta_2, \zeta_2$ bestehen, damit der Körper (38) konvex sei und umgekehrt: besteht diese Beziehung für beliebige $\xi_1, \eta_1, \zeta_1, \xi_2, \eta_2, \zeta_2$, so ist, wie man leicht rückschließend erkennt, der Körper (38) tatsächlich konvex.

Die Funktionalungleichung (39) *ist somit für die konvexen Körper charakteristisch. Jede Funktion* $\varphi(\xi, \eta, \zeta)$, *welche stets, außer für die Argumente* 0, 0, 0, *positiv ist, die Gleichung* (37) *für alle Werte* $t \geqq 0$ *erfüllt und dabei der Funktionalungleichung* (39) *Genüge leistet, definiert,* $\leqq 1$ *gesetzt, einen konvexen Körper, und zwar einen solchen, der den Nullpunkt als inneren Punkt enthält.*

Sind P, Q zwei beliebige Punkte im Koordinatenraume und R derjenige Punkt, für den der Vektor OR gleich dem Vektor PQ ist, so definieren wir die Strahldistanz PQ (von P nach Q) als mit der Strahldistanz OR (von O nach R) identisch. Dies vorausgeschickt, stellt sich die Funktionalungleichung (39) als eine Forderung heraus, daß die Summe der Längen zweier Seiten im Dreieck nie kleiner sei, als die Länge der dritten Seite, wenn wir dabei statt gewöhnlicher Längen die hier definierten Strahldistanzen in Betracht ziehen. Denn wird eben $P = (\xi_1, \eta_1, \zeta_1)$, $R = (\xi_2, \eta_2, \zeta_2)$ und in der Folge $Q = (\xi_1 + \xi_2, \eta_1 + \eta_2, \zeta_1 + \zeta_2)$ angenommen, dann bedeutet die Ungleichung (39) für die Strahldistanzen OP, $PQ = OR$, OQ im Dreieck OPQ folgendes:

$$OQ \leqq OP + PQ.$$

Soll noch ein konvexer Körper (38) einen Mittelpunkt im Nullpunkt haben, so muß zu den zwei Bedingungsgleichungen (37), (39) für die Funktion $\varphi(\xi, \eta, \zeta)$ offenbar überdies

$$\varphi(-\xi, -\eta, -\zeta) = \varphi(\xi, \eta, \zeta) \tag{40}$$

als dritte Bedingungsgleichung hinzukommen; und es gilt auch die Umkehrung hiervon. Im übrigen läßt sich diese dritte Gleichung mit jener (37) zu einer einzigen folgenden vereinigen:

$$\varphi(t\xi, ty, t\zeta) = |t|\, \varphi(\xi, \eta, \zeta),$$

welche für beliebige reelle t, ξ, η, ζ zu gelten hat.

Es ist noch zu bemerken, daß wenn mit dem Koordinatensystem der ξ, η, ζ ein Zahlengitter in x, y, z durch Transformationsgleichungen (6) verbunden ist und durch diese letzteren die Funktion $\varphi(\xi, \eta, \zeta)$ etwa in die Funktion $F(x, y, z)$ übergeht, dann die für die Funktion $\varphi(\xi, \eta, \zeta)$ eigentümlichen Beziehungen (37), (39), (40), welche zusammengenommen den Körper (38) als konvexen Körper mit Mittelpunkt charakterisieren, durch die genannten Transformationsgleichungen wiederum in *ganz analoge Beziehungen für die Funktion* $F(x, y, z)$ übergehen, so daß hernach die Ungleichung

$$F(x, y, z) \leqq 1$$

denselben konvexen Körper mit Mittelpunkt in demselben analytischen Sinne darstellt, wie die Ungleichung (38).

§ 13. Relative Dichte zweier Gitter.

Für die Behandlung der in § 11 gestellten Aufgabe werden wir ferner Hilfsbetrachtungen über lineare Substitutionen mit ganzzahligen Koeffizienten brauchen, die wir an dieser Stelle, und zwar ebenfalls in geometrischem Gewande, ausführen wollen.

Wir denken uns ein Zahlengitter in x, y, z gegeben und greifen aus demselben irgend drei Gitterpunkte heraus,

$$A = (p_1, q_1, r_1), \quad B = (p_2, q_2, r_2), \quad C = (p_3, q_3, r_3), \tag{41}$$

die vom Nullpunkte O verschieden seien und mit demselben nicht sämtlich in einer Ebene liegen sollen. Es ist dann

$$D = \begin{vmatrix} p_1, & p_2, & p_3 \\ q_1, & q_2, & q_3 \\ r_1, & r_2, & r_3 \end{vmatrix} \neq 0. \tag{42}$$

Wir bauen unter Zugrundelegung des Tetraeders $OABC$ als Fundamentaltetraeders ein neues Koordinatensystem der X, Y, Z auf, welches mit dem gegebenen der x, y, z durch die Transformationsgleichungen

$$\begin{aligned} x &= p_1 X + p_2 Y + p_3 Z, \\ y &= q_1 X + q_2 Y + q_3 Z, \\ z &= r_1 X + r_2 Y + r_3 Z \end{aligned} \tag{43}$$

zusammenhängt; d. h. zu jedem Punkte $S = (x, y, z)$ bestimmen wir X, Y, Z so, daß der Vektor OS sich mit den Vektoren OA, OB, OC durch die Relation

$$OS = X \cdot OA + Y \cdot OB + Z \cdot OC$$

verbunden erweist. Aus den Gleichungen (43) drücken sich dann X, Y, Z durch x, y, z in Formen

$$\begin{aligned} X &= P_1 x + Q_1 y + R_1 z, \\ Y &= P_2 x + Q_2 y + R_2 z, \\ Z &= P_3 x + Q_3 y + R_3 z \end{aligned} \tag{44}$$

aus, wobei

$$\begin{vmatrix} P_1, & Q_1, & R_1 \\ P_2, & Q_2, & R_2 \\ P_3, & Q_3, & R_3 \end{vmatrix} = \frac{1}{D} \tag{45}$$

ist.

Jeder Gitterpunkt in X, Y, Z wird nun zugleich ein Gitterpunkt in x, y, z sein; soll auch umgekehrt jeder Gitterpunkt in x, y, z ganze Zahlen zu X-, Y-, Z-Koordinaten erhalten, so müssen insbesondere auch die drei Punkte

$$(x, y, z) = (1, 0, 0), \quad (0, 1, 0), \quad (0, 0, 1)$$

ganzzahlige X-, Y-, Z-Koordinaten aufweisen, und da diese letzteren Koordinaten mit den Koeffizienten $P_1, Q_1, \cdots, R_3$ in den Transformationsgleichungen (44) bzw. identisch sind, so muß hiernach auch die Determinante (45) eine ganze Zahl sein; letzteres ist aber, da D selbst eine ganze Zahl $\neq 0$ ist, nur so möglich, daß

$$D = \pm 1$$

ist. Hat umgekehrt diese letztere Bedingung statt, dann ergibt sich auch aus (43) für jedes ganzzahlige Wertesystem (x, y, z) ein ganzzahliges Wertesystem (X, Y, Z) und sind dann also die Gitter in x, y, z und X, Y, Z wirklich miteinander identisch. In diesem Falle kann also das Grundparallelepiped G in X, Y, Z, definiert durch

$$0 \leqq X < 1, \quad 0 \leqq Y < 1, \quad 0 \leqq Z < 1, \tag{46}$$

zur Konstruktion des Zahlengitters in x, y, z ebensogut dienen, wie das Grundparallelepiped in x, y, z

$$0 \leqq x < 1, \quad 0 \leqq y < 1, \quad 0 \leqq z < 1, \tag{47}$$

und daher werde es ebenfalls als *ein Grundparallelepiped für das Zahlengitter in* x, y, z bezeichnet, während jenes (47) speziell *das Grundparallelepiped in* x, y, z heiße.

Es möge jetzt D einen beliebigen (scil. ganzzahligen, von Null verschiedenen) Wert $\neq \pm 1$ haben. In diesem Falle werden wir zunächst beweisen, daß $|D|$ *mit der Anzahl derjenigen Gitterpunkte* (x, y, z) *zusammenfällt, welche dem Grundparallelepiped* G *der* X, Y, Z *angehören.* (Im Falle $D = \pm 1$ ist ja diese Tatsache evident und trivial.) In der Tat: Zunächst ist $|D|$ mit dem in den x-, y-, z-Koordinaten berechneten Volumen des letztgenannten Parallelepipeds G identisch, denn für dieses Volumen ergibt sich:

$$\iiint dx\,dy\,dz = \left|\frac{d(x, y, z)}{d(X, Y, Z)}\right| \cdot \iiint dX\,dY\,dZ = |D|.$$

Nun denken wir uns im Gitter der x, y, z, welches als ein gewöhnliches rechtwinkliges angenommen werde, um den Nullpunkt O als Mittelpunkt einen großen Würfel mit den Ecken $(\pm\Omega, \pm\Omega, \pm\Omega)$ beschrieben, wobei Ω eine ganze Zahl bedeute, über die noch verfügt werden soll; dann enthält dieser Würfel $(2\Omega + 1)^3$ Gitterpunkte (x, y, z) und hat im Gitter der x, y, z das Volumen $8\Omega^3$. Wir betrachten weiter die in diesem Würfel gelegenen Gitterpunkte in X, Y, Z und denken uns einem jeden dieser Punkte ein Parallelepiped zugeordnet, welches den betreffenden Punkt zum Mittelpunkte hat und dem Grundparallelepiped G homolog (vgl. S. 84) ist.

Es sei ferner d eine solche ganze Zahl, daß für alle dem Grundparallelepiped G angehörenden Punkte (x, y, z) stets

$$|x| \leqq d, \quad |y| \leqq d, \quad |z| \leqq d$$

bleibt; dann läßt sich G in einen Würfel mit Kanten bzw. parallel den x-, y-, z-Achsen, der Kantenlänge $2d$ und dem Mittelpunkt im Nullpunkte vollständig einschließen. Wir nehmen endlich noch $\Omega > d$ an. Alsdann wird der Körper, welcher von den vorhin konstruierten, zu G im X-, Y-, Z-Gitter homologen Parallelepipeden gebildet wird, ganz in dem Würfel mit den Ecken $(\pm(\Omega+d), \pm(\Omega+d), \pm(\Omega+d))$ enthalten sein und mindestens ganz den Würfel mit den Ecken $(\pm(\Omega-d), \pm(\Omega-d), \pm(\Omega-d))$ in sich enthalten; somit gilt für das Volumen V dieses Körpers die Ungleichung:

$$8(\Omega-d)^3 \leqq V \leqq 8(\Omega+d)^3. \tag{48}$$

Dieser Körper vom Volumen V besteht, zufolge der Bedeutung von $|D|$, aus genau $V/|D|$ dem Grundparallelepiped G homologen Bereichen. Ist nun N die Anzahl der in G, also im Bereiche (46), gelegenen Gitterpunkte (x, y, z), so enthält danach der besagte Körper insgesamt $\frac{V}{|D|} N$ Gitterpunkte (x, y, z) *) und diese letzteren sind einerseits sämtlich unter den $(2\Omega + 2d + 1)^3$ Gitterpunkten des Würfels mit den Ecken $(\pm(\Omega+d), \pm(\Omega+d), \pm(\Omega+d))$ enthalten, andererseits begreifen sie alle diejenigen Gitterpunkte in sich, welche im Würfel mit den Ecken $(\pm(\Omega-d), \pm(\Omega-d), \pm(\Omega-d))$, und zwar in der Anzahl $(2\Omega-2d+1)^3$, vorhanden sind. Es ist daher

$$(2\Omega - 2d + 1)^3 \leqq \frac{V}{|D|} N \leqq (2\Omega + 2d + 1)^3. \tag{49}$$

Aus (48) und (49) folgt nunmehr durch Division:

$$\left(\frac{2\Omega - 2d + 1}{2(\Omega+d)}\right)^3 \leqq \frac{N}{|D|} \leqq \left(\frac{2\Omega + 2d + 1}{2(\Omega-d)}\right)^3$$

oder

$$\left(\frac{1 - \frac{d-\frac{1}{2}}{\Omega}}{1+\frac{d}{\Omega}}\right)^3 \leqq \frac{N}{|D|} \leqq \left(\frac{1 + \frac{d+\frac{1}{2}}{\Omega}}{1-\frac{d}{\Omega}}\right)^3,$$

und da diese Beziehung für ein beliebig großes Ω gilt, die beiden

*) Dabei ist zu beachten, daß von der Begrenzung des in Rede stehenden Körpers vermöge seiner Definition nur gewisse Partien zum Bereiche des Körpers zu zählen sind.

äußeren Ausdrücke darin aber sich für unbegrenzt wachsendes Ω der Grenze 1 nähern, so muß notwendig

$$\frac{N}{|D|} = 1$$

oder

$$N = |D|$$

sein, was zu beweisen war.

Den Quotienten $1/N = 1/|D|$ wollen wir als die *relative Dichte* des enthaltenen Zahlengitters der X, Y, Z zu dem enthaltenden Zahlengitter der x, y, z bezeichnen.

§ 14. Adaption eines Zahlengitters in bezug auf ein enthaltenes Gitter.

Wir werden nun für den Fall, daß $|D| > 1$ ist, also beide Zahlengitter, das in x, y, z und jenes in X, Y, Z, miteinander nicht übereinstimmen, unter allen möglichen Grundparallelepipeden für das Gitter in x, y, z ein spezielles in eindeutiger Weise mit Rücksicht auf das Grundparallelepiped G in X, Y, Z heraussuchen.

Wir wollen aber zuerst die analoge Aufgabe für zweidimensionale Gitter behandeln.

Wir greifen da in einem zweidimensionalen Gitter der x, y zwei vom Nullpunkte O verschiedene und mit demselben nicht in einer Geraden liegende Gitterpunkte

$$A = (p_1, q_1), \quad B = (p_2, q_2)$$

heraus, wobei also

$$\begin{vmatrix} p_1, & p_2 \\ q_1, & q_2 \end{vmatrix} \neq 0 \tag{50}$$

ist (Fig. 58). Wir ergänzen das Dreieck OAB zu einem Parallelogramm $OAEB$ mit AB als Diagonale und nehmen an, daß der Inhalt des letzteren $|p_1 q_2 - q_1 p_2| > 1$ ist; dann folgt aus einer Überlegung, welche der soeben für den Raum angestellten ganz analog ist, daß das genannte Parallelogramm außer seinen Eckpunkten notwendig noch weitere Gitterpunkte enthalten muß. Um nun daraus ein anderes Parallelogramm abzuleiten, welches zu Eckpunkten ebenfalls Gitterpunkte haben, aber keine weiteren Gitterpunkte enthalten soll, fixieren wir zunächst

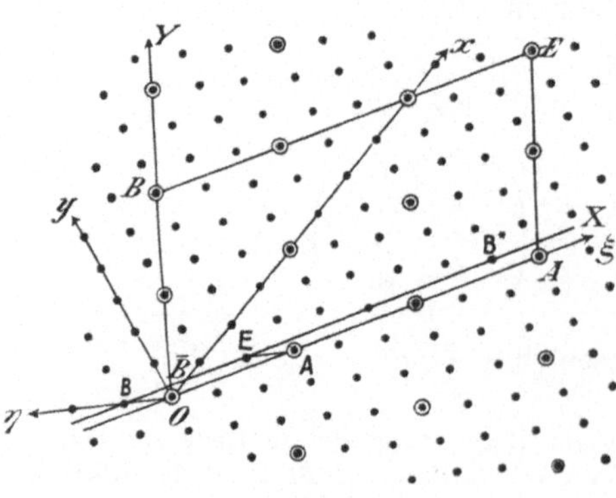

Fig. 58.

auf der Strecke OA denjenigen von O verschiedenen Gitterpunkt A, welcher am nächsten an O liegt. (Möglicherweise kann auch A mit A identisch sein.) Durch fortgesetztes Abtragen der Strecke $O\mathsf{A}$ von O aus auf der nach beiden Seiten verlängerten Geraden $O\mathsf{A}$ erhalten wir weitere Gitterpunkte auf der letzteren und in dieser Weise werden *sämtliche* auf dieser Geraden gelegenen Gitterpunkte hervorgehen; denn läge auf der Geraden *zwischen* irgend zwei benachbarten der so erhaltenen Gitterpunkte irgend ein sonstiger Gitterpunkt, so würde sich aus ihm durch diejenige Translation des Koordinatensystems, welche jene zwei benachbarten Gitterpunkte bzw. in O, A überführt, ein Gitterpunkt auf der Strecke zwischen O und A ergeben, was der über A gemachten Voraussetzung widerspräche.

Wir suchen nun unter den außerhalb OA noch in $OAEB$ vorhandenen Gitterpunkten einen solchen B^* aus, welcher möglichst nahe an OA liegt, und ziehen durch ihn eine Gerade parallel zu OA; diese wird dann in ganz analoger Weise, wie OA, mit äquidistanten Gitterpunkten behaftet sein, was wir erkennen, wenn wir das Gitter so parallel zu sich verschieben, daß O auf B^* fällt. Es gehe bei dieser Verschiebung A etwa in E^* (in der Figur nicht gezeichnet) über; ferner sei B der der Strecke OB nächstliegende unter denjenigen Gitterpunkten, welche auf der Geraden $\mathsf{B}^*\mathsf{E}^*$, doch nicht im Inneren von $OAEB$ liegen (eventuell fällt B auf OB selbst), und E sei hernach der auf B in der Richtung von O nach A (also nach dem Parallelogramm $OAEB$ zu) unmittelbar folgende Gitterpunkt. Sodann ist $O\mathsf{AEB}$ ein Parallelogramm von der hier verlangten Art: dasselbe kann nämlich außer den Ecken, welche Gitterpunkte sind, keine weiteren Gitterpunkte enthalten, denn eine gegenteilige Annahme würde, wie leicht zu sehen, den über A und B gemachten Voraussetzungen widersprechen.

Wir denken uns nun aus den Punkten $O, \mathsf{A}, \mathsf{B}$ ein neues Gitter in Koordinaten ξ, η abgeleitet, indem wir darin für diese Punkte bzw. die Koordinaten $\xi, \eta = 0, 0;\ 1, 0;\ 0, 1$ festsetzen; das Zahlengitter in ξ, η stimmt dann mit jenem in x, y völlig überein, und sind a_1, b_1 bzw. a_2, b_2 die x, y-Koordinaten der Punkte A, B, dann sind beide Gitter durch die Transformationsgleichungen

$$\begin{aligned} x &= a_1 \xi + a_2 \eta\,, \\ y &= b_1 \xi + b_2 \eta \end{aligned} \tag{51}$$

miteinander verbunden und es ist dabei

$$\begin{vmatrix} a_1, & a_2 \\ b_1, & b_2 \end{vmatrix} = \pm 1.$$

Denken wir uns andererseits aus den zuerst betrachteten Gitterpunkten

O, A, B ein Zahlengitter in X, Y abgeleitet, indem wir darin für diese Punkte bzw. die Koordinaten $X, Y = 0, 0; 1, 0; 0, 1$ annehmen, so hängt dieses Gitter mit jenem der ξ, η mittels der Gleichungen

$$\begin{aligned} \xi &= l_1 X + l_2 Y, \\ \eta &= m_1 X + m_2 Y \end{aligned} \tag{52}$$

zusammen, worin l_1, m_1 bzw. l_2, m_2 die ξ-, η-Koordinaten für A bzw. B, also jedenfalls ganze Zahlen sind; dabei haben wir für den Punkt A offenbar $l_1 > 0$, $m_1 = 0$, ferner für den Punkt $\bar{B}$, in welchem OB die Strecke BE trifft, $\xi = l_2/m_2 \geqq 0$ und < 1, $\eta = 1$, und hieraus erhellt weiter noch: $0 \leqq l_2 < m_2$. Der Zusammenhang zwischen den Variabeln x, y einerseits und X, Y andererseits wird nun durch die Gleichungen

$$\begin{aligned} x &= p_1 X + p_2 Y, \\ y &= q_1 X + q_2 Y \end{aligned}$$

vermittelt und so haben wir mit Rücksicht auf (51), (52):

$$\begin{vmatrix} p_1, & p_2 \\ q_1, & q_2 \end{vmatrix} = \begin{vmatrix} a_1, & a_2 \\ b_1, & b_2 \end{vmatrix} \cdot \begin{vmatrix} l_1, & l_2 \\ 0, & m_2 \end{vmatrix}, \tag{53}$$

wobei

$$0 < l_1, \quad 0 \leqq l_2 < m_2 \tag{54}$$

ist.

Den hier beschriebenen Prozeß zur Bestimmung eines Grundparallelogramms OAEB für das Gitter in x, y aus dem Grundparallelogramm $OAEB$ eines im erstgenannten enthaltenen Gitters der X, Y wollen wir als die *Adaption* des ersteren Gitters in bezug auf das darin enthaltene Gitter mit $OAEB$ als Grundparallelogramm bezeichnen. Das Ergebnis dieses Prozesses läßt sich auch, des geometrischen Gewandes entkleidet, in dem folgenden Satze aussprechen:

XIX. *Jede ganzzahlige binäre lineare Substitution mit nicht verschwindender Determinante läßt sich aus zwei ebensolchen Substitutionen zusammensetzen, deren erstere eine Determinante* ± 1 *hat und deren letztere in der Hauptdiagonale lauter positive Koeffizienten, unterhalb derselben die Null, oberhalb eine nicht negative Zahl aufweist, wobei die letztgenannte kleiner ist als die darunter stehende Zahl der Hauptdiagonale.*

Eine ganz analoge Überlegung läßt sich nun auch für dreidimensionale Gitter durchführen.

Wir fassen, zu den in § 13 eingeführten Bezeichnungen zurückkehrend, in dem durch (46) definierten Grundparallelepiped G mit OA, OB, OC als Kanten die Seitenebene OAB ins Auge, bestimmen in dieser Ebene die Gitterpunkte A, B und das Parallelogramm OAEB genau nach der soeben für den Fall eines zweidimensionalen Gitters auseinandergesetzten Methode, stellen sodann in der genannten Ebene unter Zugrundelegung von $OAEB$ als Grundparallelogramm ein Gitter mit den Koordinaten ξ, η her, welches genau aus allen der besagten Ebene angehörigen Gitterpunkten (x, y, z) bestehen wird, und teilen dasselbe nach einem Netz von solchen Parallelogrammen ab, die dem Parallelogramm $OAEB$ homolog sind (Fig. 59); dabei rechnen wir das Parallelogramm $OAEB$, gemäß den Ungleichungen $0 \leqq \xi < 1$, $0 \leqq \eta < 1$, mit Ausschluß der ganzen Seiten AE, BE und entsprechend auch jedes homologe Parallelogramm. Nun suchen wir im betrachteten Parallelepiped, jetzt unter Einschluß der nach (46) bisher ausgenommenen Grenzen, einen Gitterpunkt in x, y, z, etwa Γ^*, auf, welcher außerhalb der Ebene OAB und dabei möglichst nahe an derselben liegt, und legen durch ihn eine Ebene parallel zu OAB. Durch diejenige Parallelverschiebung der Ebene OAB in die durch Γ^* gelegte Ebene, durch welche O in Γ^* übergeht, erhalten wir aus dem Netze in der Ebene OAB ein Netz von Parallelogrammen in der durch Γ^* gelegten Ebene, welches uns in seinen Kreuzungspunkten alle in dieser Ebene existierenden Gitterpunkte (x, y, z) kenntlich macht.

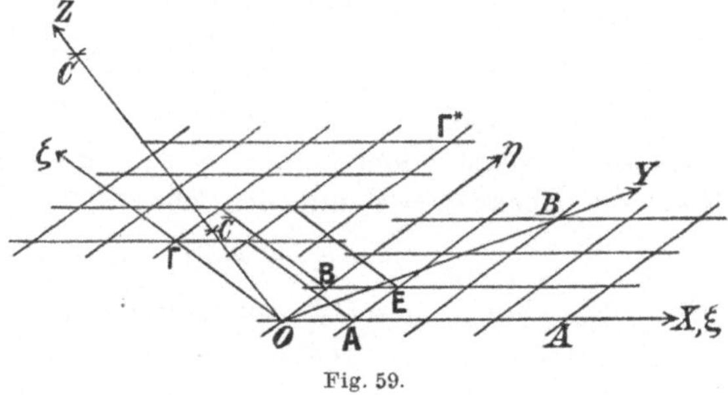

Fig. 59.

Unter den letztgenannten Parallelogrammen suchen wir nun dasjenige eindeutig bestimmte auf, welches den Schnittpunkt C der Ebene dieser Parallelogramme mit der Geraden OC in sich, d. h. in seinen wie oben definierten Bereich aufnimmt. Es sei dann Γ die zu O homologe Ecke in diesem Parallelogramm; und nun haben wir in dem Parallelepiped mit den Kanten OA, OB, $O\Gamma$ ein Grundparallelepiped für das Gitter in x, y, z: denn außer den Ecken, die Gitterpunkte sind, kann dasselbe keinen weiteren Gitterpunkt enthalten, da eine entgegengesetzte Annahme offenbar der Art, in welcher die Wahl der Punkte A, B, Γ getroffen wurde, widersprechen würde.

Nun führen wir neue, dem Fundamentaltetraeder $OAB\Gamma$ entsprechende Koordinaten ξ, η, ζ ein. Sind a_1, b_1, c_1; a_2, b_2, c_2; a_3, b_3, c_3 bzw. die x-, y-, z-Koordinaten der drei Punkte A, B, Γ, dann drücken die Gleichungen

$$\begin{aligned} x &= a_1 \xi + a_2 \eta + a_3 \zeta, \\ y &= b_1 \xi + b_2 \eta + b_3 \zeta, \\ z &= c_1 \xi + c_2 \eta + c_3 \zeta, \end{aligned} \tag{55}$$

wobei

$$\begin{vmatrix} a_1, & a_2, & a_3 \\ b_1, & b_2, & b_3 \\ c_1, & c_2, & c_3 \end{vmatrix} = \pm 1$$

ist, den Zusammenhang der Koordinaten ξ, η, ζ mit jenen x, y, z aus. Mit den X-, Y-, Z-Koordinaten dagegen, welche durch das Fundamentaltetraeder $OABC$ bestimmt waren, möge das Koordinatensystem ξ, η, ζ durch die Gleichungen

$$\begin{aligned} \xi &= l_1 X + l_2 Y + l_3 Z, \\ \eta &= m_1 X + m_2 Y + m_3 Z, \\ \zeta &= n_1 X + n_2 Y + n_3 Z \end{aligned} \tag{56}$$

verbunden sein, wobei $l_1, m_1, \cdots, n_3$ notwendig ganze Zahlen sind. Da hier die Ebene $\zeta = 0$ mit der Ebene $Z = 0$ identisch ist, haben wir

$$n_1 = 0, \quad n_2 = 0;$$

für jeden Punkt dieser Ebene gelten die Gleichungen

$$\begin{aligned} \xi &= l_1 X + l_2 Y, \\ \eta &= m_1 X + m_2 Y \end{aligned}$$

und es ist dabei ganz analog, wie in (52):

$$m_1 = 0, \quad 0 < l_1, \quad 0 \leqq l_2 < m_2;$$

ferner gilt für $\bar{C}$ wegen $O\bar{C}/OC = 1/n_3$:

$$\xi = \frac{l_3}{n_3}, \quad \eta = \frac{m_3}{n_3}, \quad \zeta = 1,$$

und infolgedessen muß mit Rücksicht auf die Lage von C in dem oben besprochenen, zu OAEB homologen Parallelogramm

$$0 \leqq l_3 < n_3, \quad 0 \leqq m_3 < n_3$$

sein. Nun können wir die Substitution (43), welche den Zusammenhang zwischen den Koordinaten x, y, z und X, Y, Z ausdrückt, als aus den Substitutionen (55) und (56) zusammengesetzt auffassen und haben demnach:

$$\begin{vmatrix} p_1, & p_2, & p_3 \\ q_1, & q_2, & q_3 \\ r_1, & r_2, & r_3 \end{vmatrix} = \begin{vmatrix} a_1, & a_2, & a_3 \\ b_1, & b_2, & b_3 \\ c_1, & c_2, & c_3 \end{vmatrix} \cdot \begin{vmatrix} l_1, & l_2, & l_3 \\ 0, & m_2, & m_3 \\ 0, & 0, & n_3 \end{vmatrix}, \tag{57}$$

worin also sämtliche Koeffizienten ganze Zahlen sind und dabei

$$0 < l_1; \quad 0 \leqq l_2 < m_2; \quad 0 \leqq l_3 < n_3, \quad 0 \leqq m_3 < n_3 \tag{58}$$

ist.

Analog, wie im Falle eines zweidimensionalen Gitters, wollen wir die Einführung der speziellen Gitterkoordinaten ξ, η, ζ für das Gitter in x, y, z mit Rücksicht auf das darin enthaltene Gitter in X, Y, Z als die *Adaption* des ersteren Gitters in bezug auf dieses darin enthaltene Gitter bezeichnen.

Und wieder läßt sich das Ergebnis unserer Betrachtung nach Abstreifung des geometrischen Gewandes im folgenden, zu jenem XIX ganz analogen Satze aussprechen:

XIX'. *Jede ganzzahlige lineare ternäre Substitution mit nicht verschwindender Determinante läßt sich aus zwei ebensolchen Substitutionen zusammensetzen, deren erstere eine Determinante* ± 1 *hat und deren letztere in der Hauptdiagonale lauter positive Koeffizienten, unterhalb derselben lauter Nullen, oberhalb lauter nicht negative Zahlen aufweist, wobei jede der letztgenannten kleiner ist als die in der nämlichen Vertikalreihe stehende Zahl der Hauptdiagonale.*

§ 15. Dreifache Stufen.

Indem wir nun zum Problem der dichtesten gitterförmigen Lagerung von vorgegebenen kongruenten konvexen Körpern im Raume zurückkehren, werden wir zunächst beweisen, daß die dichteste Lagerung nur dann eintreten kann, wenn jeder einzelne der Körper, jede *Stufe,* wie wir wieder sagen wollen, nicht bloß an eine, sondern an *drei* verschiedene Stufen anstößt, und zwar derart, daß ihr Mittelpunkt nicht mit den drei Mittelpunkten dieser anstoßenden Stufen zusammen in einer Ebene liegt.

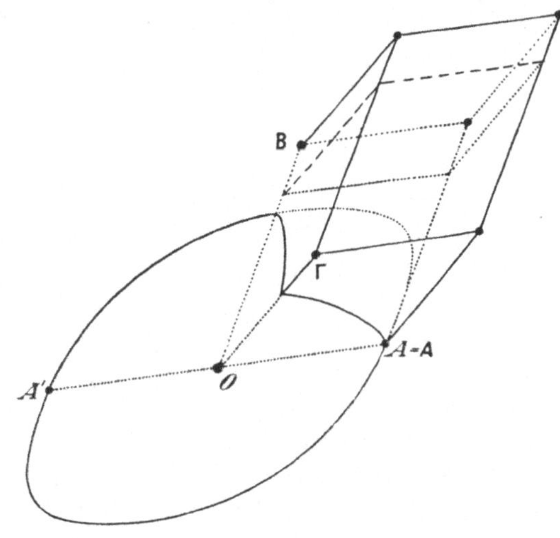

Fig. 60.

Um dies zu zeigen, denken wir uns im Gitter der x, y, z um den Nullpunkt O als Mittelpunkt einen M-Körper gegeben, dessen Begrenzung bloß ein Paar von Gitterpunkten, A, A', enthalte, und greifen von den außerhalb dieses Körpers befindlichen Gitterpunkten beliebige zwei, B, C, die mit OA nicht in einer Ebene liegen, heraus. Wir adaptieren sodann das gegebene Gitter in bezug auf das darin enthaltene aus $OABC$ als Fundamentaltetraeder hervorgehende Gitter und gewinnen dadurch ein solches Fundamentaltetraeder OΑΒΓ für das gegebene Gitter (Fig. 60), wobei offenbar Α mit A zusammenfällt; und nun können wir das Zahlengitter der

x, y, z durch eine geeignete unimodulare Substitution derart transformieren, daß das neue Gitter das Parallelepiped mit den Kanten $O\mathsf{A}$, $O\mathsf{B}$, $O\Gamma$ zum Grundparallelepiped erhält. Wir verringern sodann das Volumen dieses letzteren Parallelepipeds kontinuierlich, indem wir B auf $O\mathsf{B}$ und Γ auf $O\Gamma$ gegen O hin verschieben und dementsprechend das ganze Gitter so stetig verändern, daß es nie aufhört, ein parallelepipedisches System von Gitterpunkten zu bilden. Dies soll solange von statten gehen, bis neue Gitterpunkte in die Begrenzung des M-Körpers eingetreten sind, was nach dem Satze X (S. 60) äußerstenfalls in dem Augenblicke erfolgen muß, wo das Volumen des Grundparallelepipeds zu einem Achtel von jenem des M-Körpers zusammengeschrumpft ist.

Nunmehr befinden sich auf der Begrenzung des M-Körpers mindestens zwei mit O nicht in einer Geraden liegende Gitterpunkte, die wir wiederum mit A, B bezeichnen wollen, während die dazu in bezug auf O bzw. symmetrischen Punkte A', B' heißen mögen. Liegen nicht mehr als diese vier Gitterpunkte auf der Oberfläche des M-Körpers oder gibt es dort neben diesen bloß noch solche Gitterpunkte, die in der Ebene dieser vier liegen, so nehmen wir irgend einen außerhalb des M-Körpers und nicht in der Ebene OAB gelegenen Gitterpunkt hinzu und gewinnen aus dem Tetraeder $OABC$ wieder durch den Prozeß der Adaption ein solches Fundamentaltetraeder $O\mathsf{AB}\Gamma$ für das gegebene Gitter (Fig. 61), wobei die Ebene $O\mathsf{AB}$ sich offenbar mit der Ebene OAB decken wird; hierauf verkleinern wir allmählich das Volumen von $O\mathsf{AB}\Gamma$, indem wir Γ auf $O\Gamma$ gegen O fortschreiten lassen unter gleichzeitiger entsprechender stetiger Variierung des Gitters, was wiederum so lange geschehen soll, bis neue Gitterpunkte auf die Begrenzung des M-Körpers fallen. Diese neu hinzutretenden Gitterpunkte werden sicher nicht in der Ebene OAB liegen; denn das zweidimensionale Gitter in dieser Ebene, welches mit den Gitterpunkten O, A, B festliegt, hat sich bei der diesmal vorgenommenen Änderung des ganzen dreidimensionalen Gitters offenbar garnicht geändert.

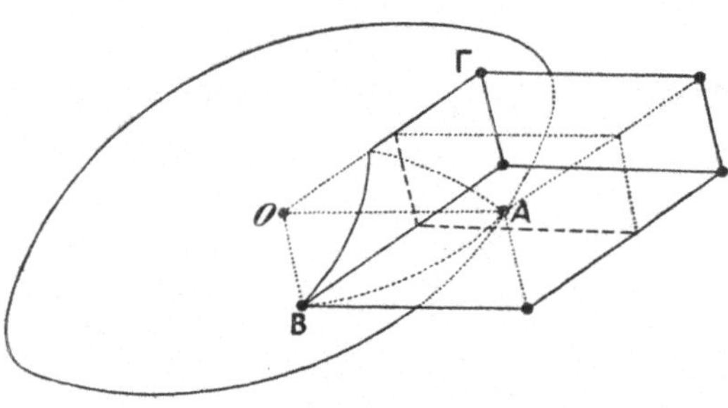

Fig. 61.

Jetzt leuchtet es ein, daß der gegebene M-Körper, wenn ihm eine *dichteste* Lagerung der zugehörigen homolog angeordneten $M/2$-Körper entsprechen soll, wenigstens drei Paar gegenüberliegender, nicht insgesamt in einer Ebene gelegener Gitterpunkte enthalten muß: denn sonst könnten wir eben durch eine entsprechende Änderung des Gitters das Volumen des Grundparallelepipeds dieses Gitters verkleinern.

Jeder der $M/2$-Körper stößt alsdann an mindestens drei solche Nachbarstufen, mit deren Mittelpunkten sein eigener Mittelpunkt nicht zusammen in einer Ebene liegt. Stufen von diesem Verhalten wollen wir *dreifache Stufen* nennen; die Untersuchung derselben ist nicht nur für die weitere Behandlung des Problems der dichtesten Lagerung homologer Körper, sondern auch für gewisse Anwendungen auf die Theorie der algebraischen Zahlen von Bedeutung.

§ 16. Gitteroktaeder.

Auf der Begrenzung eines um O als Mittelpunkt gegebenen M-Körpers mögen sich nun sechs Gitterpunkte befinden, angeordnet zu je zwei bezüglich O symmetrischen Punkten, A, A'; B, B'; C, C', und dabei nicht sämtlich in einer Ebene gelegen. Diese sechs Gitterpunkte bestimmen als Ecken ein Oktaeder, welches, da wir den M-Körper als konvex voraussetzen, in demselben ganz enthalten sein wird, also, wie dieser, im Inneren außer dem Nullpunkte keinen weiteren Gitterpunkt enthalten wird. Auf der Begrenzung aber kann dieses Oktaeder neben den Ecken möglicherweise noch weitere Gitterpunkte aufweisen. Ist D ein solcher und liegt er z. B. auf der Seitenfläche ABC des Oktaeders, dabei etwa außerhalb der Kante AB, so erhalten wir in $AA'BB'DD'$, wobei D' der zu D bezüglich O symmetrische Punkt ist, ein Oktaeder, dessen Ecken ebenfalls Gitterpunkte auf der Begrenzung des M-Körpers sind und dessen Volumen kleiner ist als dasjenige von $AA'BB'CC'$ (Fig. 62).

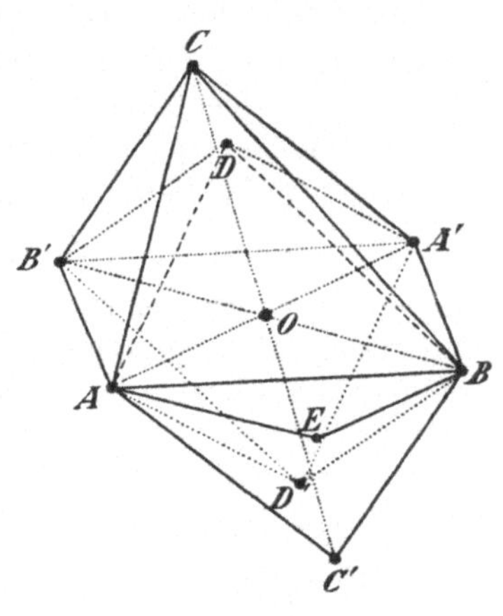

Fig. 62.

Wenn wir nun unter allen möglichen Oktaedern, die sich aus je drei Paaren diametral gegenüberliegender Gitterpunkte auf der Begrenzung des M-Körpers bilden lassen und deren es gewiß nur eine endliche Anzahl gibt, ein solches wählen, welches ein möglichst kleines Volumen hat, so ist hiernach klar, daß die Begrenzung eines solchen Oktaeders außer den Ecken gewiß keine weiteren Gitterpunkte enthalten wird.

Ein Oktaeder, welches den Nullpunkt zum Mittelpunkt und lauter Gitterpunkte zu Ecken hat, außer diesen aber keine weiteren Gitterpunkte enthält, wollen wir ein *Gitteroktaeder* nennen. Es gibt also immer wenigstens *ein* Gitteroktaeder, dessen Ecken auf der Begrenzung des betrachteten M-Körpers liegen.

Es sei nun $AA'BB'CC'$ irgend ein Gitteroktaeder im Gitter der

x, y, z. Indem wir zu $OABC$ als Fundamentaltetraeder Koordinaten X, Y, Z einführen, so daß in X, Y, Z

$$A = (1, 0, 0), \quad B = (0, 1, 0), \quad C = (0, 0, 1) \tag{59}$$

wird, können wir den Bereich des besagten Gitteroktaeders durch die Ungleichung

$$|X| + |Y| + |Z| \leqq 1 \tag{60}$$

definieren. Wir wollen nun nachsehen, wie man von diesem Gitteroktaeder resp. dem Gitter in X, Y, Z ausgehend, das ganze Gitter in x, y, z herstellen kann. Zu dem Behufe leiten wir aus dem Tetraeder $OABC$ auf die in § 14 beschriebene Art ein Fundamentaltetraeder $O\mathsf{AB}\Gamma$ für das Gitter in x, y, z her; dabei haben wir für die Punkte A, B direkt bzw. A, B zu nehmen, denn das aus den letzteren hervorgehende Parallelogramm $OAEB$ (Fig. 62) kann, da das Dreieck AEB hier im Gitter mit dem Dreieck $B'OA'$ homolog ist, außer seinen Ecken keine weiteren Gitterpunkte aufweisen. Zu dem Fundamentaltetraeder $O\mathsf{AB}\Gamma$ mögen nun die Koordinaten ξ, η, ζ gehören, wobei also das Gitter in ξ, η, ζ mit dem Gitter in x, y, z übereinstimmt; ferner seien l, m, n die ξ-, η-, ζ-Koordinaten des Punktes C, also nach § 14 gewisse ganze Zahlen, für die die Ungleichungen

$$0 \leqq l < n, \quad 0 \leqq m < n \tag{61}$$

bestehen; dann haben die Transformationsgleichungen, welche die Koordinatensysteme der ξ, η, ζ und der X, Y, Z miteinander verbinden, die Form:

$$\begin{aligned} \xi &= X \phantom{{}+Y} + lZ, \\ \eta &= \phantom{X+{}} Y + mZ, \\ \zeta &= \phantom{X+Y+{}} nZ \end{aligned} \tag{62}$$

und ist sonach das Oktaeder $AA'BB'CC'$ in den ξ-, η-, ζ-Koordinaten mit Rücksicht auf (60) durch die Ungleichung

$$\left|\xi - \frac{l}{n}\zeta\right| + \left|\eta - \frac{m}{n}\zeta\right| + \left|\frac{\zeta}{n}\right| \leqq 1 \tag{63}$$

gegeben.

Es fragt sich noch, wie die Koeffizienten l, m, n weiter beschaffen sein müssen, damit $AA'BB'CC'$ ein Gitteroktaeder sei, d. h. also die Ungleichung (63) außer den Lösungen

$$(\xi, \eta, \zeta) = (0,0,0),\ (\pm 1,0,0),\ (0,\pm 1,0),\ (l,m,n),\ (-l,-m,-n) \tag{64}$$

keine weiteren ganzzahligen Lösungen zulasse.

Es werden hierbei mehrere Fälle zu unterscheiden sein.

Ist zunächst $n = 1$, so haben wir nach (61): $l = 0$, $m = 0$, also $\xi = X$, $\eta = Y$, $\zeta = Z$, und es ist offenbar $AA'BB'CC'$ ein Gitteroktaeder.

Ist $n > 1$ und eine ungerade Zahl, etwa $= 2t + 1 \geqq 3$, dann muß wegen (61) jedenfalls

$$0 \leqq l \leqq 2t, \quad 0 \leqq m \leqq 2t$$

sein. Wir setzen in (63) für ζ den Wert 1 ein, ferner für ξ den Wert 0 oder 1, je nachdem $l \leqq t$ oder $\geqq t+1$ ist, ähnlich für η den Wert 0 oder 1, je nachdem $m \leqq t$ oder $\geqq t+1$ ist; in jedem dieser Fälle wird alsdann

$$\left|\xi - \frac{l}{2t+1}\zeta\right| \leqq \frac{t}{2t+1}, \quad \left|\eta - \frac{m}{2t+1}\zeta\right| \leqq \frac{t}{2t+1}, \quad \left|\frac{\zeta}{2t+1}\right| = \frac{1}{2t+1}$$

und also die Ungleichung (63) erfüllt sein. Demnach hätten wir diesmal in unserem Oktaeder einen Gitterpunkt mit den Koordinaten

$$\xi = 0 \text{ oder } 1, \quad \eta = 0 \text{ oder } 1, \quad \zeta = 1,$$

welcher mit keinem der Gitterpunkte (64) zusammenfällt, — also wäre $AA'BB'CC'$ kein Gitteroktaeder.

Ist endlich n eine gerade Zahl, $= 2t \geqq 2$, so muß jedenfalls

$$0 \leqq l \leqq 2t-1, \quad 0 \leqq m \leqq 2t-1$$

sein. Wir setzen nun in (63) $\zeta = 1$, ferner $\xi = 0$ oder $= 1$, je nachdem $l \leqq t$ oder $> t$ ist, und $\eta = 0$ oder $= 1$, je nachdem $m \leqq t$ oder $> t$ ist. Dann wird in allen diesen Fällen, bloß mit Ausnahme des Falles $l = m = t$,

$$\left|\xi - \frac{l}{2t}\zeta\right| + \left|\eta - \frac{m}{2t}\zeta\right| + \left|\frac{\xi}{2t}\right| \leqq \frac{t-1}{2t} + \frac{t}{2t} + \frac{1}{2t} = 1$$

und also erhalten wir jedesmal in dem entsprechenden der Punkte

$$\xi = 0, 1, \quad \eta = 0, 1, \quad \zeta = 1$$

einen im Oktaeder $AA'BB'CC'$ befindlichen, doch mit keinem der Punkte (64) identischen Gitterpunkt, woraus wiederum folgen würde, daß $AA'BB'CC'$ kein Gitteroktaeder ist. In dem ausgenommenen Falle $l = m = t$ dagegen nimmt die Ungleichung (63) die Form

$$\left|\xi - \frac{1}{2}\zeta\right| + \left|\eta - \frac{1}{2}\zeta\right| + \left|\frac{\zeta}{2t}\right| \leqq 1$$

an; alsdann liegt in $\xi = 1$, $\eta = 1$, $\zeta = 2$ wieder eine ganzzahlige Lösung derselben vor und ist diese Lösung von den Lösungen (64) verschieden, es sei denn, daß $t = 1$, also $l = 1$, $m = 1$, $n = 2$ ist, in welch letzterem Falle die Lösungen (64) die einzigen ganzzahligen Lösungen der Ungleichung (63) sind.

Wir gelangen somit zu dem Ergebnis, daß der Zusammenhang zwischen dem Gitter in ξ, η, ζ und dem zu dem Gitteroktaeder $AA'BB'CC'$ (d. h. zum Fundamentaltetraeder $OABC$) gehörigen Gitter in X, Y, Z notwendig entweder durch die Gleichungen

$$\xi = X, \quad \eta = Y, \quad \zeta = Z, \tag{65}$$

oder durch die Gleichungen

$$\xi = X + Z, \quad \eta = Y + Z, \quad \zeta = 2Z \tag{66}$$

gegeben sein muß. Im ersteren Falle wollen wir das besagte Gitteroktaeder als ein *Gitteroktaeder erster Art*, im anderen Falle als ein solches *zweiter Art* bezeichnen.

Wir sehen, daß im Falle eines Gitteroktaeders erster Art das Gitter in X, Y, Z mit dem Gitter in ξ, η, ζ vollkommen übereinstimmt; aus den Eckpunkten A, B, C des Oktaeders in Verbindung mit dem Nullpunkte O läßt sich dann in der üblichen Weise das vollständige ursprüngliche Gitter ableiten. Im Falle eines Gitteroktaeders zweiter Art aber liegen Gitterpunkte (ξ, η, ζ) nicht nur in den Gitterpunkten (X, Y, Z) vor, sondern, wegen

$$X = \xi - \frac{\zeta}{2}, \quad Y = \eta - \frac{\zeta}{2}, \quad Z = \frac{\zeta}{2},$$

außerdem noch in allen denjenigen Punkten, deren X-, Y-, Z-Koordinaten sämtlich ungerade Vielfache von $\frac{1}{2}$ sind; alsdann gibt das zu dem Gitteroktaeder gehörige Gitter (X, Y, Z) nicht das ganze ursprüngliche Gitter wieder, sondern man muß, um dieses ursprüngliche Gitter zu erhalten, zu dem Gitter in X, Y, Z noch dasjenige Gitter hinzunehmen, welches aus diesem durch eine Translation hervorgeht, die den Nullpunkt in den Punkt $(X, Y, Z) = (\frac{1}{2}, \frac{1}{2}, \frac{1}{2})$, d. i. in den Mittelpunkt des Grundparallelepipeds in X, Y, Z, überführt.

Sind x_1, y_1, z_1; x_2, y_2, z_2; x_3, y_3, z_3 die Koordinaten von drei mit dem Nullpunkte nicht in einer Ebene gelegenen Eckpunkten eines Gitteroktaeders, welches um den Nullpunkt des x-, y-, z-Gitters als Mittelpunkt gegeben ist, so besteht für den Betrag der Determinante

$$\begin{vmatrix} x_1, & x_2, & x_3 \\ y_1, & y_2, & y_3 \\ z_1, & z_2, & z_3 \end{vmatrix},$$

von welchem vier Drittel offenbar das Volumen des Gitteroktaeders bedeuten, auf Grund der oben erzielten Herleitung des X-, Y-, Z-Gitters aus dem ξ-, η-, ζ- und dem x-, y-, z-Gitter (vgl. (65) bzw. (66)), der Wert 1 im Falle eines Gitteroktaeders erster Art, dagegen der Wert

$$\begin{vmatrix} 1, & 0, & 1 \\ 0, & 1, & 1 \\ 0, & 0, & 2 \end{vmatrix} = 2$$

im Falle eines Gitteroktaeders zweiter Art, und überdies sind im letzteren Falle die drei Verbindungen

$$x_1 + x_2 + x_3, \quad y_1 + y_2 + y_3, \quad z_1 + z_2 + z_3$$

sämtlich gerade Zahlen. Diese Umstände werden uns in der Folge häufig als Kriterium zur Erkennung der Art eines Gitteroktaeders dienen.

Die zwei Arten von Gitteroktaedern werden bei der analytischen Behandlung des Problems der dichtesten Lagerung von homologen Körpern im Raume zu unterscheiden sein. Wir sind nun bereits in der Lage, dieses Problem analytisch zu formulieren, und dazu wollen wir jetzt übergehen.

§ 17. Analytische Formulierung der Bedingungen für eine dichteste gitterförmige Lagerung kongruenter Körper im Raume.

Es seien, wie zu Beginn des § 16, A, A', B, B', C, C' die Ecken eines in einem gegebenen M-Körper K enthaltenen Gitteroktaeders. Wir führen zu $OABC$ als Fundamentaltetraeder die Koordinaten X, Y, Z ein, so daß in denselben

$$A = (1, 0, 0), \quad B = (0, 1, 0), \quad C = (0, 0, 1)$$

wird, und beziehen auf diese Koordinaten den gegebenen M-Körper; der Bereich des letzteren wird dann, nach der Bemerkung am Schlusse von § 12, durch eine Ungleichung

$$F(X, Y, Z) \leqq 1 \tag{67}$$

bestimmt sein, worin $F(X, Y, Z)$ eine Funktion von X, Y, Z ist, welche den Funktionalgleichungen

$$F(0,0,0) = 0, \quad F(tX, tY, tZ) = tF(X, Y, Z) \quad \text{für} \quad t > 0, \tag{68}$$

$$F(-X, -Y, -Z) = F(X, Y, Z) \tag{69}$$

und dazu der Funktionalungleichung

$$F(X_1, Y_1, Z_1) + F(X_2, Y_2, Z_2) \geqq F(X_1+X_2, Y_1+Y_2, Z_1+Z_2) \tag{70}$$

genügt. Zugleich ist mit Rücksicht darauf, daß A, B, C auf der Begrenzung von K liegen,

$$F(1,0,0) = 1, \quad F(0,1,0) = 1, \quad F(0,0,1) = 1. \tag{71}$$

Der Umstand nun, daß im Inneren von K kein vom Nullpunkte verschiedener Gitterpunkt enthalten sein soll, erfordert für die Funktion F das Bestehen noch folgender weiterer Einschränkungen: falls das eingangs genannte Gitteroktaeder von erster Art ist, muß für jedes ganzzahlige, von (0,0,0) verschiedene Wertesystem (l, m, n) die Ungleichung

$$F(l, m, n) \geqq 1 \tag{72}$$

statthaben; im Falle eines Gitteroktaeders zweiter Art hingegen müssen zunächst wieder diese Ungleichungen (72) statthaben und muß außerdem noch für jedes *beliebige* ganzzahlige Wertesystem (l, m, n) die Ungleichung

$$F(l+\tfrac{1}{2}, m+\tfrac{1}{2}, n+\tfrac{1}{2}) \geqq 1 \tag{73}$$

bestehen. Durch die drei Gleichungen (71) und die unendlich vielen Ungleichungen (72) resp. (72) und (73) wird die Forderung, daß der Körper (67) ein M-Körper sei, völlig erschöpft.

Nun lassen sich die unendlich vielen Ungleichungen (72) *resp.* (72) *und* (73) *mit Rücksicht auf das Bestehen der Gleichungen* (71) *auf eine endliche Anzahl gewisser unter ihnen zurückführen.*

Es reduzieren sich nämlich zunächst im Fall eines Gitteroktaeders erster Art die Ungleichungen (72) *auf die folgenden:*

$$F(\pm 1, \pm 1, 0) \geqq 1, \quad F(\pm 1, 0, \pm 1) \geqq 1, \quad F(0, \pm 1, \pm 1) \geqq 1, \tag{74}$$

$$F(\pm 1, \pm 1, \pm 1) \geqq 1, \tag{75}$$

$$F(\pm 1, \pm 1, \pm 2) \geqq 1, \; F(\pm 1, \pm 2, \pm 1) \geqq 1, \; F(\pm 2, \pm 1, \pm 1) \geqq 1; \tag{76}$$

sind diese neben den Gleichungen (71) *erfüllt, dann gilt die Ungleichung* (72) *für jedes beliebige ganzzahlige, von* (0, 0, 0) *verschiedene Wertesystem* (l, m, n).

In der Tat: angenommen, es wäre trotz des Bestehens der Gleichungen (71) und der Ungleichungen (74), (75), (76) für irgend einen Gitterpunkt D, $(X = l,\; Y = m,\; Z = n)$, der von den in (71), (74), (75), (76) genannten und von dem Nullpunkte O verschieden ist,

$$F(l, m, n) < 1; \tag{77}$$

wir können dabei ohne wesentliche Beschränkung

$$0 \leqq l \leqq m \leqq n$$

annehmen und es ist dann jedenfalls $n \geqq 2$ und (l, m, n) von (1, 1, 2) verschieden. Wir betrachten nun das Oktaeder $AA'BB'DD'$, wobei D' den zu D bezüglich O symmetrischen Punkt bedeute; der Bereich desselben ist (vgl. § 16) durch die Ungleichung

$$\left| X - \frac{l}{n} Z \right| + \left| Y - \frac{m}{n} Z \right| + \left| \frac{Z}{n} \right| \leqq 1 \tag{78}$$

gegeben. Durch dieselben Erwägungen, die oben an (63) angeknüpft wurden, erkennen wir, nach den hier über l, m, n gemachten Voraussetzungen, daß die Ungleichung (78) stets durch wenigstens eines der Wertesysteme

$$(X, Y, Z) = (0, 0, 1), \; (0, 1, 1), \; (1, 1, 1), \; (1, 1, 2)$$

befriedigt wird; der durch dieses betreffende Wertesystem gegebene Gitterpunkt, etwa $E = (X_0, Y_0, Z_0)$, liegt somit im Oktaeder $AA'BB'DD'$, und zwar jedenfalls außerhalb der Ebene $AA'BB'$, denn für diese ist stets $Z = 0$; da nun aber D, D' unserer Annahme (77) nach im Inneren des Körpers K liegen sollen, so würde hieraus offenkundig folgen, daß auch E im Inneren von K enthalten, also

$$F(X_0, Y_0, Z_0) < 1$$

ist; dies würde aber einer der als feststehend angenommenen Gleichungen resp. Ungleichungen (71), (74), (75), (76) widersprechen. Hieraus folgt die Unzulässigkeit unserer Annahme und also die Richtigkeit der auf S. 102 ausgesprochenen Behauptung.

Fast noch einfacher liegen die Dinge, wenn $AA'BB'CC'$ ein Gitteroktaeder zweiter Art vorstellt. *Hier lassen sich die sämtlichen Ungleichungen* (72), (73) *mit Rücksicht auf das Bestehen der Gleichungen* (71) *auf die einzigen folgenden Ungleichungen zurückführen:*

$$F(\pm \tfrac{1}{2}, \pm \tfrac{1}{2}, \pm \tfrac{1}{2}) \geqq 1, \tag{79}$$

oder, was dasselbe ist:

$$F(\pm 1, \pm 1, \pm 1) \geqq 2. \tag{80}$$

In der Tat folgen aus den letztgenannten Ungleichungen (80) zunächst die Ungleichungen (74), (75), (76); es folgt nämlich (75) von selbst, ferner erhalten wir, auf Grund der allgemeinen Regel (70) und unter Berücksichtigung von (80) und (71),

$$F(1,1,0) \geqq F(1,1,1) - F(0,0,1) \geqq 1$$

und ähnlich die übrigen der Ungleichungen (74), sodann

$$F(1,1,2) \geqq F(1,1,1) - F(0,0,-1) \geqq 1$$

und ähnlich die übrigen (76). Infolgedessen gehen aus (79) unter Berücksichtigung von (71), auf Grund der im ersteren Falle dargelegten Umstände, weiter die sämtlichen Ungleichungen (72) hervor.

Was jetzt die Ungleichungen (73) betrifft, so nehmen wir an, es wäre für irgend ein Wertesystem von drei halben ungeraden Zahlen

$$\tfrac{1}{2}(2l+1), \quad \tfrac{1}{2}(2m+1), \quad \tfrac{1}{2}(2n+1)$$

trotz des Bestehens von (71) und (79):

$$F(l+\tfrac{1}{2}, m+\tfrac{1}{2}, n+\tfrac{1}{2}) < 1; \tag{81}$$

wir können dabei ohne wesentliche Beschränkung

$$0 < l + \tfrac{1}{2} \leqq m + \tfrac{1}{2} \leqq n + \tfrac{1}{2}$$

annehmen, und es ist dann jedenfalls

$$n + \tfrac{1}{2} \geqq \tfrac{3}{2}.$$

Ist nun D der Gitterpunkt mit $X = l + \frac{1}{2}$, $Y = m + \frac{1}{2}$, $Z = n + \frac{1}{2}$ und D' der dazu bezüglich O symmetrische Punkt, so wird das Oktaeder $AA'BB'DD'$ durch die Ungleichung

$$\left| X - \frac{2l+1}{2n+1} Z \right| + \left| Y - \frac{2m+1}{2n+1} Z \right| + \left| \frac{2Z}{2n+1} \right| \leqq 1$$

definiert, und da diese letztere insbesondere durch das Wertesystem $(X, Y, Z) = (\frac{1}{2}, \frac{1}{2}, \frac{1}{2})$ befriedigt wird, so würde hiernach der Gitterpunkt $(\frac{1}{2}, \frac{1}{2}, \frac{1}{2}) = E$ im besagten Oktaeder, und zwar jedenfalls nicht in der Ebene $AA'BB'$ liegen. Da nun andererseits D, D' unserer Annahme (81) gemäß im Inneren des Körpers K sich befinden sollen, so müßte danach auch E im Inneren von K liegen; dies würde aber einer der Ungleichungen (79) widersprechen. Hieraus folgt, daß tatsächlich auch alle Ungleichungen (73) eine Folge von (71) und (79) sind. —

Die Aufgabe der dichtesten gitterförmigen Lagerung von Körpern, die dem Körper K kongruent und homolog im Raume angeordnet sind, stellt sich sonach analytisch folgendermaßen dar:

Auf der Oberfläche des konvexen Körpers K mit Mittelpunkt in O, welcher in einem Koordinatensystem der ξ, η, ζ mit O als Nullpunkt durch eine Ungleichung

$$\varphi(\xi, \eta, \zeta) \leqq 1$$

gegeben ist, greifen wir drei Punkte,

$$(\xi, \eta, \zeta) = (\lambda, \mu, \nu), \quad (\lambda', \mu', \nu'), \quad (\lambda'', \mu'', \nu''),$$

heraus, die mit dem Nullpunkte nicht in einer Ebene liegen, denken uns aus denselben und aus O ein Gitter in X, Y, Z abgeleitet, welches also mit dem Systeme der ξ, η, ζ durch die Transformationsgleichungen

$$\begin{aligned} \xi &= \lambda X + \lambda' Y + \lambda'' Z, \\ \eta &= \mu X + \mu' Y + \mu'' Z, \\ \zeta &= \nu X + \nu' Y + \nu'' Z \end{aligned}$$

zusammenhängt, und setzen

$$\varphi(\xi, \eta, \zeta) = F(X, Y, Z);$$

indem wir nun entweder die Ungleichungen (74), (75), (76) *oder die Ungleichungen* (79) *als erfüllt annehmen, haben wir im ersteren Falle den Betrag der Determinante*

$$\begin{vmatrix} \lambda, & \lambda', & \lambda'' \\ \mu, & \mu', & \mu'' \\ \nu, & \nu', & \nu'' \end{vmatrix}, \tag{82}$$

im zweiten die Hälfte dieses Betrages zu bilden und diese Funktion des Gitters durch geeignete Wahl der Größen $\lambda, \mu, \cdots, \nu''$ zu einem Minimum zu machen.

Hiermit ist zur Lösung unseres Problems für jeden speziellen gegebenen Körper K der Weg geebnet. Die weitere Behandlung des Problems wollen wir hier jedoch der Kürze wegen nur für den Spezialfall einer Kugel, den einfachsten, den es diesbezüglich gibt, darlegen.*)

*) Bezüglich der weiteren Behandlung des allgemeinen Problems, wie auch insbesondere der dichtesten Lagerung von Oktaedern, vgl.: *Minkowski*, Dichteste

§ 18. Dichteste Lagerung von Kugeln.

Auf der Oberfläche einer Kugel K mit dem Mittelpunkte O greifen wir irgend drei Punkte A, B, C heraus, die mit O nicht in einer Ebene liegen, und führen zu $OABC$ als Fundamentaltetraeder Koordinaten X, Y, Z ein; in denselben wird dann der Bereich von K durch eine Ungleichung

$$F^2(X, Y, Z) = X^2 + Y^2 + Z^2 + 2a'YZ + 2b'ZX + 2c'XY \leqq 1 \quad (83)$$

gegeben sein.

Es ist nun hier für die Kugel von vornherein der Fall ausgeschlossen, daß das Gitteroktaeder der Punkte A, B, C und der dazu bezüglich O symmetrischen Punkte ein solches von zweiter Art wäre,

---

gitterförmige Lagerung kongruenter Körper, Göttinger Nachrichten, Math.-phys. Kl. 1904, p. 311.

Von den in dieser Arbeit bewiesenen Sätzen sei hier nur der folgende angeführt.

Ein beliebig vorgegebenes Oktaeder

$$|\xi| + |\eta| + |\zeta| \leqq \tfrac{1}{2}$$

kann auf acht Arten an einer dichtesten gitterförmigen Lagerung von Oktaedern teilnehmen. Jede der betreffenden Lagerungen ist von dem Ausgangs-Oktaeder her abzuleiten, indem man

$$-\xi + \eta + \zeta, \quad \xi - \eta + \zeta, \quad \xi + \eta - \zeta, \quad -\xi - \eta - \zeta$$

in irgend einer Folge gleich

$$X - \tfrac{2}{3}Y, \quad Y - \tfrac{2}{3}Z, \quad -\tfrac{2}{3}X + Z, \quad -\tfrac{1}{3}X - \tfrac{1}{3}Y - \tfrac{1}{3}Z$$

setzt und das Zahlengitter in X, Y, Z als Ort der Mittelpunkte der homologen Oktaeder fixiert.

Die Fig. 63 läßt die gegenseitige Anordnung der Oktaeder im Falle einer solchen dichtesten Lagerung erkennen; sie zeigt das halbe Netz, 4 Seitenflächen, des Oktaeders, in einer Ebene nebeneinander ausgebreitet, und gibt die Deckungen mit Mittelpunkt an, welche die betreffenden Seitenflächen bzw. mit 7 anstoßenden Oktaedern gemein haben. Das Volumen des von den Oktaedern besetzten Raumes verhält sich in diesen extremen Fällen zum Volumen des ganzen unendlichen Raumes wie 18 : 19, und das Verhältnis $\frac{18}{19}$ ist damit der Maximalwert, den $M^3J/8$ für Oktaeder als Eichkörper anzunehmen vermag. Die Ermittlung dieses Extremums gestattet es, in dem Theoreme XVII (S. 79) die obere Schranke $\sqrt[3]{6\,\Delta}$ auf $\sqrt[3]{6 \cdot \frac{18}{19}\,\Delta}$ herunterzudrücken, wobei jedoch die letztere Grenze in jenen extremen Fällen wirklich erreicht wird und daher gleichzeitig in der Fassung des Theorems das Zeichen $\leqq$ an die Stelle von $<$ gesetzt werden muß.

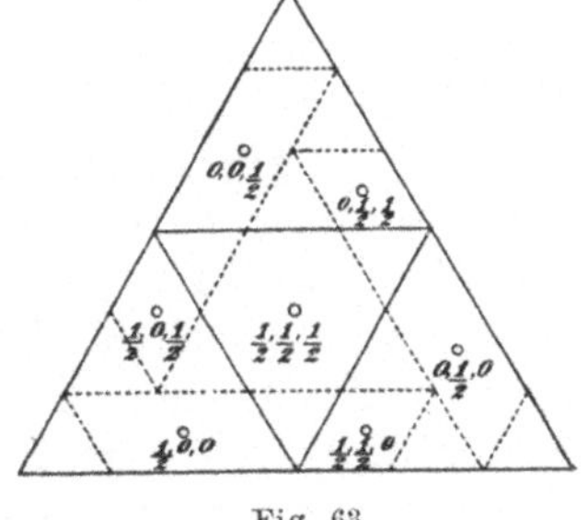

Fig. 63.

mit anderen Worten, daß die Ungleichungen (79) statthätten. Diese letzteren würden hier nämlich besagen:

$$\frac{3 \pm 2a' \pm 2b' \pm 2c'}{4} \geqq 1, \tag{84}$$

worin jedesmal die drei Vorzeichen so zu nehmen sind, daß ihr Produkt $+1$ wird; nun können wir zwei dieser Vorzeichen beliebig wählen und also die drei Vorzeichen auch so einrichten, daß von den Ausdrücken $\pm 2a'$, $\pm 2b'$, $\pm 2c'$, wenn sie nach nicht zunehmendem Betrage geordnet werden, die beiden ersten darunter negativ auftreten; für diese Vorzeichenkombination wird dann der links stehende Ausdruck in (84) sicher $\leqq \frac{3}{4}$, im Widerspruch mit einer der Ungleichungen (84).

Sonach ist hier das besagte Gitteroktaeder notwendig von der ersten Art und unsere Aufgabe besteht also darin, die Punkte A, B, C so zu wählen, oder, was auf dasselbe hinauskommt, die Koeffizienten a', b', c' in (83) so zu bestimmen, daß das Volumen des Tetraeders $OABC$ ein Minimum wird, während die sämtlichen Ungleichungen (74), (75), (76) statthaben.

Es zeigt sich zunächst, daß für den Fall des Minimums des besagten Volumens gewisse unter den Ungleichungen (74), (75), (76) notwendig *mit dem Gleichheitszeichen* erfüllt sein müssen. In der Tat, so lange die in endlicher Anzahl vorhandenen Ungleichungen (74), (75), (76) gelten, bleiben überhaupt sämtliche unendlich vielen Ungleichungen (72) in Kraft. Wenn also bei kontinuierlichen Veränderungen der a', b', c' einmal das System der Ungleichungen (72) aufhört, voll zu bestehen, so wird gleichzeitig wenigstens eine der Ungleichungen (74), (75), (76) ihre Gültigkeit verlieren müssen. Angenommen nun, es gelte anfänglich in diesen letzteren Ungleichungen durchweg das Zeichen $>$; dann können wir, unter Festhalten der Punkte A, B, den Punkt C längs einer Kurve auf der Oberfläche der Kugel K stetig an die Ebene OAB annähern, unter gleichzeitiger entsprechender Variation des Gitters in X, Y, Z, so daß es seinen Charakter als Gitter nie verliert; hierdurch bewirken wir eine kontinuierliche Abnahme des Volumens von $OABC$ und wir können diesen Prozeß unter Erhaltung aller Ungleichungen (72) so lange weiterführen, bis einmal in einer der Ungleichungen (74), (75), (76) das Gleichheitszeichen statthat, d. h. der auf der linken Seite der betreffenden Ungleichung vorkommende Gitterpunkt P auf die Begrenzung von K tritt. Dieser Abschluß des Prozesses muß sich ereignen, bevor noch das Volumen von $OABC$ zu einem Achtel des Volumens von K zusammengeschrumpft ist. Dabei kann nun der Gitterpunkt P zu keiner der Ungleichungen (76) gehören, denn gesetzt, es wäre z. B.

$$F(1,1,2)=1,$$

dann würden die Punkte $(-1,0,0)$, $(0,-1,0)$, $(1,1,2)$ mit den dazu bezüglich O symmetrischen Punkten ein in K enthaltenes Gitteroktaeder zweiter Art bilden, was ausgeschlossen ist. Es muß hier also jedenfalls in einer der Ungleichungen (74) oder (75) das Gleichheitszeichen eintreten.

Wir wollen nun zuerst den Fall ausschließen, daß jetzt oder bei den weiteren, von uns noch vorzunehmenden Variationen des Gitters irgend eine der Ungleichungen (75) mit dem Gleichheitszeichen erfüllt werde. Dann haben wir also den Punkt P, — der auch jedenfalls nicht in der Ebene $Z=0$ liegt, und zwar deshalb, weil das zweidimensionale Gitter in dieser Ebene durch die soeben vorgenommene Variation des gesamten X-, Y-, Z-Gitters nicht berührt wurde, — allein unter den Punkten $(0,\pm 1,\pm 1)$, $(\pm 1,0,\pm 1)$ zu suchen. Indem wir nun statt P auch den dazu bezüglich O symmetrischen Punkt nehmen können, ferner eventuell die Bezeichnungen X und Y miteinander vertauschen und auch Y durch $-Y$ ersetzen können, dürfen wir für P den Punkt $(0,-1,1)$ annehmen. Dann haben wir:

$$F^2(0,-1,1)=1;$$

andererseits ist

$$F^2(0,-1,1)=2-2a';$$

hieraus folgt also:

$$2a'=1.$$

Gleichzeitig erhalten wir:

$$F^2(0,1,1)=2+2a'=3,$$

woraus wir erkennen, daß, wenn $(0,-1,1)$ auf der Oberfläche von K liegt, der Punkt $(0,1,1)$ außerhalb derselben bleibt.

Sind außer P und $P'=(0,1,-1)$ keine weiteren Gitterpunkte in die Oberfläche von K eingetreten, so bewegen wir behufs weiterer Verringerung des Volumens von $OABC$ die Sehne PC, welche parallel und gleich mit OB ist, parallel mit sich derart, daß sie sich der Ebene OAB beständig nähert und dabei ihre beiden Endpunkte auf der Oberfläche der Kugel K verbleiben; gleichzeitig variieren wir in entsprechender Weise das ganze Gitter, und zwar so lange, bis in die Oberfläche von K weitere in (74), (75), (76) vorkommende Gitterpunkte eintreten (Fig. 64). Für diese letzteren kommen dann, — da die Gitterpunkte in (76), ebenso der Punkt $(0,1,1)$ sich bereits als erledigt erwiesen haben und diejenigen in (75) von uns einstweilen ausgeschlossen wurden, — nur die Punkte $(\pm 1, 0, \pm 1)$ in Betracht, und indem wir eventuell X durch $-X$ uns ersetzt denken, können wir annehmen, daß jetzt die Punkte $Q=(1,0,-1)$ und $Q'=(-1,0,1)$ in die Oberfläche der Kugel eingetreten sind. Dann ist also

$$F^2(1, 0, -1) = 1$$

und daraus folgt:

$$2b' = 1;$$

gleichzeitig haben wir:

$$F^2(1, 0, 1) = 2 + 2b' = 3,$$

folglich bleibt dabei der Punkt $(1, 0, 1)$ notwendig außerhalb der Kugel.

Nunmehr liegen fünf Paare von Gitterpunkten auf der Oberfläche von K. Finden sich keine weiteren darauf, so können wir das

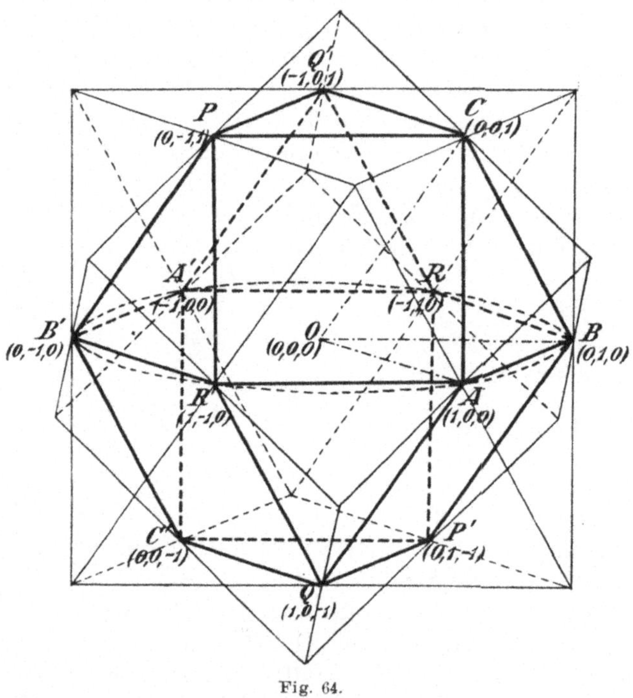

Fig. 64.

Volumen von $OABC$ noch weiter verringern, in der Weise, daß wir die Ebene OAC und darauf die Punkte A, C, Q festhalten und nunmehr die zu OC parallele Sehne $P'B$ sich dieser Ebene, während B und P' auf der Oberfläche von K verbleiben, unter gleichzeitiger entsprechender Variation des gesamten Gitters so lange nähern lassen, bis in die Oberfläche von K wiederum weitere Gitterpunkte aus (74) eintreten. Für diese letzteren kommen dann nur noch die Punkte $(\pm 1, \pm 1, 0)$ in Frage; da aber der Gitterpunkt $(1, 1, 0)$ hierbei ausgeschlossen ist, weil er mit den Punkten $P = (0, -1, 1)$ und $Q' = (-1, 0, 1)$ drei Ecken eines Gitteroktaeders zweiter Art bildet, so treten demnach jetzt notwendig die Gitterpunkte $(-1, 1, 0) = R$, $(1, -1, 0) = R'$ in die Oberfläche von K ein und es ist also

$$F^2(-1, 1, 0) = 1,$$

folglich

$$2c' = 1.$$

So sehen wir, daß bei der dichtesten Lagerung von Kugeln, und zwar in dem von uns zunächst betrachteten, durch das Bestehen der sämtlichen Ungleichungen (75) mit dem Ungleichheitszeichen gekennzeichneten Falle, in drei und nicht mehr Paaren von den Ungleichungen (74) das Gleichheitszeichen statthaben muß, und wir können als die sechs Paare von Gitterpunkten, welche dann auf der Oberfläche der Kugel um den Nullpunkt O liegen, eben die Punkte $A = (1, 0, 0)$, $B = (0, 1, 0)$, $C = (0, 0, 1)$, $P = (0, -1, 1)$, $Q = (1, 0, -1)$, $R = (-1, 1, 0)$ nebst den dazu bezüglich O symmetrischen Punkten annehmen.

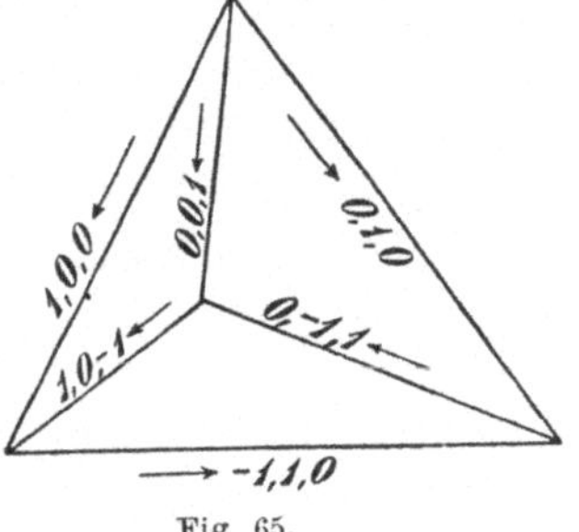

Fig. 65.

Nebenbei bemerkt, kann das System der besagten sechs Paare von Gitterpunkten nach einem in § 12 erwähnten Prinzip durch ein Vektorentetraeder veranschaulicht werden (Fig. 65).

Wir haben jetzt noch den Fall in Betracht zu ziehen, daß in die Oberfläche der Kugel K irgend welche von den Gitterpunkten $(\pm 1, \pm 1, \pm 1)$ eintreten. Es zeigt sich zunächst, daß nur ein Paar solcher Punkte auf die Begrenzung von K fallen können; denn befinden sich etwa die Punkte $(1, 1, 1) = T$, $(-1, -1, -1) = T'$ daselbst, — was wegen der Möglichkeit, die Koordinatenachsen und die Richtungen auf denselben entsprechend zu vertauschen, keine beschränkende Annahme bedeutet, — ist also

$$F^2(1, 1, 1) = F^2(-1, -1, -1) = 1, \tag{85}$$

so müssen die anderen von den Gitterpunkten $(\pm 1, \pm 1, \pm 1)$, die bzw. durch Verlängerung der Strecken TA, TB, TC, $T'A'$, $T'B'$, $T'C'$ über deren Endpunkte um sich selbst erreicht werden, notwendig außerhalb K bleiben und daher alle von (85) verschiedenen unter den Ungleichungen (75) mit den Ungleichheitszeichen erfüllt sein. Weiter muß jeder der Punkte P, Q, R (und P', Q', R') außerhalb K bleiben, weil er mit T und bzw. A', B', C' ein Gitteroktaeder zweiter Art bestimmt.

Liegen nun außer A, B, C, T und den dazu bezüglich O symmetrischen Punkten keine weiteren Gitterpunkte auf der Oberfläche von K, dann können wir durch genau dasselbe Verfahren, wie vorhin,

— indem wir zuerst CT gegen OAB, und sodann nötigenfalls AT gegen OBC (bzw. BT gegen OAC) möglichst nahe heranrücken lassen, unter gleichzeitiger entsprechender Variation des Gitters, — bewirken, daß weiter zwei Paare von Gitterpunkten aus (74) in die Oberfläche von K eintreten; und zwar dürfen wir, da es hier auf eine Permutation von X, Y, Z nicht ankommt, annehmen, es seien dies die Punkte $(0, 1, 1)$, $(0, -1, -1)$, $(1, 1, 0)$, $(-1, -1, 0)$.

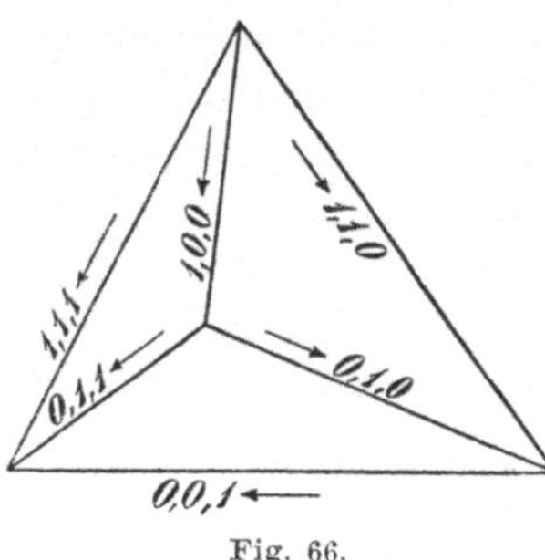

Fig. 66.

Wir erhalten also wiederum sechs Paare von Gitterpunkten auf der Oberfläche der Kugel, und wir können uns das System dieser Punkte wieder durch ein Vektorentetraeder veranschaulichen (Fig. 66). Der Vergleich von Fig. 66 mit Fig. 65 zeigt nun unmittelbar, daß der vorhin behandelte Fall sich von dem jetzt behandelten nur unwesentlich unterscheidet; in der Tat verwandeln sich durch die unimodulare Substitution

$$X = Z', \quad Y = Y' - Z', \quad Z = X' - Y'$$

die sechs Gitterpunkte

$$(X', Y', Z') = (1,1,1),\ (1,1,0),\ (1,0,0),\ (0,-1,0),\ (0,1,1),\ (0,0,-1)$$

des zweiten Falles bzw. in die sechs Gitterpunkte

$$(X, Y, Z) = (1,0,0),\ (0,1,0),\ (0,0,1),\ (0,-1,1),\ (1,0,-1),\ (-1,1,0)$$

des ersten Falles.

Sonach kommt als *dichteste* gitterförmige Lagerung gleicher Kugeln im Raume wesentlich nur *eine* ganz bestimmte Lagerung in Frage, und da jede andere Lagerung in diese, wie wir sahen, unter kontinuierlicher Abnahme des Volumens des Grundparallelepipeds überzuführen ist, so muß diese schließlich allein übrig gebliebene Lagerung in der Tat die dichteste sein.

Dieselbe stellt sich in der Weise dar, daß *jede Kugel in den 12 Ecken eines Kubooktaeders**) (Fig. 64) *an benachbarte Kugeln anstößt.* Die Kugeln ordnen sich dann in Schichten an, in deren jeder durch Verbindung der Mittelpunkte je zweier anstoßender Kugeln sich ein ebenes Netz von kongruenten gleichseitigen Dreiecken herausstellt; die Schichten ruhen derart aufeinander, daß die Kugeln einer jeden einzelnen Schichte in die Lücken der zwei benachbarten möglichst tief eindringen und daß überdies jede Schichte in

*) Ein Körper, welcher in der aus Fig. 64 ersichtlichen Weise durch gegenseitiges Durchdringen eines Würfels und eines regulären Oktaeders entsteht.

die zwei benachbarten durch zwei einander entgegengesetzte Translationen übergeht (Fig. 67).

XX. Aus dieser Tatsache ergibt sich auch alsbald der *Wert des Verhältnisses, in welchem der von den möglichst dicht gitterförmig gelagerten Kugeln eingenommene Raum dem Volumen nach zum gesamten Raume steht. Dieses Verhältnis berechnet sich* (vgl. unten § 19) *zu* $\frac{\pi\sqrt{2}}{6}$.

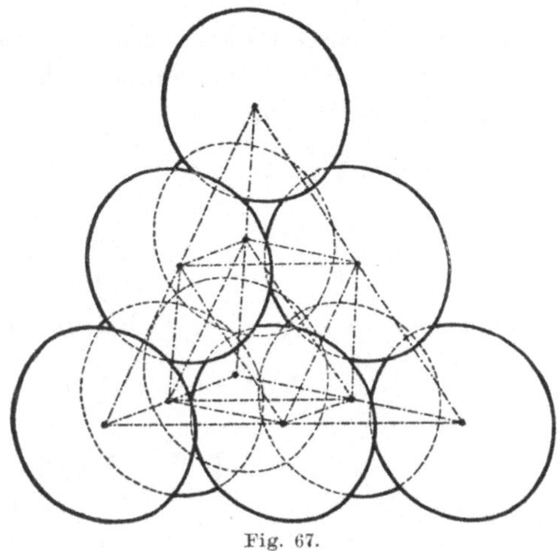

Fig. 67.

Die Ausführungen dieses Paragraphen haben Geltung nicht bloß für die dichteste gitterförmige Lagerung von Kugeln, sondern — mit entsprechenden ganz unwesentlichen Modifikationen — auch für die *dichteste gitterförmige Lagerung von beliebigen untereinander kongruenten und homolog orientierten Ellipsoiden.* Man braucht nämlich nur an Stelle der Kugel K ein allgemeines Ellipsoid als Eichkörper von Strahldistanzen F zugrundezulegen und überzeugt sich leicht, daß dann die ganze Betrachtung hier fast wörtlich in Kraft bleibt.

XX'. So gilt dann ebenfalls die Tatsache, daß *der von homologen Ellipsoiden in dichtester gitterförmiger Lagerung erfüllte Raum sich zum gesamten Raume dem Volumen nach wie* $\frac{\pi\sqrt{2}}{6} : 1$ *verhält.*

Das Bild, welches dabei die Ellipsoide darstellen, geht aus demjenigen der möglichst dicht gelagerten Kugeln (Fig. 67) durch eine derartige affine Transformation des Raumes hervor, welche eben die Kugel K in das gegebene Ellipsoid überführt.

§ 19. Arithmetische Folgerungen.

Das gefundene Resultat wollen wir nun arithmetisch auslegen. Es sei eine positiv definite ternäre quadratische Form

$$f(x, y, z) = ax^2 + by^2 + cz^2 + 2a'yz + 2b'zx + 2c'xy \qquad (86)$$

mit der Determinante

$$D = \begin{vmatrix} a, & c', & b' \\ c', & b, & a' \\ b', & a', & c \end{vmatrix}$$

vorgelegt. Dabei sind a, $ab - c'^2$ und D notwendig > 0 und diese

Umstände charakterisieren auch f völlig als positive Form. Wir können eine solche Form immer, ohne das reelle Zahlengebiet zu verlassen, auf die Gestalt

$$\begin{aligned} f(x,y,z) &= \left(\sqrt{a}\,x + \frac{c'}{\sqrt{a}}y + \frac{b'}{\sqrt{a}}z\right)^2 \\ &+ \left(\sqrt{\frac{ab-c'^2}{a}}\,y + \frac{aa'-b'c'}{\sqrt{a}\sqrt{ab-c'^2}}z\right)^2 + \left(\sqrt{\frac{D}{ab-c'^2}}\,z\right)^2 \end{aligned} \tag{87}$$

bringen; wir wollen hierfür, indem wir

$$\begin{aligned} \xi &= \sqrt{a}\,x + \frac{c'}{\sqrt{a}}y + \frac{b'}{\sqrt{a}}z, \\ \eta &= \sqrt{\frac{ab-c'^2}{a}}\,y + \frac{aa'-b'c'}{\sqrt{a}\sqrt{ab-c'^2}}z, \\ \zeta &= \sqrt{\frac{D}{ab-c'^2}}\,z \end{aligned} \tag{88}$$

setzen, kurz

$$f(x,y,z) = \xi^2 + \eta^2 + \zeta^2$$

schreiben und zugleich ξ, η, ζ als gewöhnliche rechtwinklige Koordinaten deuten und betrachten nun in den letzteren die durch die Ungleichung

$$\xi^2 + \eta^2 + \zeta^2 \leqq 1$$

dargestellte Kugel mit Mittelpunkt im Nullpunkt. Das Volumen dieser Kugel beträgt in den ξ-, η-, ζ-Koordinaten $4\pi/3$, also in den mit diesen durch das Gleichungssystem (88) verbundenen x-, y-, z-Koordinaten

$$J = \iiint dx\,dy\,dz = \frac{d(x,y,z)}{d(\xi,\eta,\zeta)} \iiint d\xi\,d\eta\,d\zeta = \frac{4\pi}{3\sqrt{D}}.$$

Die zugehörige M-Kugel in bezug auf das Gitter der x, y, z, mit der Ungleichung

$$\xi^2 + \eta^2 + \zeta^2 \leqq M^2,$$

hat sonach in den x-, y-, z-Koordinaten das Volumen $M^3 J = \frac{4\pi M^3}{3\sqrt{D}}$; wenn wir also auf dieselbe die Formel (3) anwenden und zugleich beachten, daß in dieser Formel im vorliegenden Falle nur das Ungleichheitszeichen statthaben kann, so folgt:

$$M < \sqrt[3]{\frac{6}{\pi}}\sqrt{D}.$$

Da M^2 zugleich den kleinsten Wert bedeutet, den $f(x,y,z)$ für ganzzahlige, nicht insgesamt verschwindende Werte der Argumente anzunehmen vermag, so ist hiermit in $\sqrt[3]{\frac{36}{\pi^2}D}$ eine obere Grenze für dieses „Minimum“ der Form f gefunden; doch ist diese Grenze nicht präzis, es hat der Wert von $\frac{M^2}{\sqrt[3]{D}}$ bei beliebig variierenden solchen Koeffizienten $a, b, \cdots, c'$, wobei die Form f stets eine positive bleibt, ein Maximum, welches unterhalb $\sqrt[3]{\frac{36}{\pi^2}}$ liegt. Nun gestatten uns die Resultate der im § 18 durchgeführten Untersuchung dieses Maximum von $\frac{M^2}{\sqrt[3]{D}}$ zu bestimmen. Es ist nämlich $\sqrt{D}$, wie aus den Gleichungen (88) erhellt, mit dem Volumen des Grundparallelepipeds für das x-, y-, z-Gitter, berechnet in den ξ-, η-, ζ-Koordinaten, identisch; wir fanden aber im vorigen Paragraphen, indem wir $M = 1$ annahmen, daß bei variierendem Gitter der x, y, z das Minimum des besagten Volumens insbesondere dann eintritt, wenn sich die M-Kugel in den x-, y-, z-Koordinaten durch die Gleichung

$$x^2 + y^2 + z^2 + yz + zx + xy = 1$$

darstellt; das Minimum von D hierbei beträgt somit

$$\begin{vmatrix} 1, & \frac{1}{2}, & \frac{1}{2} \\ \frac{1}{2}, & 1, & \frac{1}{2} \\ \frac{1}{2}, & \frac{1}{2}, & 1 \end{vmatrix} = \frac{1}{2}$$

und es ist also das Maximum von $\frac{M^2}{\sqrt[3]{D}}$ gleich $\sqrt[3]{2}$, folglich stets

$$M^2 \leqq \sqrt[3]{2D}.$$

Hiermit ist der folgende Satz gewonnen:

XXI. *Jede positiv definite ternäre quadratische Form von der Determinante $D\,(>0)$ läßt sich durch entsprechend gewählte ganzzahlige Werte der Variabeln, die nicht sämtlich verschwinden, dem Werte nach $\leqq \sqrt[3]{2D}$ machen. Das Gleichheitszeichen ist dabei noch entbehrlich, außer wenn die Form arithmetisch äquivalent ist mit der Form*

$$\sqrt[3]{2D}\,(x^2 + y^2 + z^2 + yz + zx + xy).$$

§ 20. Anwendungen auf die Äquivalenztheorie der ternären quadratischen Formen.

Aus den in den beiden vorhergehenden Paragraphen gefundenen Tatsachen über die dichteste gitterförmige Lagerung von Ellipsoiden läßt sich in wenigen Zügen die ganze Theorie der arithmetischen Äquivalenz positiver ternärer quadratischer Formen ableiten, eine Theorie, die in ihren Hauptsätzen zuerst von Gauß*) und Seeber**)

*) Gauß, Gött. gel. Anz. 1831 (wiederabgedruckt in Bd. II der ges. Werke).

**) Seeber, Untersuchungen über die Eigenschaften der pos. tern. qu. Formen, Freiburg i. Br. 1891.

gegeben, nachher namentlich von Dirichlet*) durch geometrische Überlegungen einfacher dargestellt, bisher jedoch immer noch auf ziemlich umständlichen Wegen entwickelt wurde.

Hier wollen wir nur den folgenden Satz von Gauß aus dieser Theorie beweisen:**)

XXII. *Zu einer beliebig gegebenen positiv definiten ternären quadratischen Form*

$$f(x, y, z) = ax^2 + by^2 + cz^2 + 2a'yz + 2b'zx + 2c'xy$$

mit der Determinante D (> 0) *läßt sich immer eine arithmetisch äquivalente Form*

$$g(X, Y, Z) = AX^2 + BY^2 + CZ^2 + 2A'YZ + 2B'ZX + 2C'XY$$

angeben, wobei

$$ABC \leqq 2D$$

ist.

Zum Beweise dieses Satzes deuten wir die Variabeln x, y, z der gegebenen Form f als Parallelkoordinaten im Raume; dann stellt die Ungleichung

$$f(x, y, z) \leqq t^2, \tag{89}$$

unter t einen Parameter > 0 verstanden, den Bereich eines Ellipsoids mit dem Mittelpunkt im Nullpunkt O der Koordinaten vor. Wir denken uns zunächst t so klein genommen, daß das Ellipsoid (89) außer O keinen Gitterpunkt in x, y, z enthält, und dilatieren sodann dieses Ellipsoid durch Vergrößerung des t so lange, bis etwa für $t = M_1$ zum erstenmal ein Gitterpunkt, $P_1 = (l_1, m_1, n_1)$, in die Begrenzung des Ellipsoids eintritt; hierauf dilatieren wir das neue Ellipsoid bis zu einem Parameterwert $t = M_2 \geqq M_1$, so daß dafür zum erstenmal ein Gitterpunkt $P_2 = (l_2, m_2, n_2)$ außerhalb der durch O und P_1 gezogenen Geraden in die Begrenzung des Ellipsoids fällt; schließlich dilatieren wir das neu gewonnene Ellipsoid weiter bis zu einem Parameterwert $t = M_3 \geqq M_2$, so daß dafür zum erstenmal ein außerhalb der Ebene OP_1P_2 befindlicher Gitterpunkt $P_3 = (l_3, m_3, n_3)$ in die Begrenzung des Ellipsoids eintritt. Hernach denken wir uns aus

*) Dirichlet, Crelles Journ. Bd. 40, p. 209 (auch Werke Bd. II, p. 27).

**) Zur zahlengeometrischen Behandlung der vollständigen Theorie vgl.: Minkowski, Dichteste gitterförmige Lagerung kongruenter Körper, Gött. Nachr., Math.-phys. Kl. 1904, pag. 330. Dort finden sich auch Angaben über die einschlägige Literatur. — Das Problem der dichtesten gitterförmigen Lagerungen von Kugeln läßt sich auf Räume von beliebig vielen Dimensionen übertragen und nimmt allgemein eine zentrale Stellung in der arithmetischen Theorie der positiven quadratischen Formen ein. Vgl. darüber Minkowski, Diskontinuitätsbereich für arithmetische Äquivalenz, Journ. f Math. Bd. 129, p. 220.

$OP_1P_2P_3$ als Fundamentaltetraeder ein Gitter in X, Y, Z abgeleitet, welches also mit jenem der x, y, z durch die Transformationsgleichungen

$$\begin{aligned} x &= l_1X + l_2Y + l_3Z, \\ y &= m_1X + m_2Y + m_3Z, \\ z &= n_1X + n_2Y + n_3Z \end{aligned}$$

mit der Determinante

$$\begin{vmatrix} l_1, & l_2, & l_3 \\ m_1, & m_2, & m_3 \\ n_1, & n_2, & n_3 \end{vmatrix} = E$$

zusammenhängt; diese Transformationsgleichungen führen zugleich die Form $f(x, y, z)$ in eine Form

$$g(X, Y, Z) = AX^2 + BY^2 + CZ^2 + 2A'YZ + 2B'ZX + 2C'XY \qquad (90)$$

mit der Determinante $D^* = E^2D$ über, wobei

$$\begin{aligned} A &= g(1, 0, 0) = f(l_1, m_1, n_1) = M_1^2, \\ B &= g(0, 1, 0) = f(l_2, m_2, n_2) = M_2^2, \\ C &= g(0, 0, 1) = f(l_3, m_3, n_3) = M_3^2 \end{aligned}$$

ist, und *diese letztere Form ist eine solche, deren Existenz in dem Satze* XXII *behauptet wird.*

Um dies darzutun, bringen wir $g(X, Y, Z)$ zunächst (nach Analogie von (87)) auf die Gestalt:

$$\begin{aligned} g(X, Y, Z) = &\left(\sqrt{A}\,X + \frac{C'}{\sqrt{A}}\,Y + \frac{B'}{\sqrt{A}}\,Z\right)^2 \\ &+ \left(\sqrt{\frac{AB - C'^2}{A}}\,Y + \frac{AA' - B'C'}{\sqrt{A}\sqrt{AB - C'^2}}\,Z\right)^2 + \left(\sqrt{\frac{D^*}{AB - C'^2}}\,Z\right)^2, \end{aligned} \qquad (91)$$

oder, wenn wir die Klammerausdrücke hier der Reihe nach kurz mit Ξ, H, Z bezeichnen,

$$g(X, Y, Z) = \Xi^2 + \mathsf{H}^2 + \mathsf{Z}^2,$$

und betrachten nun im Koordinatensystem der x, y, z den durch die folgende Ungleichung gegebenen Bereich:

$$h(X, Y, Z) = \frac{\Xi^2}{A} + \frac{\mathsf{H}^2}{B} + \frac{\mathsf{Z}^2}{C} \leq 1, \qquad (92)$$

indem wir uns hierin X, Y, Z durch x, y, z ausgedrückt denken. Dieser Bereich stellt sich als ein Ellipsoid mit dem Mittelpunkte in O und dem Punkte P_1 auf der Begrenzung dar; dabei enthält er im Inneren außer O keinen weiteren Gitterpunkt in x, y, z, und zwar aus folgenden Gründen: erstens ist für jeden Gitterpunkt (x, y, z), der auf der Geraden durch O und P_1 außerhalb O liegt, also $X \gtrless 0$, $Y = 0$, $Z = 0$ hat, offenbar

$$h(X, Y, Z) \geqq 1;$$

ferner ist für jeden Gitterpunkt (x, y, z), der außerhalb der genannten Geraden in der Ebene OP_1P_2 liegt, also $Y \gtrless 0$, $Z = 0$ hat,

$$g(X, Y, Z) \geqq B$$

und weil $B \geqq A$, daher ebenfalls

$$h(X, Y, Z) \geqq 1;$$

schließlich ist für jeden Gitterpunkt (x, y, z), der außerhalb der Ebene OP_1P_2 liegt, also $Z \gtrless 0$ hat,

$$g(X, Y, Z) \geqq C$$

und weil $C > B \geqq A$ ist, daher wiederum

$$h(X, Y, Z) \geqq 1.$$

Mit Rücksicht darauf gilt für das in den x-, y-, z-Koordinaten gemessene Volumen J des Ellipsoids (92) nach dem Satze XX′ über die dichteste Lagerung von Ellipsoiden notwendig die Ungleichung:

$$\frac{J}{8} \leqq \frac{\pi\sqrt{2}}{6}. \tag{93}$$

Nun ist

$$J = \left|\frac{d(x, y, z)}{d(\Xi, \mathrm{H}, \mathrm{Z})}\right| \iiint d\Xi\, d\mathrm{H}\, d\mathrm{Z},$$

wobei das dreifache Integral über den Bereich (92) zu erstrecken ist, also gleich $\frac{4\pi}{3}\sqrt{ABC}$ kommt; andererseits ist

$$\frac{d(x, y, z)}{d(\Xi, \mathrm{H}, \mathrm{Z})} = \frac{\dfrac{d(x, y, z)}{d(X, Y, Z)}}{\dfrac{d(\Xi, \mathrm{H}, \mathrm{Z})}{d(X, Y, Z)}},$$

$$\frac{d(x, y, z)}{d(X, Y, Z)} = E, \quad \frac{d(\Xi, \mathrm{H}, \mathrm{Z})}{d(X, Y, Z)} = E\sqrt{D};$$

hieraus folgt:

$$J = \frac{4\pi}{3}\sqrt{\frac{ABC}{D}}$$

und dies führt, in (93) eingesetzt, zur folgenden Ungleichung für die Koeffizienten A, B, C:

$$ABC \leqq 2D, \tag{94}$$

wie eine solche in dem Satze XXII verlangt wird. Weiter erkennen wir, wenn wir die Koeffizienten bei Y^2 und Z^2 in (90) und (91) vergleichen, daß jedenfalls

$$B \geqq \frac{AB - C'^2}{A}, \qquad C \geqq \frac{D^*}{AB - C'^2}$$

sein muß, und hieraus folgt:

$$ABC \geqq D^* = E^2 D,$$

was sich mit (94) nur so vereinbaren läßt, daß die ganze Zahl E gleich ± 1 ist; letzteres ist aber damit gleichbedeutend, daß die Form $g(X, Y, Z)$ mit jener $f(x, y, z)$ arithmetisch äquivalent ist, wodurch für $g(X, Y, Z)$ die zweite im Satze XXII postulierte Eigenschaft hervorgeht und also nunmehr der Satz selbst vollständig bewiesen erscheint.

Wir können uns die zur Form $f(x, y, z)$ vermöge der Transformation (88) in § 19 gehörenden Variabeln ξ, η, ζ als gewöhnliche rechtwinklige Koordinaten im Raume denken, wobei wegen der Konstanten in dieser Transformation das Grundparallelepiped in x, y, z ein völlig allgemeines Parallelepiped bildet. Alsdann aber stellen $\sqrt{D}$ das Volumen dieses Parallelepipeds und $\sqrt{A}$, $\sqrt{B}$, $\sqrt{C}$ die Längen von OP_1, OP_2, OP_3 im gewöhnlichen Sinne vor und wir können danach dem Theoreme XXII die folgende geometrische Einkleidung geben:

XXII′. *Ein beliebiges parallelepipedisches Zahlengitter im Raume läßt sich stets nach einem solchen Grundparallelepiped anordnen, in welchem das Produkt aus den Längen der drei Kanten nicht größer ist als das $\sqrt{2}$-fache des Volumens des Grundparallelepipeds.*

Viertes Kapitel.

Zur Theorie der algebraischen Zahlen.

Wenn auch die in den vorausgehenden Kapiteln angestellten Untersuchungen ein selbständiges Interesse beanspruchen dürfen, so wird ihr Wert jedenfalls durch den Umstand erhöht, daß die dabei gewonnenen Sätze eine Reihe von Anwendungen auf die Theorie der algebraischen Zahlen, der quadratischen Formen, der periodischen Funktionen gestatten. Einige von den Anwendungen auf die Theorie der quadratischen Formen haben wir bereits im Zusammenhang mit den allgemeinen Untersuchungen kennen gelernt; hier im folgenden sollen nun speziell die Anwendungen auf die Theorie der algebraischen Zahlen zur Darstellung gelangen. Es werden sich dabei mehrere Sätze ergeben, die bisher überhaupt nicht anders, als mit den Hilfsmitteln der Geometrie der Zahlen, bewiesen worden sind.

Der größeren Anschaulichkeit wegen wollen wir uns dabei meist auf die Betrachtung der *kubischen* Zahlkörper beschränken; doch lassen sich die Überlegungen, die wir anstellen werden, und die Sätze, zu denen wir gelangen werden, durchweg auf Zahlkörper beliebig hohen Grades übertragen. Vorerst aber müssen wir den Begriff des algebraischen Zahlkörpers selbst in *allgemeiner* Weise einführen. Neben den ganz elementaren Tatsachen der Algebra werden wir dabei nur den Fundamentalsatz der Algebra über die Existenz von n Wurzeln einer algebraischen Gleichung $n$ten Grades und andererseits den Hauptsatz über die symmetrischen Funktionen von n Größen voraussetzen; den letzteren Satz brauchen wir hier in der Fassung, daß jede ganze symmetrische Funktion von n Größen mit lauter ganzzahligen Koeffizienten sich aus den n elementarsymmetrischen Funktionen dieser Größen durch Additionen, Subtraktionen, Multiplikationen aufbauen läßt.

§ 1. Begriff der ganzen Zahl.

Jede Zahl, welche Wurzel einer algebraischen Gleichung mit rationalen Koeffizienten ist, heißt eine *algebraische Zahl.* Die Koeffizienten der Gleichung können wir dabei immer als ganzzahlig voraussetzen. Eine algebraische Zahl, welche irgend einer Gleichung mit ganzzahligen Koeffizienten und dem höchsten Koeffizienten 1 genügt, wird eine *ganze algebraische Zahl* genannt.

XXIII. *Eine rationale Zahl, welche algebraisch ganz ist, ist stets eine ganze rationale Zahl.* Denn genügt eine Zahl r/s, wobei r, s rationale ganze Zahlen und teilerfremd sind und s positiv ist, für x gesetzt einer Gleichung

$$x^l + a_1 x^{l-1} + a_2 x^{l-2} + \cdots + a_l = 0,$$

mit ganzen rationalen Koeffizienten $a_1, a_2, \ldots, a_l$, so folgt daraus:

$$\frac{r^l}{s} = -a_1 r^{l-1} - a_2 r^{l-2} s - \cdots - a_l s^{l-1};$$

demnach ist r^l/s eine ganze rationale Zahl. Sind nun p, q zwei ganze rationale Zahlen, die der Gleichung $ps - qr = 1$ genügen (s. Kap. I, § 3), so folgt aus $(ps-1)^l = (qr)^l$ durch Division mit s, daß $1/s$ eine ganze Zahl, mithin notwendig $s = 1$ ist.

Ganze algebraische Zahlen werden wir in der Folge auch schlechthin *ganze Zahlen* nennen.

XXIV. *Summe, Differenz und Produkt zweier ganzer Zahlen sind ebenfalls ganze Zahlen.* Denn es seien $\alpha_1, \alpha_2, \ldots, \alpha_m$, bzw. $\beta_1, \beta_2, \ldots, \beta_n$ sämtliche Wurzeln von solchen zwei Gleichungen mit ganzzahligen Koeffizienten und dem höchsten Koeffizienten 1, denen die zwei vorgegebenen ganzen Zahlen α_1, β_1 bzw. genügen. Dann sind die Koeffizienten der nach Potenzen von y entwickelten Gleichung

$$\prod_h^{1,m} \prod_k^{1,n} [y - (\alpha_h + \beta_k)] = 0$$

symmetrisch einerseits in den α_h, andererseits in den β_k, folglich — wie eine zweimalige Anwendung des Hauptsatzes über symmetrische Funktionen ergibt — ganze rationale Zahlen; dabei ist der höchste Koeffizient der Gleichung $= 1$; daraus folgt, daß jede Wurzel dieser Gleichung, insbesondere also auch $\alpha_1 + \beta_1$, eine ganze Zahl ist. Entsprechend beweist man den Satz für die Differenz und für das Produkt zweier ganzer Zahlen.

XXV. *Von jeder algebraischen Zahl ist stets ein gewisses Multiplum (in gewöhnlichem Sinne) eine ganze algebraische Zahl.* Denn genügt die Zahl α für x gesetzt der Gleichung

$$a_0 x^l + a_1 x^{l-1} + \cdots + a_l = 0$$

mit ganzen rationalen $a_0, a_1, \ldots, a_l$, so ist $a_0 \alpha$ eine Wurzel y der Gleichung

$$y^l + a_1 y^{l-1} + a_2 a_0 y^{l-2} + \cdots + a_l a_0^{l-1} = 0,$$

welch letztere aus der vorigen Gleichung durch Multiplikation mit a_0^{l-1} und Substitution von y für $a_0 x$ hervorgeht; folglich ist $a_0 \alpha$ eine ganze algebraische Zahl.

Es zerfalle eine ganze rationale Funktion $F(x)$, welche zu Koeffizienten lauter ganze rationale Zahlen habe und dementsprechend kurz eine *ganze ganzzahlige Funktion* heiße und welche überdies 1 zum höchsten Koeffizienten haben soll, in zwei ganze rationale Funktionen von x mit rationalen Koeffizienten, kurz: in zwei *ganze rationalzahlige* Faktoren:

$$F(x) = f(x)\, g(x),$$

wobei wir annehmen können, daß die höchsten Koeffizienten in $f(x)$ und in $g(x)$ gleich 1 sind. Da die sämtlichen Nullstellen von $F(x)$ (d. h. die Wurzeln von $F(x) = 0$) ganze Zahlen sind, so sind es auch alle Koeffizienten in $f(x)$ und in $g(x)$, indem dieselben sich jeweils aus gewissen unter den Nullstellen von $F(x)$ durch lauter Additionen und Multiplikationen zusammensetzen; da nun diese selben Koeffizienten zugleich rationale Zahlen sein sollen, so sind sie hiernach (vermöge XXIII) ganze rationale Zahlen.

XXVI. *Wenn also eine ganze ganzzahlige Funktion mit dem höchsten Koeffizienten* 1 *in ein Produkt von ganzen rationalzahligen Funktionen zerfällt, so müssen sich die Koeffizienten der letzteren, sobald die höchsten darunter* = 1 *gemacht worden sind, durchweg ebenfalls als ganze rationale Zahlen erweisen.*

Unter einer *irreduziblen Funktion* bzw. *irreduziblen Gleichung* schlechthin wollen wir hier eine solche ganze Funktion $f(x)$ bzw. Gleichung $f(x) = 0$ verstehen, die *im Bereiche der rationalen Zahlen* irreduzibel ist, d. h. wobei $f(x)$ rationalzahlig ist und nicht in zwei ganze rationalzahlige Faktoren mit Graden $\geqq 1$ zerlegt werden kann.

XXVII. *Zu jeder algebraischen Zahl α gehört eine völlig bestimmte irreduzible Gleichung mit dem höchsten Koeffizienten* 1, *welcher α genügt.* Denn es sei $F(x) = 0$ irgend eine Gleichung mit ganzen rationalen Koeffizienten und dem höchsten Koeffizienten 1, welcher die zunächst als *ganz* vorausgesetzte Zahl α genügt, und es sei n der Grad von $F(x)$. Um vor allem eine irreduzible Gleichung für α nachzuweisen, setzen wir zunächst ganz allgemein

$$F(x) = f(x)\, g(x)$$

an, wobei $f(x)$, $g(x)$ Funktionen von derselben Beschaffenheit sein sollen wie $F(x)$, α sich unter den Wurzeln von $f(x) = 0$ befinden möge und ausdrücklich auch die Eventualität $f(x) = F(x)$, $g(x) = 1$ zugelassen sei. Es läßt sich leicht aus den Koeffizienten von $F(x)$ eine obere Grenze für die Beträge der sämtlichen Nullstellen von $F(x)$

erschließen; und weil die Koeffizienten von $f(x)$, bei dem eben gemachten Ansatze, elementarsymmetrische Funktionen gewisser unter den Nullstellen von $F(x)$ sind, so folgen daraus weiter obere Grenzen für die Beträge der Koeffizienten von $f(x)$. Da nun diese letzteren Koeffizienten der Reihe der ganzen rationalen Zahlen angehören sollen, so läßt sich hiernach von vornherein eine endliche Anzahl von ganzen ganzzahligen Funktionen mit Gradzahlen $\leq n$ und dem höchsten Koeffizienten 1 angeben, unter denen sich ein jedes hier in Betracht kommende $f(x)$ notwendig befinden muß. Unter allen diesen Funktionen suchen wir nun eine von möglichst niedrigem Grade auf, welche in $F(x)$ aufgeht und α zu einer Nullstelle hat; diese Funktion ist dann nach der Art, wie sie bestimmt wurde, notwendig irreduzibel. Daß es aber keine von dieser verschiedene irreduzible Funktion mit dem höchsten Koeffizienten 1 geben kann, welche α zu einer Nullstelle hätte, folgt daraus, daß sonst die betreffenden zwei Funktionen einen größten gemeinsamen Teiler von mindestens erstem Grade haben müßten, welcher durch rationale Operationen bestimmbar, also rationalzahlig wäre und sonach einen Divisor von $F(x)$ mit α als Nullstelle von noch niedrigerem Grade, als hier möglich, vorstellen würde.

Der so für ganze Zahlen α bewiesene Satz läßt sich nunmehr durch Vermittlung des Satzes XXV auf beliebige algebraische Zahlen übertragen.

§ 2. Der kubische Körper.

Es sei die algebraische Zahl θ als eine bestimmte Wurzel einer irreduziblen kubischen Gleichung

$$f(t) = t^3 + at^2 + bt + c = 0 \tag{1}$$

festgelegt. Die Gesamtheit der Zahlen, welche sich als rationale Funktionen von θ mit rationalen Koeffizienten darstellen lassen, bildet den *Körper* oder *Rationalitätsbereich von* θ. Wir bezeichnen denselben mit $K(\theta)$. Jede Zahl ω dieses Körpers erscheint also in der Form $g(\theta)/h(\theta)$, wo $g(\theta)$, $h(\theta)$ ganze rationalzahlige Funktionen des Arguments sind und $h(\theta) \neq 0$ ist. Da die Funktionen $f(t)$ und $h(t)$ wegen der vorausgesetzten Irreduzibilität von $f(t)$ und wegen $h(\theta) \neq 0$ keine ganze Funktion von t von einem Grade ≥ 1 als gemeinsamen Teiler haben können, so lassen sich nach einem bekannten Satze zwei weitere ganze rationalzahlige Funktionen $F(t)$, $H(t)$ derart ermitteln, daß identisch in t

$$F(t)f(t) + H(t)h(t) = 1$$

wird; daraus folgt dann für $t = \theta$:

$$\frac{1}{h(\theta)} = H(\theta),$$

was in

$$\omega = \frac{g(\theta)}{h(\theta)}$$

eingesetzt,

$$\omega = g(\theta)\,H(\theta)$$

ergibt. Da ferner eine jede ganze Funktion von θ sich mittels der Gleichung

$$\theta^3 = -a\theta^2 - b\theta - c$$

auf eine ganze Funktion von niedrigerem als dem dritten Grade reduzieren läßt, so folgt weiter, daß jede Zahl ω in $K(\theta)$ sich in der Form

$$\omega = p + q\theta + r\theta^2 \tag{2}$$

darstellen läßt, wobei p, q, r rationale Zahlen sind. *Diese Darstellung ist eindeutig;* denn wäre zugleich

$$\omega = p^* + q^*\theta + r^*\theta^2$$

mit ebenfalls rationalen p^*, q^*, r^*, so würde

$$p - p^* + (q - q^*)\theta + (r - r^*)\theta^2 = 0$$

folgen und dies kann wegen der Irreduzibilität von (1) nur so stattfinden, daß $p^* = p$, $q^* = q$, $r^* = r$ ist. Umgekehrt ist es klar, daß jede Größe (2) mit rationalen p, q, r zum Körper $K(\theta)$ gehört. *Mithin bildet der Körper $K(\theta)$ den Inbegriff aller Größen von der Form $p + q\theta + r\theta^2$, wobei p, q, r beliebige rationale Zahlen sind.* —

Sind $\theta, \theta', \theta''$ die drei Wurzeln von (1), die wegen der Irreduzibilität von (1) gewiß untereinander verschieden sind, so nennen wir die drei Zahlen

$$\omega = p + q\theta + r\theta^2, \quad \omega' = p + q\theta' + r\theta'^2, \quad \omega'' = p + q\theta'' + r\theta''^2$$

untereinander *konjugiert.*

Wegen der Irreduzibilität von $f(t)$ wird jede rationalzahlige Gleichung, welcher θ genügt, auch durch θ' und θ'' erfüllt sein. Ist nun ω in irgend einer von (2) verschiedenen Weise als rationale Funktion von θ dargestellt, $\omega = p + q\theta + r\theta^2 = \frac{g(\theta)}{h(\theta)}$, so besteht damit eine rationalzahlige Gleichung für θ und darf in dieser θ durch θ' und durch θ'' ersetzt werden; es folgt daher, daß dann stets auch

$$\frac{g(\theta')}{h(\theta')} = \omega', \quad \frac{g(\theta'')}{h(\theta'')} = \omega''$$

gelten wird. Begegnet man ferner einer rationalzahligen Gleichung für ω, so genügen derselben Gleichung auch ω' und ω''. Ist ω selbst rational, so muß in der Darstellung (2) wegen ihrer Eindeutigkeit notwendig $\omega = p$, $q = 0$, $r = 0$ sein, und wenn speziell $\omega = 0$ ist, so muß zudem $p = 0$ sein. Drei konjugierte Zahlen sind danach entweder sämtlich $= 0$ oder sämtlich $\neq 0$, und überhaupt, wenn eine von ihnen rational ist, so sind sie sämtlich untereinander gleich.

Aus der Definition der ganzen algebraischen Zahl folgt nun unmittelbar, daß wenn eine Zahl ω ganz ist, auch die dazu konjugierten Zahlen ω', ω'' ganz sind.

Das Produkt der drei konjugierten Zahlen ω, ω', ω'' heißt die *Norm* von ω, in Zeichen: $\mathrm{Nm}\,\omega$; *dieselbe ist* als symmetrische Funktion von θ, θ', θ'' *eine rationale Zahl; falls dabei* ω *eine ganze Zahl* $\neq 0$ *ist, muß* $\mathrm{Nm}\,\omega$ *eine ganze rationale Zahl* $\neq 0$, *also insbesondere von Betrage einem* ≥ 1 *sein.* —

Aus irgend einem Vielfachen von θ, aus $2\theta, 3\theta, \ldots$, geht offenbar derselbe Körper, wie aus θ, hervor. Da wir nun nach XXV ein solches Vielfaches von θ bestimmen können, das eine ganze Zahl ist, so werden wir hier ohne wesentliche Beschränkung annehmen dürfen, daß θ selbst eine ganze Zahl ist, also a, b, c in (1) ganze rationale Zahlen sind. Daß sich unter dieser Voraussetzung aus (2) mittels ganzer rationaler p, q, r lauter *ganze* Zahlen ω des Körpers ergeben, ist klar; es fragt sich nur, ob es in $K(\theta)$ nicht auch andere ganze Zahlen gibt, die aus der Form (2) mittels *gebrochener* rationaler p, q, r hervorgehen.

Um diese Frage zu beantworten, bedienen wir uns eines *geometrischen Bildes für die Zahlen in* $K(\theta)$. Wir beziehen diese Zahlen auf Punkte im Raume, indem wir ein räumliches System von Parallelkoordinaten X, Y, Z zugrundelegen und einem Punkte (X, Y, Z) jeweils die Größe $X + Y\theta + Z\theta^2$ zuordnen. Einem jeden Punkte mit rationalen Koordinaten X, Y, Z entspricht alsdann eine Zahl in $K(\theta)$ und umgekehrt. Es ist klar, daß hierbei jedem *Gitterpunkte* in X, Y, Z eine *ganze* Zahl in $K(\theta)$ entsprechen wird; das Umgekehrte läßt sich aber nicht behaupten und wird auch im allgemeinen nicht der Fall sein. Jedenfalls leuchtet es ein, daß wenn ein Punkt (X, Y, Z) einer ganzen Zahl in $K(\theta)$ entspricht, dann auch jeder zu (X, Y, Z) in unserem Gitter homologe Punkt, d. h. (vgl. S. 84) jeder Punkt, dessen Koordinaten von den bezüglichen X, Y, Z um ganze rationale Zahlen differieren, eine ganze Zahl in $K(\theta)$ vorstellen wird. Mit Rücksicht darauf können wir uns gegenwärtig auf die Betrachtung jener ganzen Zahlen in $K(\theta)$ beschränken, deren zugehörige Punkte (X, Y, Z) in dem durch

$$0 \leq X < 1, \quad 0 \leq Y < 1, \quad 0 < Z < 1 \tag{3}$$

definierten Grundparallelepiped unseres Gitters liegen; aus allen dazu homologen Punkten, und nur aus diesen, ergeben sich dann sämtliche übrige ganze Zahlen in $K(\theta)$.

Nun ist es zunächst leicht einzusehen, daß im Grundparallelepiped (3) nur eine endliche Anzahl von Punkten (X, Y, Z) vorhanden sein kann, welche ganzen Zahlen $\omega = X + Y\theta + Z\theta^2$ entsprechen. Bilden wir nämlich für eine in dieser Weise dargestellte ganze Zahl ω die Gleichung

$$\Phi(t) = (t - \omega)(t - \omega')(t - \omega'') = 0, \tag{4}$$

so hat dieselbe zu Koeffizienten Größen, welche als symmetrische Funktionen der Größen $\theta, \theta', \theta''$ rationale Zahlen werden; für die Fälle, wo X, Y, Z dem Bereiche (3) angehören, können wir ferner, eben mit Rücksicht auf (3) und mittels einer oberen Grenze für die Beträge von $\theta, \theta', \theta''$, ganz bestimmte obere Grenzen für die Beträge der Koeffizienten in $\Phi(t)$ angeben; da nun diese Koeffizienten als rationale und zugleich ganze algebraische Zahlen sich als ganze rationale Zahlen erweisen müssen, so folgt daraus, daß es nur eine endliche Anzahl von solchen Gleichungen (4) geben kann, welche ganzen Zahlen ω und dabei Punkten (X, Y, Z) aus dem Bereiche (3) entsprechen; hieraus geht dann umgekehrt hervor, daß nur eine endliche Anzahl von solchen ganzen Zahlen ω existieren kann, für welche X, Y, Z sämtlich $\geqq 0$ und < 1 sind.

Wir können nun eine Adaption des Systems aller jener Punkte (X, Y, Z), welche den ganzen Zahlen in $K(\theta)$ entsprechen, in bezug auf das Gitter der X, Y, Z genau nach der in Kap. III § 14 dargelegten Methode vornehmen. Wir kommen dann zu dem Ergebnis, daß *die Gesamtheit der ganzen Zahlen in $K(\theta)$ zu ihrem geometrischen Bilde wieder ein parallelepipedisch anzuordnendes Punktsystem, also ein Zahlengitter hat oder, wie wir in solchen Fällen sagen wollen, einen „Modul" bildet.* Wir können nämlich, wie jetzt einleuchtet, unter allen jenen Punkten, welche ganzen Zahlen in $K(\theta)$ entsprechen, zunächst auf der positiven X-Achse einen dem Nullpunkte O am nächsten gelegenen Punkt A finden, weiter außerhalb der X-Achse in der Halbebene $Y > 0$ der XY-Ebene einen Punkt B bestimmen, welcher der X-Achse möglichst nahe liegt, schließlich außerhalb der XY-Ebene im Halbraume $Z > 0$ einen Punkt Γ ermitteln, welcher möglichst nahe an der XY-Ebene liegt. Wenn wir nunmehr aus dem Tetraeder $O\mathsf{AB}\Gamma$ in der üblichen Weise Koordinaten x, y, z ableiten, indem wir für einen beliebigen Punkt S des Raumes die vektorielle Beziehung

$$OS = x \cdot O\mathsf{A} + y \cdot O\mathsf{B} + z \cdot O\Gamma$$

ansetzen, und wenn wir andererseits mit $\omega_1, \omega_2, \omega_3$ diejenigen ganzen Zahlen in $K(\theta)$ bezeichnen, welche den Punkten A, B, Γ in dem festgelegten Sinne bzw. entsprechen, dann stellt jeder Gitterpunkt in x, y, z offenbar eine *ganze* Zahl, und zwar

$$\omega = x\omega_1 + y\omega_2 + z\omega_3 \tag{5}$$

vor. Aber auch umgekehrt entspricht dann *jeder* ganzen Zahl in $K(\theta)$ ein *Gitterpunkt* in x, y, z; denn würde irgend einer solchen Zahl ein Punkt mit nicht lauter ganzzahligen Koordinaten x, y, z entsprechen, so würde sich aus demselben durch eine entsprechende Translation ein Punkt im Grundparallelepiped $O\mathsf{AB\Gamma}$ des x-, y-, z-Gitters, also mit $0 \leqq x < 1$, $0 \leqq y < 1$, $0 \leqq z < 1$, ergeben, welcher einer ganzen Zahl entspräche und nicht mit dem Punkte O zusammenfiele, was der Art und Weise, wie die Punkte $\mathsf{A}, \mathsf{B}, \mathsf{\Gamma}$ bestimmt wurden, widersprechen würde.

XXVIII. Wir haben hiermit festgestellt, daß *in einem kubischen Körper sich immer drei ganze Zahlen* $\omega_1, \omega_2, \omega_3$ *derart angeben lassen (und zwar offenbar auf unendlich viele Weisen), daß durch dieselben jede ganze Zahl des Körpers sich in der Form* (5) *mit ganzen rationalen* x, y, z *eindeutig darstellt.* Drei Zahlen im kubischen Körper von dieser Eigenschaft nennt man eine *Basis* im Körper.

Sind dann ω_1', ω_1''; ω_2', ω_2''; ω_3', ω_3'' die zu $\omega_1, \omega_2, \omega_3$ bzw. konjugierten Zahlen, so ist es einleuchtend, daß auch $\omega_1', \omega_2', \omega_3'$ eine Basis im Körper $K(\theta')$, ebenso $\omega_1'', \omega_2'', \omega_3''$ eine Basis im Körper $K(\theta'')$ bilden.

Eine der obigen analoge Betrachtung läßt sich für einen Körper beliebig hohen Grades durchführen. Es stellt sich dann allgemein die Tatsache heraus,

XXVIII'. *daß in einem Körper vom Grade n, d. h. in einem Rationalitätsbereich, welcher aus einer Wurzel einer irreduziblen Gleichung n-ten Grades entspringt, sich eine Basis, bestehend aus n ganzen Zahlen, angeben läßt, derart, daß durch diese n Zahlen jede ganze Zahl des Körpers sich linear homogen mit ganzzahligen rationalen Koeffizienten, und zwar auf eindeutige Weise, darstellen läßt.*

§ 3. Diskriminante des Körpers.

Wir suchen nun nach einem einfachen Kriterium dafür, wann drei beliebig gegebene von Null verschiedene ganze Zahlen $\omega_1, \omega_2, \omega_3$ eines kubischen Körpers $K(\theta)$ eine Basis in diesem bilden. Damit solches der Fall sei, dürfen vor allem die drei Punkte, welche im Koordinatensystem der X, Y, Z (vgl. § 2) den drei Zahlen $\omega_1, \omega_2, \omega_3$ bzw. entsprechen und etwa die Koordinaten p_1, q_1, r_1; p_2, q_2, r_2; p_3, q_3, r_3 haben mögen, mit dem Nullpunkte nicht in einer Ebene liegen; es muß also

$$\begin{vmatrix} p_1, & p_2, & p_3 \\ q_1, & q_2, & q_3 \\ r_1, & r_2, & r_3 \end{vmatrix} \neq 0 \tag{6}$$

sein. Gehen wir nun von den Zahlen

$$\omega_1 = p_1 + q_1\theta + r_1\theta^2,$$
$$\omega_2 = p_2 + q_2\theta + r_2\theta^2,$$
$$\omega_3 = p_3 + q_3\theta + r_3\theta^2$$

zu den dazu bzw. konjugierten über, und zwar

$$\omega_1' = p_1 + q_1\theta' + r_1\theta'^2, \quad \omega_1'' = p_1 + q_1\theta'' + r_1\theta''^2,$$
$$\omega_2' = p_2 + q_2\theta' + r_2\theta'^2, \quad \omega_2'' = p_2 + q_2\theta'' + r_2\theta''^2,$$
$$\omega_3' = p_3 + q_3\theta' + r_3\theta'^2, \quad \omega_3'' = p_3 + q_3\theta'' + r_3\theta''^2,$$

und bilden wir die Determinante

$$\Delta(\omega_1, \omega_2, \omega_3) = \begin{vmatrix} \omega_1, & \omega_2, & \omega_3 \\ \omega_1', & \omega_2', & \omega_3' \\ \omega_1'', & \omega_2'', & \omega_3'' \end{vmatrix} = \begin{vmatrix} 1, & \theta, & \theta^2 \\ 1, & \theta', & \theta'^2 \\ 1, & \theta'', & \theta''^2 \end{vmatrix} \cdot \begin{vmatrix} p_1, & p_2, & p_3 \\ q_1, & q_2, & q_3 \\ r_1, & r_2, & r_3 \end{vmatrix},$$

so wird, sobald die Bedingung (6) erfüllt ist, wegen

$$\begin{vmatrix} 1, & \theta, & \theta^2 \\ 1, & \theta', & \theta'^2 \\ 1, & \theta'', & \theta''^2 \end{vmatrix} = -(\theta-\theta')(\theta-\theta'')(\theta'-\theta'') \neq 0$$

auch

$$\Delta(\omega_1, \omega_2, \omega_3) \neq 0 \tag{7}$$

sein; umgekehrt hat (7) notwendig die Ungleichung (6) zur Folge. Anstatt der Determinante Δ wollen wir nun das Quadrat hiervon in Betracht ziehen,

$$\Delta^2(\omega_1, \omega_2, \omega_3) = D(\omega_1, \omega_2, \omega_3),$$

welches als ganze algebraische Zahl und zugleich symmetrische Funktion von $\theta, \theta', \theta''$ eine *ganze rationale Zahl* ist; diese Zahl soll die *Diskriminante der Zahlen* $\omega_1, \omega_2, \omega_3$ heißen. Als erste, mit der Ungleichung (6) gleichbedeutende Bedingung dafür, daß $\omega_1, \omega_2, \omega_3$ eine Basis bilden, erkennen wir nunmehr den Umstand, daß die *Diskriminante dieser drei Zahlen* $\neq 0$ *sei.*

Drei Zahlen in $K(\theta)$ von der letztgenannten Eigenschaft werden *voneinander unabhängig* genannt.

Die Diskriminante einer *Basis* besitzt nun noch eine weitere wesentliche Eigenschaft, durch welche sie unter den Diskriminanten von Tripeln unabhängiger ganzer Zahlen überhaupt ausgezeichnet wird. Angenommen nämlich, es stellen die ganzen Zahlen $\omega_1, \omega_2, \omega_3$ eine Basis in $K(\theta)$ vor und es seien $\Omega_1, \Omega_2, \Omega_3$ irgend welche drei voneinander unabhängige ganze Zahlen in $K(\theta)$; dann drücken sich die letzteren durch die ersteren in der Form

$$\Omega_1 = A_1 \omega_1 + B_1 \omega_2 + C_1 \omega_3,$$
$$\Omega_2 = A_2 \omega_1 + B_2 \omega_2 + C_2 \omega_3,$$
$$\Omega_3 = A_3 \omega_1 + B_3 \omega_2 + C_3 \omega_3$$

aus, wobei $A_1, B_1, \ldots, C_3$ ganze rationale Zahlen sind, und gleichzeitig übertragen sich diese drei linearen Beziehungen auch auf die zu $\omega_1, \ldots, \Omega_3$ konjugierten Werte $\omega_1', \ldots \Omega_3'$ bzw. $\omega_1'', \ldots \Omega_3''$; aus dem ganzen System der neun linearen Gleichungen folgt sodann:

$$D(\Omega_1, \Omega_2, \Omega_3) = D(\omega_1, \omega_2, \omega_3) \cdot \begin{vmatrix} A_1, & A_2, & A_3 \\ B_1, & B_2, & B_3 \\ C_1, & C_2, & C_3 \end{vmatrix}^2.$$

Die hier an letzter Stelle stehende Determinante ist eine ganze rationale Zahl und von Null verschieden, da die linke Seite $\neq 0$ ausfallen soll; ist diese Zahl $= \pm 1$, dann lassen sich $\omega_1, \omega_2, \omega_3$ und hiermit weiter alle ganzen Zahlen in $K(\theta)$ auch durch $\Omega_1, \Omega_2, \Omega_3$ linear homogen mit rationalen ganzen Koeffizienten darstellen, es bilden dann also auch $\Omega_1, \Omega_2, \Omega_3$ eine Basis in $K(\theta)$; ist dagegen die besagte Determinante dem Betrage nach > 1, dann können die Koeffizienten der linearen Darstellung von $\omega_1, \omega_2, \omega_3$ durch $\Omega_1, \Omega_2, \Omega_3$ nicht sämtlich ganzzahlig sein, also stellen $\Omega_1, \Omega_2, \Omega_3$ in diesem Falle keine Basis vor.

XXIX. Hieraus folgt unmittelbar, daß *sämtliche Basen eines kubischen Körpers eine und dieselbe Diskriminante haben, welche unter allen Diskriminanten von je drei unabhängigen ganzen Zahlen des Körpers den kleinsten Betrag hat und zugleich gemeinsamer Teiler aller solcher Diskriminanten ist.* Dieselbe wird kurzweg die *Diskriminante des Körpers* genannt.

Ein ganz analoger Satz läßt sich für jeden algebraischen Zahlkörper, von beliebig hohem Grade, beweisen.

Wir werden nunmehr zur Darstellung der Zahlen in einem kubischen Körper $K(\theta)$ ausschließlich die Form

$$\omega = x\omega_1 + y\omega_2 + z\omega_3$$

mittels einer Basis brauchen und mit Rücksicht darauf eine solche Form eine *Basisform für* $K(\theta)$ nennen.

§ 4. Eine Eigenschaft der Diskriminanten von Zahlkörpern.

Es gilt der folgende wichtige Satz:

XXX. *Die Diskriminante eines algebraischen Zahlkörpers, ausgenommen den Körper der rationalen Zahlen, ist immer durch wenigstens eine Primzahl teilbar.*

Um diesen Satz für einen kubischen Körper $K(\theta)$ zu beweisen, unterscheiden wir, ob die drei konjugierten Körper $K(\theta)$, $K(\theta')$, $K(\theta'')$ alle reell sind oder zwei derselben, etwa $K(\theta)$ und $K(\theta')$, konjugiert-komplex und der dritte, $K(\theta'')$, reell ist, mit anderen Worten, ob die Diskriminante D von $K(\theta)$ positiv oder negativ ist.

Im ersteren Falle bilden wir mittels der Basen $\omega_1, \omega_2, \omega_3$; $\omega_1', \omega_2', \omega_3'$; $\omega_1'', \omega_2'', \omega_3''$ in den drei konjugierten Körpern $K(\theta)$, $K(\theta')$, $K(\theta'')$ die drei linearen Formen

$$\begin{aligned} \xi &= x\omega_1 + y\omega_2 + z\omega_3, \\ \eta &= x\omega_1' + y\omega_2' + z\omega_3', \\ \zeta &= x\omega_1'' + y\omega_2'' + z\omega_3'', \end{aligned} \tag{8}$$

deren Determinante $\pm\sqrt{D}$ ist, und wenden auf dieselben den Satz IV aus dem ersten Kapitel an, mit der Verschärfung, die wir diesem Satze in § 10 desselben Kapitels gegeben haben. Darnach gibt es ganze rationale Werte x, y, z, die nicht alle verschwinden und für welche

$$|\xi| < \sqrt[6]{D}, \quad |\eta| < \sqrt[6]{D}, \quad |\zeta| \leqq \sqrt[6]{D} \tag{9}$$

wird; zugleich wird keiner dieser drei Beträge verschwinden, denn die Null läßt sich durch eine Basis wegen der Eindeutigkeit der Darstellung nur in der Weise mit rationalen Koeffizienten x, y, z darstellen, daß diese Koeffizienten sämtlich verschwinden, was hier ausgeschlossen ist. Es gibt demnach in $K(\theta)$ eine ganze Zahl ξ von der Eigenschaft, daß

$$0 < |\mathrm{Nm}\,\xi| = |\xi\eta\zeta| < \sqrt{D} \tag{10}$$

ist. Da nun die Norm einer von Null verschiedenen ganzen Zahl eine rationale ganze Zahl $\neq 0$ ist (vgl. S. 123), so ist dabei notwendig

$$|\xi\eta\zeta| \geqq 1,$$

und daher folgt aus (10):

$$D > 1.$$

Mithin muß D mindestens eine Primzahl als Faktor enthalten.

Im zweiten Falle, $D < 0$, zerlegen wir die Formen ξ, η in ihre reellen und imaginären Bestandteile, wie folgt:

$$\xi = \frac{\varphi + i\psi}{\sqrt{2}}, \quad \eta = \frac{\varphi - i\psi}{\sqrt{2}}. \tag{11}$$

Die drei reellen Formen φ, ψ, ζ haben sodann dem Betrage nach dieselbe Determinante wie die Formen ξ, η, ζ (vgl. Kap. III § 8), und indem wir auf sie wieder den vorhin herangezogenen Satz anwenden, erkennen wir, daß drei ganze rationale Zahlen x, y, z existieren müssen, die nicht alle verschwinden und für welche

$$|\varphi| < \sqrt[6]{-D}, \quad |\psi| < \sqrt[6]{-D}, \quad |\zeta| \leqq \sqrt[6]{-D} \tag{12}$$

wird. Für drei solche Werte x, y, z wird somit, mit Rücksicht noch auf

$$|\xi\eta\zeta| = \frac{\varphi^2 + \psi^2}{2} |\zeta|$$

und darauf, daß ξ, η, ζ für eben diese x, y, z von Null verschieden ausfallen müssen, die Ungleichung bestehen:

$$0 < |\mathrm{Nm}\,\xi| = |\xi\eta\zeta| < \sqrt{-D};$$

da nun gleichzeitig

$$1 \leqq |\mathrm{Nm}\,\xi|$$

wird, so folgt hiernach:

$$1 < -D,$$

was zu zeigen war.

Mit Hilfe entsprechender unter den in Kap. III §§ 9, 10 gewonnenen Sätzen, zu welchen uns die Betrachtung des Oktaeders und des Doppelkegels geführt hat, lassen sich für die Beträge der Diskriminanten kubischer Körper höhere untere Grenzen, als die niemals angenommene Grenze 1, angeben. Im ersteren der beiden unterschiedenen Fälle ($D > 0$) können wir auf die Formen ξ, η, ζ den Satz XVII′ anwenden; darnach gibt es rationale ganze Zahlen x, y, z, die nicht alle verschwinden und für welche

$$1 \leqq |\xi\eta\zeta| < \frac{2}{9}\sqrt{D}$$

wird; hieraus folgt:

$$D > \frac{81}{4},$$

also

$$D \geqq 21. \tag{13}$$

Im zweiten Falle ($D < 0$) gibt es nach dem Satze XVIII′ rationale ganze Zahlen x, y, z, die nicht alle verschwinden und für welche

$$1 < |\xi\eta\zeta| < \frac{8\sqrt{-D}}{9\pi}$$

wird; daher ist im zweiten Falle

$$-D > \frac{81\pi^2}{64},$$

also

$$-D \geqq 13.\text{*)} \tag{14}$$

Die hier durchgeführte Betrachtung läßt sich auch auf Körper

*) Tatsächlich ist nicht 21 resp. — 13, sondern 49 resp. — 23 der absolut kleinste Wert, welchen eine positive bzw. negative Diskriminante eines kubischen Körpers annehmen kann.

beliebig hohen Grades in Anwendung bringen. Man findet dann allgemein, daß

XXXI. *für einen Körper n-ten Grades, bei welchem die erzeugende irreduzible Gleichung n-ten Grades 2s imaginäre und n − 2s reelle Wurzeln hat,*

$$|D| > \left[\left(\frac{\pi}{4}\right)^s \frac{n^n}{1\cdot 2\cdot 3\cdots n}\right]^2$$

$$> \left(\frac{\pi}{4}\right)^{2s} \frac{e^{2n-\frac{1}{6n}}}{2\pi n} \tag{15}$$

*ist.**) Diese untere Grenze von $|D|$ ist eine mit der Zahl n über jede Grenze hinaus wachsende Größe, so daß zu jeder noch so großen positiven Zahl G sich eine ganze positive Zahl n derart angeben läßt, daß bei den Körpern höheren als n-ten Grades Diskriminanten von einem Betrage $< G$ gewiß nicht vorkommen.

§ 5. Endlichkeit der Anzahl der zu gegebener Diskriminante gehörigen Körper.

XXXII. *Es gibt nur eine endliche Anzahl von kubischen Körpern, welche eine gegebene Zahl D zur Diskriminante haben.*

Ehe wir diesen Satz beweisen, suchen wir zunächst die folgende Frage zu entscheiden: Wenn ω irgend eine Zahl im kubischen Körper $K(\theta)$ ist, unter welchen Umständen wird dann der aus ω hervorgehende Rationalitätsbereich $K(\omega)$ mit dem Körper $K(\theta)$ zusammenfallen?

Wie bei (4) ausgeführt wurde, genügt jede Zahl aus $K(\theta)$ einer rationalzahligen kubischen Gleichung, die irreduzibel oder reduzibel sein mag, ist also der Körper $K(\omega)$ höchstens vom Grade 3. Wenn nun $K(\omega) = K(\theta)$ sein soll, so müssen insbesondere die Zahlen $1, \theta, \theta^2$ durch die Zahlen $1, \omega, \omega^2$ linear homogen mit rationalen Koeffizienten darstellbar sein; hieraus folgern wir leicht durch Heranziehung der zu den in Rede stehenden konjugierten Zahlen, daß dann die Determinante $\Delta\,(1, \theta, \theta^2)$ (siehe S. 126) sich als Produkt der Determinante

$$\Delta(1, \omega, \omega^2) = \begin{vmatrix} 1, & \omega, & \omega^2 \\ 1, & \omega', & \omega'^2 \\ 1, & \omega'', & \omega''^2 \end{vmatrix} = -(\omega-\omega')(\omega-\omega'')(\omega'-\omega'')$$

in eine rationale Zahl darstellen muß. Darnach muß dann die De-

*) Zur Ableitung dieses Satzes vgl. Minkowski, Geometrie der Zahlen, S. 134.

terminante $\Delta(1, \omega, \omega^2)$ notwendig $\neq 0$ und also müssen die Zahlen $\omega, \omega', \omega''$ untereinander verschieden sein. Ist umgekehrt die letztere Bedingung erfüllt und damit auch $\Delta(1, \omega, \omega^2) \neq 0$, so ist die besagte lineare Darstellung von $1, \theta, \theta^2$ durch $1, \omega, \omega^2$ dann immer möglich und daher der Rationalitätsbereich $K(\omega)$ mit dem Körper $K(\theta)$ identisch.

Jetzt sei eine ganze rationale Zahl $D \neq 0$ vorgelegt; wir fragen, ob es kubische Körper mit der Diskriminante D gibt. Nehmen wir an, es sei $K(\theta)$ ein solcher Körper, $\omega_1, \omega_2, \omega_3$ eine Basis in demselben, $\xi = x\omega_1 + y\omega_2 + z\omega_3$ die zugehörige Basisform; ferner seien η, ζ nach (8) die dem ξ entsprechenden Basisformen in den zu $K(\theta)$ konjugierten Körpern.

Ist $D > 0$, sind also ξ, η, ζ sämtlich reelle Formen, dann gibt es nach dem Satze auf Seite 19 rationale ganze Werte x, y, z, die nicht sämtlich verschwinden und für welche

$$|\xi| < 1, \quad |\eta| < 1, \quad \frac{|\zeta|}{\sqrt{D}} \leq 1 \tag{16}$$

wird; andererseits muß für diese Werte x, y, z

$$|\xi\eta\zeta| \geq 1 \tag{17}$$

sein; daher wird zugleich notwendig

$$|\zeta| > 1$$

und also ζ sicherlich von ξ und η verschieden ausfallen. Infolgedessen*) wird die erhaltene ganze Zahl ξ nach dem kurz vorhin Gesagten in ihrem Rationalitätsbereich $K(\xi)$ den Körper $K(\theta)$ vollständig erzeugen. Nun folgen aus den Ungleichungen (16) obere Grenzen für die Beträge der rationalen ganzen Koeffizienten in der Gleichung

$$(t-\xi)(t-\eta)(t-\zeta) = 0,$$

hierin unter ξ, η, ζ die eben ermittelten speziellen Werte verstanden; für diese Gleichung und also auch für den Wert von ξ hierin kommen darnach bei gegebenem D von vornherein nur eine endliche Anzahl von Möglichkeiten in Betracht; daher kann es auch nur eine endliche Anzahl von kubischen Körpern mit der positiven Diskriminante D geben.

Im Falle $D < 0$ seien $\xi = \frac{\varphi + i\psi}{\sqrt{2}}$, $\eta = \frac{\varphi - i\psi}{\sqrt{2}}$ die zwei imaginären und ζ die reelle der drei konjugierten Basisformen. Wir wen-

*) Von selbst kann nunmehr auch nicht $\xi = \eta$ sein. Denn die Gleichung $(t-\xi)(t-\eta)(t-\zeta) = 0$ ist entweder irreduzibel und sind ξ, η, ζ durchweg verschieden, oder es ist wenigstens eine Wurzel darunter rational und dann gilt $\xi = \eta = \zeta$.

den den erwähnten Satz von S. 19 diesmal auf die Formen $\varphi, \frac{\psi}{\sqrt{-D}}, \zeta$, unter Auszeichnung der zweiten Form, an; darnach gibt es ganze rationale Werte x, y, z, die nicht sämtlich verschwinden und

$$|\varphi| < 1, \quad \frac{|\psi|}{\sqrt{-D}} \leqq 1, \quad |\zeta| < 1 \tag{18}$$

ergeben. Andererseits wird für diese Werte x, y, z

$$|\xi\eta\zeta| \geqq 1$$

sein, und darin haben wir

$$|\xi| = |\eta| = \sqrt{\frac{\varphi^2 + \psi^2}{2}}.$$

Hieraus folgt, mit Rücksicht auf die dritte der Ungleichungen (18),

$$|\xi| = |\eta| > 1$$

und alsdann, mit Rücksicht auf die erste der Ungleichungen (18),

$$|\psi| > 1;$$

es sind daher ξ und η untereinander verschieden, andererseits beide von ζ verschieden, so daß die erhaltene Zahl ξ in ihrem Rationalitätsbereiche den Körper $K(\theta)$ vollständig erzeugen wird. Hieraus folgt auf Grund derselben Überlegung, wie vorhin, die Richtigkeit des zu beweisenden Satzes.

Bei Körpern höheren als dritten Grades wird der Beweis des zu XXXII analogen Satzes denselben Gedankengang befolgen. Nur kommt da, wenn man nach den zur Erzeugung eines Körpers geeigneten Zahlen desselben fragt, deutlicher als schon vorhin noch ein besonderer Umstand in Betracht, der jetzt an dem Beispiel eines Körpers vierten Grades beleuchtet werden möge. Dieser entspringe aus einer Zahl θ und es seien $\theta', \theta'', \theta'''$ die übrigen Wurzeln der irreduziblen Gleichung für θ; $\omega = \chi(\theta)$ sei eine Zahl in $K(\theta)$ und die dazu konjugierten Zahlen seien $\omega' = \chi(\theta')$, $\omega'' = \chi(\theta'')$, $\omega''' = \chi(\theta''')$. Finden sich unter diesen vier Zahlen irgendwie zwei gleiche, so wird die biquadratische rationalzahlige Gleichung, der diese Zahlen genügen,

$$F(t) = (t - \omega)(t - \omega')(t - \omega'')(t - \omega''') = 0$$

reduzibel. Ist nun $g(t)$ irgend ein irreduzibler Faktor der linken Seite und etwa so, daß für ihn

$$g(\omega) = g[\chi(\theta)] = 0$$

ist, so folgt dann, da die Gleichung mit den Wurzeln $\theta, \theta', \theta'', \theta'''$ irreduzibel ist, auch

$$g[\chi(\theta')] = g(\omega') = 0, \quad g[\chi(\theta'')] = g(\omega'') = 0, \quad g[\chi(\theta''')] = g(\omega''') = 0,$$

so daß notwendig jeder irreduzible Faktor von $F(t)$ auf $g(t)$ hinauskommt, daher $F(t)$ *als eine Potenz von* $g(t)$ erscheint. Wenn also unter den Werten ω, ω', ω'', ω''' sich zwei gleiche finden, so kommt jeder Wert darunter gleich oft vor, also insbesondere ω selbst notwendig mehr als einmal. Um sicher zu sein, daß $K(\omega)$ mit $K(\theta)$ identisch ist, genügt es danach festzustellen, daß die *eine* Zahl ω von *jeder* der zu ihr konjugierten verschieden ist.

Diese Überlegung gilt analog für Körper beliebig hohen Grades. Ein Körper von einem Grade n wird durch eine beliebige solche unter seinen Zahlen, die von den sämtlichen $n-1$, zu ihr bezüglich des Körpers konjugierten Zahlen verschieden ist, vollständig erzeugt.

Um nun den Satz XXXII für einen Körper beliebigen Grades n zu erzielen, kann man ähnlich, wie bei kubischen Körpern, verfahren, unter Anwendung des Satzes, daß man bei n reellen linearen Formen mit der Determinante 1 durch gewisse ganzzahlige rationale Werte der Variablen, die nicht alle verschwinden, $n-1$ Formen dem Betrage nach < 1 und die n-te noch ≤ 1 machen kann. Dabei hat man, von den Basisformen der n konjugierten Körper ausgehend, entweder, wie bei kubischen Körpern mit positiver Diskriminante, die Basisform irgend eines reellen Körpers oder, wie bei kubischen Körpern mit negativer Diskriminante, den imaginären Teil der Basisform eines komplexen Körpers mit geeignetem Faktor als die n-te Form einzurichten, um dann mit Sicherheit auf eine Zahl des vorgelegten Körpers zu kommen, die von allen zu ihr konjugierten verschieden ist.

§ 6. Einheiten.

Unter einer *Einheit* versteht man eine ganze algebraische Zahl, deren reziproker Wert ebenfalls eine ganze Zahl ist.

Es ist einleuchtend, daß ein Produkt beliebig vieler Einheiten, ebenso eine Potenz einer Einheit mit beliebigem rationalem ganzem Exponenten stets ebenfalls eine Einheit ist.

Genügt eine Zahl ε einer irreduziblen Gleichung

$$a_0 \varepsilon^l + a_1 \varepsilon^{l-1} + \cdots + a_{l-1} \varepsilon + a_l = 0, \quad (a_0 > 0)$$

deren Koeffizienten ganze rationale Zahlen sind, so ist die daraus folgende Gleichung für $1/\varepsilon$,

$$a_l \left(\frac{1}{\varepsilon}\right)^l + a_{l-1} \left(\frac{1}{\varepsilon}\right)^{l-1} + \cdots + a_1 \varepsilon + a_0 = 0$$

ebenfalls irreduzibel; wenn nun ε eine ganze Zahl ist, so haben wir $a_0 = 1$, und wenn $1/\varepsilon$ ebenfalls eine ganze Zahl ist, gleichzeitig $a_l = \pm 1$. Mit ε zugleich sind dann alle Wurzeln der Gleichung Einheiten.

§ 7. Einheitswurzeln in einem Zahlkörper.

Es sei ε eine Einheit in einem Körper $K(\theta)$, den wir diesmal als biquadratischen Körper annehmen wollen; ε', ε'', ε''' seien die zu ε konjugierten Zahlen bzw. in den zu $K(\theta)$ konjugierten Körpern $K(\theta')$, $K(\theta'')$, $K(\theta''')$; alsdann sind $1/\varepsilon'$, $1/\varepsilon''$, $1/\varepsilon'''$ zu $1/\varepsilon$ konjugiert und daher ebenfalls ganze Zahlen, mithin stellen auch ε', ε'', ε''' Einheiten vor. Da nun $\varepsilon\varepsilon'\varepsilon''\varepsilon'''$ und $1/\varepsilon\varepsilon'\varepsilon''\varepsilon'''$ ganze und zugleich rationale, folglich ganze rationale Zahlen sind, so muß notwendig

$$\mathrm{Nm}\,\varepsilon = \varepsilon\varepsilon'\varepsilon''\varepsilon''' = \pm 1 \tag{19}$$

sein. Die letztere Relation ist nun entweder so möglich, daß jede der vier konjugierten Einheiten dem Betrage nach $= 1$ ist, oder so, daß ein Teil darunter dem Betrage nach > 1, ein anderer Teil < 1 ist.

Wir wollen uns zunächst mit den Einheiten spezieller Art beschäftigen, für welche alle konjugierten Werte Beträge 1 haben. Ist eine der konjugierten Einheiten dabei reell, so ist sie notwendig $+ 1$ oder $- 1$ und daher sind dann auch die zu ihr konjugierten Einheiten sämtlich $= + 1$ resp. sämtlich $= - 1$. Die zwei Werte ± 1 kommen offenbar unter den Einheiten eines jeden Körpers vor, und wenn der Körper reell ist, so sind dies die einzigen in ihm vorhandenen Einheiten von der speziellen hier betrachteten Art. Dagegen kann es in einem komplexen Körper unter Umständen außer diesen zwei noch weitere, komplexe Einheiten von jener speziellen Art geben.

XXXIII. Wir werden nun beweisen, *daß die Anzahl sämtlicher im Körper vorhandener Einheiten von der besonderen Art, daß sie mit allen konjugierten Einheiten Beträge* 1 *aufweisen, stets endlich ist, ferner, daß diese besonderen Einheiten lauter Einheitswurzeln sind, d. h. Zahlen, welche zu bestimmten ganzzahligen Exponenten erhoben* 1 *ergeben.*

Für den Beweis nehmen wir $K(\theta)$, wie oben, als biquadratischen, und zwar als einen komplexen Körper an; der Beweis wird sich ohne weiteres auf Körper beliebigen Grades übertragen lassen. Denken wir uns in $K(\theta)$ irgend zwei Einheiten ε, η derart, daß für sie und die dazu konjugierten Werte

$$|\varepsilon| = 1,\ |\varepsilon'| = 1,\ |\varepsilon''| = 1,\ |\varepsilon'''| = 1, \tag{20}$$

$$|\eta| = 1,\ |\eta'| = 1,\ |\eta''| = 1,\ |\eta'''| = 1 \tag{21}$$

gelte, und nehmen wir an, es sei η nicht nur von ε, sondern auch von $- \varepsilon$ verschieden; dann wird auch $\eta' \neq \pm \varepsilon'$, $\eta'' \neq \pm \varepsilon''$, $\eta''' \neq \pm \varepsilon'''$ sein.*) Alsdann ist

*) Hieraus ist evident, daß zugleich mit dem angenommenen komplexen $K(\theta)$ auch alle dazu konjugierten Körper komplex zu denken sind, wofern über-

$$0 < \frac{|\eta - \varepsilon|}{2} < \frac{|\eta| + |\varepsilon|}{2} = 1$$

und ebenso sind die Größen $\frac{|\eta' - \varepsilon'|}{2}$, $\frac{|\eta'' - \varepsilon''|}{2}$, $\frac{|\eta''' - \varepsilon'''|}{2}$ sämtlich > 0 und < 1. Infolgedessen ist weiter

$$0 < \left|\operatorname{Nm} \frac{\eta - \varepsilon}{2}\right| < 1$$

und es kann daher $\frac{1}{2}(\eta - \varepsilon)$ keine ganze Zahl sein. Stellen wir also ε, η durch eine Basisform des Körpers dar, etwa

$$\varepsilon = p\omega_1 + q\omega_2 + r\omega_3 + s\omega_4,$$
$$\eta = p^*\omega_1 + q^*\omega_2 + r^*\omega_3 + s^*\omega_4,$$

worin $p, q, \ldots, s^*$ ganze rationale Zahlen sind, so dürfen sich hier die Größen $\frac{p^* - p}{2}$, $\frac{q^* - q}{2}$, $\frac{r^* - r}{2}$, $\frac{s^* - s}{2}$ nicht sämtlich als ganze Zahlen erweisen, und wenn wir sonach die echten Reste der Zahlen p, q, r, s, ebenso jene der Zahlen p^*, q^*, r^*, s^* mod. 2 bilden, dann müssen die beiden so erhaltenen Restequadrupel voneinander verschieden ausfallen. Zu einem vorgegebenen Restequadrupel von vier Zahlen p, q, r, s mod. 2 kann somit in der soeben gekennzeichneten Weise nur entweder ein Paar von Einheiten der betrachteten Art in $K(\theta)$ gehören, und zwar werden dies dann zwei entgegengesetzte Einheiten sein, oder es gehört zu dem Restequadrupel keine derartige Einheit in $K(\theta)$. Nun gibt es derartiger Restequadrupel im Ganzen 2^4; dabei erscheint noch das Restequadrupel $(0, 0, 0, 0)$ ausgeschlossen, da sonst die Hälfte der ihm zugehörigen Einheit eine ganze Zahl wäre, was nicht möglich ist, indem die Norm der Hälfte einer Einheit sicher < 1 ist. Hieraus folgt als erstes Resultat, daß ein biquadratischer Körper gewiß nicht mehr als $2(2^4 - 1)$ Einheiten ε von der Eigenschaft (20), also jedenfalls nur eine endliche Anzahl solcher Einheiten enthalten kann.

Bilden wir nun aus einer derartigen Einheit ε die Potenzen $1, \varepsilon, \varepsilon^2, \varepsilon^3, \ldots$, so ist jede derselben wieder eine Einheit von dem gleichen, durch (20) bezeichneten Charakter; wir müssen daher unter diesen unbegrenzt vielen Potenzen auch gleiche Zahlen vorfinden. Sei also etwa einmal

$$\varepsilon^h = \varepsilon^k, \quad 0 \leq h < k;$$

dann folgt daraus:

$$\varepsilon^{k-h} = 1,$$

d. h. ε ist eine Einheitswurzel, was zu beweisen war.

---

haupt komplexe Einheiten jener besonderen Art in $K(\theta)$ möglich sein sollen; denn wäre z. B. $K(\theta''')$ reell, so wären darin notwendig nur die zwei Einheiten $+1$ und -1 vorhanden, es könnte also nicht $\eta''' \neq \pm \varepsilon'''$ sein.

Die hier durchgeführte Abzählung der Einheiten von der Art (20) in einem biquadratischen Körper ist, geometrisch ausgelegt, im Wesen mit der in Kap. III, § 6 vorgenommenen Abzählung der Gitterpunkte auf einem M-Körper gleichbedeutend.

§ 8. Existenz der von Einheitswurzeln verschiedenen Einheiten in einem Körper.

Wir gehen nun zur Behandlung derjenigen Einheiten über, die keine Einheitswurzeln sind.

Mit Ausnahme der komplexen quadratischen Körper (und selbstverständlich auch des Körpers der rationalen Zahlen) enthält jeder Körper Einheiten, die nicht Einheitswurzeln sind, und zwar in unendlicher Anzahl; diese Einheiten lassen sich aber immer aus einer endlichen Anzahl gewisser unter ihnen durch bloße Anwendung der Potenzierung und Multiplikation erzeugen.

Diesen fundamentalen Satz hat zuerst Dirichlet gegeben. Durch Verwendung der geometrischen Hilfsmittel, welche hier im zweiten und dritten Kapitel entwickelt worden sind, wird sich der Beweis des Dirichletschen Theorems sehr durchsichtig gestalten.

Wir nehmen wieder das Beispiel eines kubischen Körpers $K(\theta)$ auf; $K(\theta')$, $K(\theta'')$ seien die dazu konjugierten Körper. Von den drei Körpern ist immer wenigstens einer reell; es sei dies etwa der Körper $K(\theta)$. In $K(\theta)$ gibt es alsdann außer $+1$, -1 keine weitere Einheit, die eine Einheitswurzel wäre (vgl. § 7).

Es sei zunächst $K(\theta)$ ein Körper mit positiver Diskriminante, so daß auch $K(\theta')$ und $K(\theta'')$ reell sind. Wir bilden konjugierte Basisformen in diesen drei Körpern,

$$\begin{aligned} \xi &= x\omega_1 + y\omega_2 + z\omega_3, \\ \eta &= x\omega_1' + y\omega_2' + z\omega_3', \\ \zeta &= x\omega_1'' + y\omega_2'' + z\omega_3'', \end{aligned} \tag{22}$$

beziehen mittels derselben die ganzen Zahlen in diesen Körpern in bekannter Weise auf das Gitter in x, y, z (vgl. § 2) und betrachten in dem letzteren das von den sechs Ebenen

$$\xi = \pm 1, \quad \eta = \pm 1, \quad \zeta = \pm 1 \tag{23}$$

begrenzte Parallelepiped (Fig. 68). Dieses Parallelepiped kann im Inneren außer dem Mittelpunkte keinen weiteren Gitterpunkt enthalten; denn drei ganze konjugierte Zahlen (22), wenn sie von Null verschieden sind, können nicht sämtlich dem Betrage nach < 1 sein, indem sonst der Betrag ihrer Norm $|\xi\eta\zeta|$, > 0 und < 1 werden würde, was ausgeschlossen ist. Auf der Begrenzung unseres Parallelepipeds werden sich in zwei gegenüberliegenden Eckpunkten Gitterpunkte, etwa (x_0, y_0, z_0) und $(-x_0, -y_0, -z_0)$, befinden; diese entsprechen nämlich den zwei einzigen Einheitswurzeln in $K(\theta)$,

$$\pm(x_0\omega_1 + y_0\omega_2 + z_0\omega_3) = \pm 1,$$

resp. diesen selben Einheitswurzeln in $K(\theta')$, $K(\theta'')$. Da ferner jede ganze Zahl in einem Körper nur auf eine Weise durch eine Basisform mit rationalen Argumenten darstellbar ist, so kann auch keine Seitenfläche des Parallelepipeds mehr als nur einen Gitterpunkt enthalten; infolgedessen werden jene zwei Eckpunkte die einzigen Gitterpunkte außer O im Parallelepiped sein.

Um nun zu einer ersten solchen Einheit in $K(\theta)$, welche keine Einheitswurzel ist, zu gelangen, entfernen wir die zwei Seitenflächen $\xi = \pm 1$ des Parallelepipeds parallel mit sich selbst und zueinander symmetrisch in bezug auf O von dem Parallelepiped kontinuierlich fort, und zwar so, daß sie beständig im Inneren der von den Ebenen $\eta = \pm 1$, $\zeta = \pm 1$ begrenzten parallelepipedischen Röhre bleiben, — so lange bis eine davon, etwa die frühere Seitenfläche $\xi = 1$, innerhalb der Röhre auf einen neuen Gitterpunkt, (x_1, y_1, z_1), stößt, was infolge des Satzes X (S. 60) sich notwendig einmal ereignen muß; der erhaltene Gitterpunkt (x_1, y_1, z_1) liefert eine zugehörige ganze Zahl

$$\xi_1 = x_1\omega_1 + y_1\omega_2 + z_1\omega_3$$

und dazu konjugierte Zahlen η_1, ζ_1. Gleichzeitig mit diesem Gitterpunkte kann nun kein weiterer in die besagte Seitenfläche hineinfallen, denn sonst wäre dieselbe Zahl ξ_1 auf zwei verschiedene Arten durch die Basisform ξ mit rationalen x, y, z dargestellt. Der Gitterpunkt (x_1, y_1, z_1) liegt dabei notwendig im Inneren der Seitenfläche $\xi = \xi_1$, d. h. es ist $|\eta_1| < 1$, $|\zeta_1| < 1$; denn läge er auf dem Rande derselben, wäre also eine der Zahlen η_1, ζ_1 gleich 1 oder -1, so würde dies zu einer neuen Darstellung von 1 resp. -1 durch eine der Basisformen (22) mittels rationaler x, y, z führen. Andererseits liegt (x_1, y_1, z_1) in keiner Mittellinie der besagten Seitenfläche, d. h. es ist $\eta_1 \neq 0$, $\zeta_1 \neq 0$; denn drei konjugierte Zahlen sind entweder alle $= 0$ oder alle $\neq 0$. Gleichzeitig haben wir die Seitenfläche $\xi = -1$ entsprechend vom Parallelepiped entfernt, bis sie durch den Gitterpunkt $(-x_1, -y_1, -z_1)$ geht. Wenn wir nunmehr noch die vier Seitenflächen $\eta = \pm 1$, $\zeta = \pm 1$ parallel mit sich gegen das Innere des zuletzt entstandenen Parallelepipeds soweit heranziehen, bis jede derselben durch den ihr näheren der zwei Gitterpunkte (x_1, y_1, z_1), $(-x_1, -y_1, -z_1)$ geht, dann schließen die Ebenen

$$\xi = \pm\xi_1, \quad \eta = \pm\eta_1, \quad \zeta = \pm\zeta_1 \tag{24}$$

wieder ein Parallelepiped ein, welches die bezeichneten zwei Gitterpunkte zu gegenüberliegenden Ecken hat, außer diesen aber und dem Mittelpunkte keine weiteren Gitterpunkte enthält. Infolgedessen ist das in den x-, y-, z-Koordinaten berechnete Volumen dieses neuen Parallelepipeds nach dem Satze X (und XI) im dritten Kapitel < 8; dieses Volumen beträgt aber

$$\iiint dx\,dy\,dz = \frac{1}{\sqrt{D}}\iiint d\xi\,d\eta\,d\zeta = \frac{8\,|\xi_1\eta_1\zeta_1|}{\sqrt{D}};$$

sonach ist

$$|\xi_1\eta_1\zeta_1| < \sqrt{D}.$$

Nun entfernen wir weiter die Seitenflächen $\xi = \pm\xi_1$ in ähnlicher Weise wie vorhin vom Parallelepiped (24) fort, bis die erste davon auf einen neuen Gitterpunkt (x_2, y_2, z_2) stößt. Es treten sodann den vorigen ganz analoge Verhältnisse ein und wir erhalten aus (x_2, y_2, z_2) mittels (22) drei konjugierte ganze Zahlen ξ_2, η_2, ζ_2 in den drei vorliegenden Körpern von der Eigenschaft, daß

$$|\xi_1| < |\xi_2|,\quad |\eta_1| > |\eta_2|,\quad |\zeta_1| > |\zeta_2|,\quad |\xi_2\eta_2\zeta_2| < \sqrt{D}$$

ist. Diesen Vorgang können wir beliebig oft wiederholen; ein Halt kann ihm nicht geboten werden, da für jeden Gitterpunkt, auf den wir nach und nach kommen, stets $\eta \neq 0$ und $\zeta \neq 0$ wird.

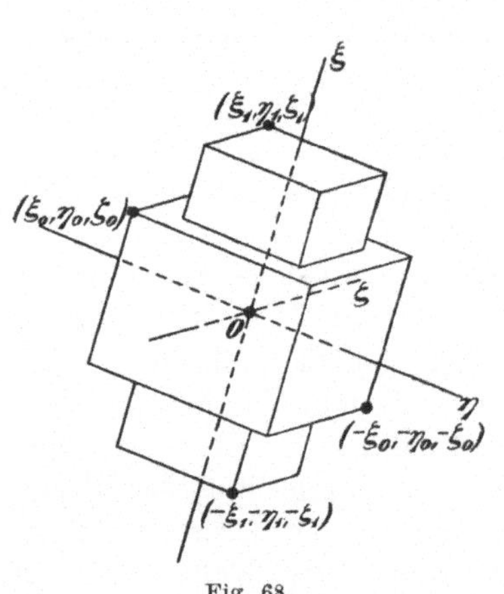

Fig. 68.

Wir erhalten auf diese Weise eine unendliche Folge von Tripeln konjugierter Zahlen ξ_h, η_h, ζ_h von der Eigenschaft, daß

$$\left.\begin{array}{c} |\xi_h| < |\xi_{h+1}|, \\ |\eta_h| > |\eta_{h+1}|,\quad |\zeta_h| > |\zeta_{h+1}|, \end{array}\right\} \tag{25}$$

$$|\xi_h\eta_h\zeta_h| < \sqrt{D} \tag{26}$$

$$(h = 0, 1, 2, 3, \ldots)$$

ist. Wegen (26) müssen sich nun unter diesen Tripeln unendlich viele befinden, welche einen gleichen Zahlenwert, etwa N, als Norm haben. Wir betrachten nun in den Darstellungen aller solcher die Norm N aufweisender Zahlen ξ_h durch die Basisform ξ die echten Reste der Koeffizienten x_h, y_h, z_h modulo N; dann ist klar, da die Anzahl der verschiedenen unter den so herauskommenden Restetripeln jedenfalls endlich $(< N^3)$ ist, daß wir unter den besagten ξ_h gewiß einmal auch zwei Zahlen

$$\xi_k = x_k\omega_1 + y_k\omega_2 + z_k\omega_3,$$
$$\xi_l = x_l\omega_1 + y_l\omega_2 + z_l\omega_3$$
$$(k < l)$$

mit genau identischen derartigen Restetripeln antreffen müssen, so daß also die drei Quotienten

$$\frac{x_l - x_k}{N}, \quad \frac{y_l - y_k}{N}, \quad \frac{z_l - z_k}{N}$$

ganze rationale Zahlen sind und infolgedessen die Größe

$$\omega = \frac{\xi_l - \xi_k}{N}$$

eine ganze Zahl ist. Alsdann haben wir:

$$\frac{\xi_l}{\xi_k} = 1 + \frac{N}{\xi_k}\omega = 1 + \eta_k\zeta_k\omega,$$

also ist die Zahl $\varepsilon = \xi_l/\xi_k$ ebenfalls eine ganze Zahl und dabei ist

$$\mathrm{Nm}\,\varepsilon = \frac{N}{N} = 1;$$

folglich *ist* ε *eine Einheit in* $K(\theta)$ *und* $\eta_l/\eta_k = \varepsilon'$, $\zeta_l/\zeta_k = \varepsilon''$ *sind die dazu konjugierten Einheiten in* $K(\theta')$ *resp.* $K(\theta'')$. Dabei gilt wegen (25)

$$|\varepsilon| > 1, \quad |\varepsilon'| < 1, \quad |\varepsilon''| < 1, \tag{27}$$

also ist diese Einheit sicher keine Einheitswurzel.

Die Rolle, welche bei dieser Betrachtung den Seitenflächen $\xi = \pm 1$ des Parallelepipeds (23) zukam, kann auch den Seitenflächen $\eta = \pm 1$ oder jenen $\zeta = \pm 1$ zugewiesen werden. Anstatt der vorhin erhaltenen Einheit ε, welche den Bedingungen (27) genügt, gewinnt man bei der ersteren dieser zwei Modifikationen eine solche Einheit ε, welche den Ungleichungen

$$|\varepsilon| < 1, \quad |\varepsilon'| > 1, \quad |\varepsilon''| < 1 \tag{28}$$

genügt, bei der anderen eine solche Einheit ε, welche den Ungleichungen

$$|\varepsilon| < 1, \quad |\varepsilon'| < 1, \quad |\varepsilon''| > 1 \tag{29}$$

genügt.

Damit ist bewiesen, daß *jeder kubische Körper mit positiver Diskriminante Einheiten besitzt, die keine Einheitswurzeln sind, und daß er speziell auch drei solche Einheiten enthält, die nebst ihren konjugierten bzw. den Ungleichungen* (27), (28), (29) *genügen.*

Ist jetzt $K(\theta)$ ein reeller kubischer Körper mit negativer Diskriminante D, so ist von den entsprechenden Basisformen (22) die Form ξ reell, die Formen η, ζ dagegen sind konjugiert-komplex, also stets $|\eta| = |\zeta|$. Die Gleichungen

$$-1 \leqq \xi \leqq 1, \quad |\eta| \leqq 1$$

stellen dann den Bereich eines elliptischen Zylinders dar (vgl. Kap. III, § 8), und zwar sind die Ebenen der Grundflächen desselben durch

$$\xi = \pm 1,$$

die Mantelfläche durch

$$\eta\zeta = 1$$

gegeben (Fig. 69). Auf den Schnitträndern der Grundflächen und der Mantelfläche liegen zwei Gitterpunkte, (x_0, y_0, z_0), $(-x_0, -y_0, -z_0)$, so daß

$$\pm (x_0 \omega_1 + y_0 \omega_2 + z_0 \omega_3) = \pm 1$$

und das entsprechende für die dazu konjugierten Formen gilt. Außer diesen zwei Gitterpunkten können die Grundflächen des Zylinders keine weiteren Gitterpunkte enthalten, da die Zahl 1 nur auf eine Weise durch die Basisform ξ mittels rationaler x, y, z darstellbar ist, und auch sonst kann der Zylinder außer dem Nullpunkte keinen weiteren Gitterpunkt enthalten, da für einen solchen $|\xi\eta\zeta| < 1$ wäre, was zu dem schon oben erwähnten Widerspruche führen würde.

Wir entfernen nun die zwei Grundflächen des Zylinders parallel mit sich selbst vom Nullpunkte nach beiden Seiten in symmetrischer Weise kontinuierlich fort, derart, daß sie beständig innerhalb der zylindrischen Röhre $\eta\zeta = 1$ bleiben, — so lange, bis sie innerhalb der Röhre, also im Gebiete $|\eta| < 1$ auf neue Gitterpunkte (x_1, y_1, z_1), $(-x_1, -y_1, -z_1)$ bzw. stoßen. Sind ξ_1, η_1, ζ_1 resp. $-\xi_1, -\eta_1, -\zeta_1$ die diesen letzteren entsprechenden, sicher von Null verschiedenen Zahlen in den vorliegenden drei konjugierten Körpern, so erkennen wir, daß

$$1 < |\xi_1|, \quad 1 > |\eta_1| > 0$$

ist. Dabei ist der neu entstandene Zylinder wieder ein M-Körper; ziehen wir nun die Mantelfläche desselben zu einer mit ihr homothetischen Fläche soweit zusammen, daß die neue Fläche durch die Punkte (x_1, y_1, z_1), $(-x_1, -y_1, -z_1)$ geht, so wird der zuletzt entstehende Zylinder, gegeben durch die Ungleichungen

$$-\xi_1 \leqq \xi \leqq \xi_1, \quad |\eta| \leqq |\eta_1|,$$

wieder ein M-Körper sein und sonach führt die Betrachtung des Volumens dieses Körpers in bekannter Weise zur Ungleichung

$$\xi_1 \eta_1 \zeta_1 < \frac{2}{\pi} \sqrt{D}.$$

Die fortgesetzte Wiederholung des dargestellten Vorgangs liefert alsdann eine unbegrenzte Folge von nie verschwindenden ganzen

Zahlen ξ_h, η_h, ζ_h in den drei konjugierten Körpern, von der Eigenschaft, daß

$$|\xi_h| < |\xi_{h+1}|,$$
$$|\eta_h| > |\eta_{h+1}|,$$
$$(|\zeta_h| > |\zeta_{h+1}|,)$$
$$|\xi_h \eta_h \zeta_h| < \frac{2}{\pi}\sqrt{D}$$
$$(h = 0, 1, 2, 3, \ldots)$$

ist, und aus diesen Zahlen läßt sich in derselben Weise, wie im Falle eines kubischen Körpers mit positiver Diskriminante, ein Tripel derartiger konjugierter Einheiten ε, ε', ε'' in den Körpern $K(\theta)$, $K(\theta')$, $K(\theta'')$ ableiten, daß

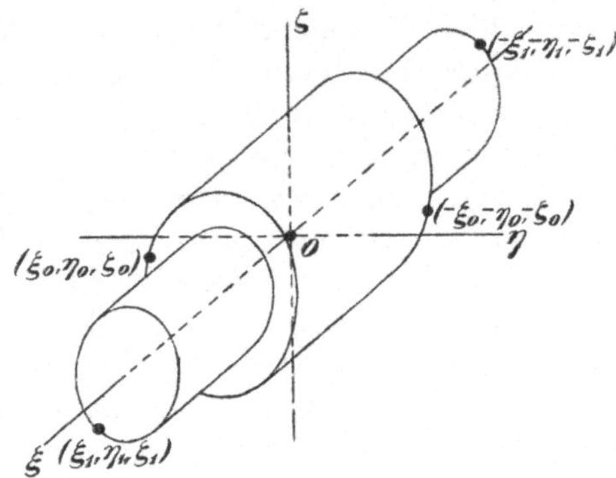

Fig. 69.

$$|\varepsilon| > 1, \quad |\varepsilon'| < 1, \quad |\varepsilon''| < 1 \tag{30}$$

ist.

Verfolgt man nun den beschriebenen Vorgang in umgekehrter Richtung, indem man bei einem vorliegenden Zylinder, der außer O nur auf den Schnitträndern des Mantels mit den Grundflächen Gitterpunkte enthält, zunächst die Mantelfläche solange homothetisch ausdehnt, bis sie zwischen den Grundflächen auf neue Gitterpunkte stößt, sodann die Grundflächen gegen den Nullpunkt heranzieht, bis wieder nur auf den Schnitträndern von Mantel und Grundflächen Gitterpunkte bleiben, und indem man hernach diesen Prozeß entsprechend unbegrenzt fortsetzt, so gelangt man zu einem Tripel solcher Einheiten ε, ε', ε'', wofür

$$|\varepsilon| < 1, \quad |\varepsilon'| > 1, \quad |\varepsilon''| > 1 \tag{31}$$

ist.

So zeigt es sich, daß auch *jeder kubische Körper mit negativer Diskriminante außer Einheitswurzeln (die übrigens diesmal wiederum durch ± 1 schon erschöpft werden) noch andere Einheiten enthält, welche keine Einheitswurzeln sind, und dabei speziell auch zwei solche Einheiten enthält, die nebst ihren konjugierten bzw. den Ungleichungen* (30), (31) *genügen.*

Es sei noch bemerkt, daß aus einer solchen Einheit ε in einem kubischen Körper, welche nebst ihren konjugierten irgend einem der Ungleichungssysteme (27), (28), (29), bzw. (30), (31) genügt, durch Erhebung in die 2te, 3te, ... Potenz lauter verschiedene und dabei lauter derartige Einheiten entstehen, die nebst ihren konjugierten demselben Ungleichungssystem, wie ε mit den konjugierten, genügen. Daß dem so ist, ist ohne weiteres klar.

Die hier durchgeführten geometrischen Betrachtungen lassen sich ohne weiteres auf Räume beliebig vieler Dimensionen übertragen und führen zu analogen Resultaten für Zahlkörper beliebigen n-ten Grades. Das allgemeine Ergebnis lautet:

XXXIV. *In einem algebraischen Zahlkörper n-ten Grades gibt es immer außer den in endlicher Anzahl vorhandenen Einheitswurzeln noch andere Einheiten, die keine Einheitswurzeln sind; speziell gibt es im Körper immer eine solche Einheit, welche selbst einen Betrag > 1 hat, während die zu ihr konjugierten Zahlen in den konjugierten Körpern, — abgesehen jedoch von dem konjugiert-komplexen Körper, falls der gegebene Körper komplex ist, — lauter Beträge < 1 haben. Eine Ausnahme von diesem Satze bilden nur die quadratischen Körper mit negativer Diskriminante, sowie der Körper der rationalen Zahlen; diese Körper besitzen außer Einheitswurzeln keine weiteren Einheiten.*

Die aus diesem Satze für den Zusammenhang zwischen den Einheiten eines und desselben Körpers hervorgehenden Konsequenzen werden im nächsten Paragraphen zum Vorschein kommen und entsprechend präzisiert werden.

§ 9. Zusammenhang zwischen den Einheiten eines Körpers.

Wir werden nun zeigen, daß *sämtliche Einheiten eines Körpers sich als Produkte von Potenzen einer bestimmten endlichen Anzahl geeignet gewählter unter ihnen mit ganzzahligen Exponenten darstellen lassen.* Auch diese Tatsache läßt sich am einfachsten durch eine geometrische Betrachtung erschließen. Da es aber im vorliegenden Falle eine zu weitgehende Spezialisierung bedeuten würde, wollten wir die Entwicklungen, wie bisher, auf kubische Körper beschränken, — dadurch würde manches wesentliche Moment verloren gehen, — so wollen wir diesmal unsere Ausführungen an den Fall eines biquadratischen Körpers knüpfen.

Wir nehmen als Beispiel zuerst einen reellen biquadratischen Körper $K(\theta)$ an, welcher zu konjugierten Körpern ebenfalls lauter reelle Körper $K(\theta')$, $K(\theta'')$, $K(\theta''')$ habe. Mit denselben Mitteln, wie im Falle eines kubischen Körpers mit positiver Diskriminante, können wir in $K(\theta)$ die Existenz von derartigen vier Einheiten $\varepsilon_1, \varepsilon_2, \varepsilon_3, \varepsilon_4$ nachweisen, daß

$$\begin{array}{llll}
|\varepsilon_1| > 1, & |\varepsilon_1'| < 1, & |\varepsilon_1''| < 1, & |\varepsilon_1'''| < 1, \\
|\varepsilon_2| < 1, & |\varepsilon_2'| > 1, & |\varepsilon_2''| < 1, & |\varepsilon_2'''| < 1, \\
|\varepsilon_3| < 1, & |\varepsilon_3'| < 1, & |\varepsilon_3''| > 1, & |\varepsilon_3'''| < 1, \\
|\varepsilon_4| < 1, & |\varepsilon_4'| < 1, & |\varepsilon_4''| < 1, & |\varepsilon_4'''| > 1
\end{array}$$

wird (s. das allgemeine Theorem XXXIV). Wir werden nun zeigen, daß *beliebige drei unter solchen vier Einheiten zu einer Darstellung sämtlicher Einheiten in $K(\theta)$ in der oben genannten Weise alsbald hinführen.*

Zu diesem Zwecke bilden wir für irgend drei unter den vier Einheiten, etwa für $\varepsilon_1, \varepsilon_2, \varepsilon_3$, die natürlichen Logarithmen der Beträge, reell gedacht:

$$\begin{aligned} &\log|\varepsilon_1| = \mathfrak{a}_1, \quad \log|\varepsilon_1'| = \mathfrak{b}_1, \quad \log|\varepsilon_1''| = \mathfrak{c}_1, \quad \log|\varepsilon_1'''| = \mathfrak{d}_1,\\ &\log|\varepsilon_2| = \mathfrak{a}_2, \quad \log|\varepsilon_2'| = \mathfrak{b}_2, \quad \log|\varepsilon_2''| = \mathfrak{c}_2, \quad \log|\varepsilon_2'''| = \mathfrak{d}_2, \qquad (32)\\ &\log|\varepsilon_3| = \mathfrak{a}_3, \quad \log|\varepsilon_3'| = \mathfrak{b}_3, \quad \log|\varepsilon_3''| = \mathfrak{c}_3, \quad \log|\varepsilon_3'''| = \mathfrak{d}_3. \end{aligned}$$

Von diesen 12 Werten $\mathfrak{a}_1, \mathfrak{b}_1, \ldots \mathfrak{d}_3$ sind dann $\mathfrak{a}_1, \mathfrak{b}_2, \mathfrak{c}_3$ sämtlich > 0, alle übrigen Werte sind < 0 und es ist dabei

$$\begin{aligned} \mathfrak{a}_1 + \mathfrak{b}_1 + \mathfrak{c}_1 + \mathfrak{d}_1 = 0,\\ \mathfrak{a}_2 + \mathfrak{b}_2 + \mathfrak{c}_2 + \mathfrak{d}_2 = 0,\\ \mathfrak{a}_3 + \mathfrak{b}_3 + \mathfrak{c}_3 + \mathfrak{d}_3 = 0. \end{aligned} \qquad (33)$$

Wir werden nun zunächst durch eine einfache geometrische Überlegung feststellen, daß die Determinante

$$\begin{vmatrix} \frac{\mathfrak{a}_1}{-\mathfrak{d}_1}, & \frac{\mathfrak{b}_1}{-\mathfrak{d}_1}, & \frac{\mathfrak{c}_1}{-\mathfrak{d}_1} \\ \frac{\mathfrak{a}_2}{-\mathfrak{d}_2}, & \frac{\mathfrak{b}_2}{-\mathfrak{d}_2}, & \frac{\mathfrak{c}_2}{-\mathfrak{d}_2} \\ \frac{\mathfrak{a}_3}{-\mathfrak{d}_3}, & \frac{\mathfrak{b}_3}{-\mathfrak{d}_3}, & \frac{\mathfrak{c}_3}{-\mathfrak{d}_3} \end{vmatrix} \qquad (34)$$

von Null verschieden ist.

In der Tat: Diese Determinante hat in der Hauptdiagonale lauter positive Elemente, alle übrigen Elemente sind negativ und es ist dabei in jeder einzelnen Horizontalreihe wegen (33) die Summe der Elemente $= 1$. Wir denken uns nun in einer Ebene ein gleichseitiges Dreieck von der Höhe 1 gezeichnet und setzen als Koordinaten eines Punktes in der Ebene die Abstände des Punktes von den drei Seiten des besagten Dreiecks fest, wobei wir einen Abstand positiv oder negativ zählen, je nachdem wir, das Dreieck in positiver Richtung umkreisend, den Punkt jeweils links oder rechts von der betreffenden Seite antreffen (Fig. 70). Die Summe der drei Ab-

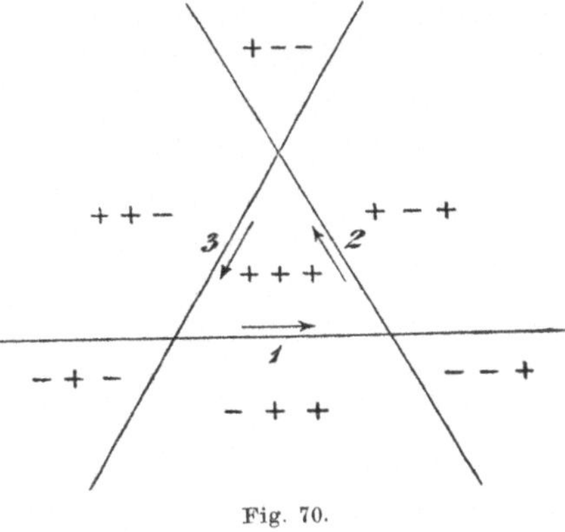

Fig. 70.

stände ist dann für einen beliebigen Punkt in der Ebene nach einem bekannten Satze gleich der Höhe des Dreiecks, also $= 1$. Alsdann können wir die drei in den Horizontalreihen von (34) stehenden Wertetripel als Koordinaten von drei Punkten im obigen Sinne auffassen. Die drei Seiten des Dreiecks teilen nun, verlängert, die ganze Ebene in 7 Gebiete ein, deren jedes durch ein besonderes, ihm zukommendes Tripel von Vorzeichen der Koordinaten, wie auf Fig. 70 ersichtlich, gekennzeichnet ist. Man sieht hiernach, daß die drei Punkte, die wir aus den drei Zeilen der Determinante (34), wie gesagt, ableiten, bzw. in die drei an die Dreiecksecken anstoßenden Scheitelräume zu liegen kommen; infolgedessen können diese drei Punkte offenbar nicht in einer Geraden liegen und daher muß die Determinante (34) notwendig $\neq 0$ sein.*)

Jetzt erweist sich unmittelbar auch die Determinante

$$\begin{vmatrix} \mathfrak{a}_1, & \mathfrak{b}_1, & \mathfrak{c}_1 \\ \mathfrak{a}_2, & \mathfrak{b}_2, & \mathfrak{c}_2 \\ \mathfrak{a}_3, & \mathfrak{b}_3, & \mathfrak{c}_3 \end{vmatrix}$$

als $\neq 0$ und wenn wir nun in einem räumlichen Parallelkoordinatensystem der $\mathfrak{x}, \mathfrak{y}, \mathfrak{z}$ mit dem Nullpunkte $\mathfrak{O}$ die drei Punkte $(\mathfrak{a}_1, \mathfrak{b}_1, \mathfrak{c}_1) = \mathfrak{E}_1$, $(\mathfrak{a}_2, \mathfrak{b}_2, \mathfrak{c}_2) = \mathfrak{E}_2$, $(\mathfrak{a}_3, \mathfrak{b}_3, \mathfrak{c}_3) = \mathfrak{E}_3$ fixieren, so werden hiernach die vier Punkte $\mathfrak{O}, \mathfrak{E}_1, \mathfrak{E}_2, \mathfrak{E}_3$ nicht in eine Ebene fallen. Wir leiten dann aus diesen Punkten vermöge der vektoriellen Beziehung

$$\mathfrak{O}\mathfrak{S} = \mathfrak{X} \cdot \mathfrak{O}\mathfrak{E}_1 + \mathfrak{Y} \cdot \mathfrak{O}\mathfrak{E}_2 + \mathfrak{Z} \cdot \mathfrak{O}\mathfrak{E}_3$$

für einen variablen Punkt $\mathfrak{S}$ neue Koordinaten $\mathfrak{X}, \mathfrak{Y}, \mathfrak{Z}$ ab, welche mit den Koordinaten $\mathfrak{x}, \mathfrak{y}, \mathfrak{z}$ durch die Beziehungen

$$\begin{aligned} \mathfrak{x} &= \mathfrak{a}_1 \mathfrak{X} + \mathfrak{a}_2 \mathfrak{Y} + \mathfrak{a}_3 \mathfrak{Z}, \\ \mathfrak{y} &= \mathfrak{b}_1 \mathfrak{X} + \mathfrak{b}_2 \mathfrak{Y} + \mathfrak{b}_3 \mathfrak{Z}, \\ \mathfrak{z} &= \mathfrak{c}_1 \mathfrak{X} + \mathfrak{c}_2 \mathfrak{Y} + \mathfrak{c}_3 \mathfrak{Z} \end{aligned} \tag{35}$$

verbunden sind, und gewinnen zugleich ein dreidimensionales Gitter in $\mathfrak{X}, \mathfrak{Y}, \mathfrak{Z}$, indem wir $\mathfrak{X}, \mathfrak{Y}, \mathfrak{Z}$ alle ganzen rationalen Zahlen durchlaufen lassen. Jedem Punkte $\mathfrak{S} = (\mathfrak{X}, \mathfrak{Y}, \mathfrak{Z})$ dieses Gitters ordnen wir nun durch die Bildung

$$\varepsilon_1^{\mathfrak{X}} \varepsilon_2^{\mathfrak{Y}} \varepsilon_3^{\mathfrak{Z}} = \sigma \tag{36}$$

eine Einheit σ in $K(\theta)$ zu; für dieselbe ist dann jedesmal

$$\log|\sigma| = \mathfrak{x}, \quad \log|\sigma'| = \mathfrak{y}, \quad \log|\sigma''| = \mathfrak{z}.$$

*) Einen arithmetischen Beweis des hier bewiesenen Satzes habe ich in den Göttinger Nachrichten, Math.-phys. Kl. 1900, S. 90 gegeben. Die hier dargelegte geometrische Betrachtungsweise liefert eine ganze Reihe von Sätzen über das Nichtverschwinden von Determinanten infolge linearer Bedingungen für die Koeffizienten.

Durch die Form (36) werden jedoch im allgemeinen noch nicht sämtliche Einheiten in $K(\theta)$ erschöpft sein: bedeutet nämlich τ eine *beliebige* Einheit in $K(\theta)$, so wird der zur Größe τ im Koordinatensystem der $\mathfrak{x}, \mathfrak{y}, \mathfrak{z}$ vermöge

$$\log|\tau| = \mathfrak{x}, \quad \log|\tau'| = \mathfrak{y}, \quad \log|\tau''| = \mathfrak{z} \tag{37}$$

zugeordnete Punkt $(\mathfrak{x}, \mathfrak{y}, \mathfrak{z})$ nicht notwendig ein Gitterpunkt in $\mathfrak{X}, \mathfrak{Y}, \mathfrak{Z}$ sein müssen. Es ist aber leicht festzustellen, daß die gesamte Menge der verschiedenen Punkte $(\mathfrak{x}, \mathfrak{y}, \mathfrak{z})$, welche in der hier bezeichneten Weise aus den sämtlichen Einheiten τ in $K(\theta)$ hervorgehen, ein Gitter für sich bildet.

Sind nämlich $(\mathfrak{x}, \mathfrak{y}, \mathfrak{z})$, $(\mathfrak{x}^*, \mathfrak{y}^*, \mathfrak{z}^*)$ zwei Punkte dieser Punktmenge, etwa den Einheiten τ, τ^* bzw. entsprechend, so gehört der Punkt $(\mathfrak{x}^* - \mathfrak{x}, \mathfrak{y}^* - \mathfrak{y}, \mathfrak{z}^* - \mathfrak{z})$, da die Größe τ^*/τ ebenfalls eine Einheit ist und hier auf diesen letzteren Punkt führt, wiederum derselben Menge an; damit besitzt diese Punktmenge die für ein Gitter notwendige parallelogrammatische Grundeigenschaft.*)

Ferner enthält das Grundparallelepiped in $\mathfrak{X}, \mathfrak{Y}, \mathfrak{Z}$, gegeben durch

$$0 \leqq \mathfrak{X} < 1, \quad 0 \leqq \mathfrak{Y} < 1, \quad 0 \leqq \mathfrak{Z} < 1, \tag{38}$$

nur eine *endliche* Anzahl von Punkten, die durch Einheiten τ gemäß (37) geliefert werden. Denn liegt für eine Einheit τ der zugehörige Punkt $(\mathfrak{x}, \mathfrak{y}, \mathfrak{z})$ im besagten Grundparallelepiped, so folgen für den Betrag von τ und für die Beträge der zu τ bzw. konjugierten Werte τ', τ'', τ''' aus den Gleichungen (35), (37), der Gleichung

$$|\tau\tau'\tau''\tau'''| = 1$$

und den Ungleichungen (38) bestimmte obere Grenzen; aus den letzteren lassen sich weiter obere Grenzen für die Beträge der (rationalen ganzen) Koeffizienten in einer jeden solchen biquadratischen Gleichung entnehmen, welche ein Quadrupel von Einheiten $\tau, \tau', \tau'', \tau'''$ von der bezeichneten Art zu Wurzeln hat; aus diesem Umstande folgt aber unmittelbar die Endlichkeit der Anzahl von Quadrupeln der bezeichneten Art, sonach auch die Endlichkeit der Anzahl von Punkten $(\mathfrak{x}, \mathfrak{y}, \mathfrak{z})$, welche diesen Quadrupeln entsprechen.

Nachdem hiermit gezeigt ist, daß die den Einheiten in $K(\theta)$ gemäß (37) entsprechenden Punkte $(\mathfrak{x}, \mathfrak{y}, \mathfrak{z})$ die genannten zwei Eigenschaften haben, können wir nunmehr die gesamte Menge dieser Punkte als Gitter mittels der schon so oft verwendeten Methode, durch Adaption an das enthaltene Gitter in $\mathfrak{X}, \mathfrak{Y}, \mathfrak{Z}$, nachweisen.

*) Darunter verstehen wir zutreffendenfalls die Eigenschaft einer Punktmenge, mit drei Ecken eines Parallelogramms stets zugleich auch die vierte zu enthalten.

Wir suchen unter den besagten Punkten drei spezielle, $\mathfrak{T}_1, \mathfrak{T}_2, \mathfrak{T}_3$, heraus, wobei $\mathfrak{T}_1$ auf der Geraden $\mathfrak{O}\mathfrak{E}_1$ dem Punkt $\mathfrak{O}$ am nächsten liege und von $\mathfrak{O}$ verschieden sei, $\mathfrak{T}_2$ in der Ebene $\mathfrak{O}\mathfrak{E}_1\mathfrak{E}_2$ möglichst nahe an der Geraden $\mathfrak{O}\mathfrak{E}_1$, doch außerhalb derselben liege, $\mathfrak{T}_3$ außerhalb der Ebene $\mathfrak{O}\mathfrak{E}_1\mathfrak{E}_2$, dabei möglichst nahe an derselben liege; dann geht aus dem Tetraeder $\mathfrak{O}\mathfrak{T}_1\mathfrak{T}_2\mathfrak{T}_3$ vermöge der vektoriellen Beziehung

$$\mathfrak{O}\mathfrak{T} = \mathfrak{u} \cdot \mathfrak{O}\mathfrak{T}_1 + \mathfrak{v} \cdot \mathfrak{O}\mathfrak{T}_2 + \mathfrak{w} \cdot \mathfrak{O}\mathfrak{T}_3,$$

worin $\mathfrak{u}, \mathfrak{v}, \mathfrak{w}$ alle ganzen rationalen Werte durchlaufen, in den Punkten $\mathfrak{T}$ das ganze in Rede stehende System von Punkten und offenbar als ein Gitter hervor.

Sind nun τ_1, τ_2, τ_3 drei Einheiten in $K(\theta)$, die durch ihre Beträge und die Beträge der dazu bzw. konjugierten Einheiten im letzteren Gitter der $\mathfrak{u}, \mathfrak{v}, \mathfrak{w}$ eben auf die drei Punkte $\mathfrak{T}_1, \mathfrak{T}_2, \mathfrak{T}_3$ bzw. hinführen, so entspricht einem jeden Gitterpunkte $(\mathfrak{u}, \mathfrak{v}, \mathfrak{w})$ in dem bezeichneten Gitter vermöge

$$\tau_1^{\mathfrak{u}} \tau_2^{\mathfrak{v}} \tau_3^{\mathfrak{w}} = \tau$$

eine Einheit τ in $K(\theta)$; umgekehrt erscheint einer jeden beliebigen Einheit τ in $K(\theta)$ ein Gitterpunkt $(\mathfrak{u}, \mathfrak{v}, \mathfrak{w})$ hier eindeutig derart zugeordnet, daß

$$|\tau| = |\tau_1^{\mathfrak{u}} \tau_2^{\mathfrak{v}} \tau_3^{\mathfrak{w}}|$$

oder

$$|\tau \tau_1^{-\mathfrak{u}} \tau_2^{-\mathfrak{v}} \tau_3^{-\mathfrak{w}}| = 1$$

ist und zudem die analogen Gleichungen für die zu τ konjugierten Einheiten τ', τ'' und — wegen $|\tau\tau'\tau''\tau'''| = 1$ — schließlich auch für τ''' statthaben. Nun wird $\tau \tau_1^{-\mathfrak{u}} \tau_2^{-\mathfrak{v}} \tau_3^{-\mathfrak{w}}$ ebenfalls eine Einheit und da nach dem soeben Bemerkten der Betrag derselben und jeder der dazu konjugierten Zahlen $= 1$ ist, so ist diese Einheit notwendig eine Einheitswurzel, also hier (in einem reellen Körper) ± 1; wir haben daher:

$$\tau = \vartheta \tau_1^{\mathfrak{u}} \tau_2^{\mathfrak{v}} \tau_3^{\mathfrak{w}}, \quad \vartheta = \pm 1.$$

Hiermit ist der folgende Satz bewiesen:

XXXV. *In einem biquadratischen Körper, welcher reell ist und lauter reelle konjugierte Körper hat, lassen sich stets drei Einheiten derart angeben, daß eine jede Einheit des Körpers sich in eindeutiger Weise als ein Produkt aus einer Einheitswurzel im Körper und aus Potenzen jener drei Einheiten mit irgendwelchen rationalen ganzzahligen Exponenten darstellt.* —

Wir betrachten nun als weiteres Beispiel einen solchen biquadratischen Körper $K(\theta)$, welcher selbst reell ist und unter den konjugierten Körpern einen reellen, $K(\theta''')$, und zwei konjugiert-komplexe,

$K(\theta')$, $K(\theta'')$, hat. In diesem Falle kann man nach Satz XXXIV in $K(\theta)$ drei Einheiten $\varepsilon_1, \varepsilon_2, \varepsilon_3$ derart angeben, daß

$$\begin{array}{lll} |\varepsilon_1| > 1, & |\varepsilon_1'| = |\varepsilon_1''| < 1, & |\varepsilon_1'''| < 1, \\ |\varepsilon_2| < 1, & |\varepsilon_2'| = |\varepsilon_2''| > 1, & |\varepsilon_2'''| < 1, \\ |\varepsilon_3| < 1, & |\varepsilon_3'| = |\varepsilon_3''| < 1, & |\varepsilon_3'''| > 1 \end{array}$$

ist. Alsdann lassen sich sämtliche Einheiten in $K(\theta)$ durch irgend zwei dieser Einheiten, z. B. $\varepsilon_1, \varepsilon_2$, ableiten.

Um dies darzutun, bilden wir die natürlichen Logarithmen

$$\begin{array}{lll} \log|\varepsilon_1| = \mathfrak{a}_1, & \log|\varepsilon_1'| = \log|\varepsilon_1''| = \tfrac{1}{2}\mathfrak{b}_1, & \log|\varepsilon_1'''| = \mathfrak{c}_1, \\ \log|\varepsilon_2| = \mathfrak{a}_2, & \log|\varepsilon_2'| = \log|\varepsilon_2''| = \tfrac{1}{2}\mathfrak{b}_2, & \log|\varepsilon_2'''| = \mathfrak{c}_2, \end{array} \tag{39}$$

reell genommen, und haben dann:

$$\begin{array}{lll} \mathfrak{a}_1 > 0, & \mathfrak{b}_1 < 0, & \mathfrak{c}_1 < 0, \\ \mathfrak{a}_2 < 0, & \mathfrak{b}_2 > 0, & \mathfrak{c}_2 < 0; \end{array} \tag{40}$$

$$\begin{array}{l} \mathfrak{a}_1 + \mathfrak{b}_1 + \mathfrak{c}_1 = 0, \\ \mathfrak{a}_2 + \mathfrak{b}_2 + \mathfrak{c}_2 = 0. \end{array} \tag{41}$$

Wir ordnen hierauf in einem ebenen Parallelkoordinatensystem der $\mathfrak{x}, \mathfrak{y}$ den Einheiten $\varepsilon_1, \varepsilon_2$ bzw. die Punkte $\mathfrak{E}_1 = (\mathfrak{a}_1, \mathfrak{b}_1)$, $\mathfrak{E}_2 = (\mathfrak{a}_2, \mathfrak{b}_2)$ zu; dieselben liegen mit dem Nullpunkte $\mathfrak{O}$ nicht in einer Geraden, da wegen (40)

$$\begin{vmatrix} \mathfrak{a}_1, & \mathfrak{b}_1 \\ \mathfrak{a}_2, & \mathfrak{b}_2 \end{vmatrix} \neq 0$$

ist; sonach können wir aus diesen zwei Punkten durch den für einen variablen Punkt $\mathfrak{S}$ gemachten Ansatz

$$\mathfrak{O}\mathfrak{S} = \mathfrak{X} \cdot \mathfrak{O}\mathfrak{E}_1 + \mathfrak{Y} \cdot \mathfrak{O}\mathfrak{E}_2$$

ein zweidimensionales Gitter in $\mathfrak{X}, \mathfrak{Y}$ ableiten. Ordnen wir nun überhaupt einer jeden Einheit τ in $K(\theta)$ einen Punkt $(\mathfrak{x}, \mathfrak{y})$ in der Koordinatenebene durch die Gleichungen

$$\mathfrak{x} = \log|\tau|, \quad \mathfrak{y} = 2\log|\tau'|$$

zu, dann wird die Menge der so erhaltenen Punkte im allgemeinen nicht vollständig in dem Gitter der $\mathfrak{X}, \mathfrak{Y}$ aufgehen; doch stellt es sich heraus, daß diese Punktmenge, in der jenes Gitter jedenfalls enthalten ist, als Ganzes wieder ein Gitter bildet, und dieses kann dann in der bekannten Weise aus zwei entsprechend gewählten Punkten $\mathfrak{T}_1, \mathfrak{T}_2$ in Verbindung mit $\mathfrak{O}$ abgeleitet werden. Sind hernach τ_1, τ_2 zwei den Punkten $\mathfrak{T}_1, \mathfrak{T}_2$ bzw. entsprechende Einheiten in $K(\theta)$, so zeigt es sich analog, wie in dem vorhin behandelten Falle,

XXXV′. *daß jede Einheit τ in $K(\theta)$ in der Form*

$$\tau = \vartheta \tau_1^{\mathfrak{u}} \tau_2^{\mathfrak{v}}$$

darstellbar ist, wobei ϑ eine Einheitswurzel in $K(\theta)$, also hier wiederum ± 1 *ist, und* $\mathfrak{u}$. $\mathfrak{v}$ *ganze rationale Zahlen sind.* —

Die hier durchgeführten Betrachtungen lassen sich auf Körper beliebig hohen Grades übertragen. Dabei ist nur zu bemerken, daß in solchen Körpern, welche samt allen ihren konjugierten Körpern komplex sind, sich unter Umständen auch andere Einheitswurzeln als bloß ± 1 vorfinden können. Das allgemeine Resultat, zu dem man gelangt, lautet dann, wie folgt:

XXXVI. *Ist $K(\theta)$ ein Körper n-ten Grades und befinden sich unter den n konjugierten Körpern, von denen $K(\theta)$ einer ist, insgesamt r reelle Körper und s Paare konjugiert-komplexer Körper, so lassen sich in $K(\theta)$ $r+s-1$ Einheiten (auf unendlich viele Weisen) derart angeben, daß jede beliebige Einheit in $K(\theta)$ sich als ein Produkt von Potenzen dieser $r+s-1$ Einheiten, mit jeweils ganz bestimmten ganzzahligen rationalen Exponenten, und aus einem Zusatzfaktor, bestehend in einer Einheitswurzel des Körpers, darstellt.*

Dieser Satz verliert auch für den Körper der rationalen Zahlen und für quadratische Körper mit negativer Diskriminante seine Gültigkeit nicht, indem für diese Körper $r+s-1=0$ ist.

$r+s-1$ Einheiten in $K(\theta)$ von der bezeichneten Art nennt man ein *System von Fundamentaleinheiten des Körpers.*

Fünftes Kapitel.

Zur Theorie der Ideale.

§ 1. Teilbarkeit der ganzen Zahlen.

Wenn zu zwei ganzen Zahlen α, β eine dritte ganze Zahl γ derart existiert, daß $\alpha = \beta\gamma$ ist, so sagen wir, daß *α durch β teilbar* ist und nennen dann β einen *Teiler* von α.

Durch eine Einheit ist jede ganze Zahl teilbar. Denn ist ε eine Einheit und α eine beliebige ganze Zahl, so sind auch $1/\varepsilon$ und $(1/\varepsilon)\cdot\alpha$ ganze Zahlen; wegen

$$\alpha = \varepsilon \cdot \left(\frac{1}{\varepsilon} \cdot \alpha\right)$$

ist dann also α durch ε teilbar.

Wir werden nun speziell immer die Zahlen in einem vorgegebenen algebraischen Zahlkörper $K(\theta)$ ins Auge fassen.

Aus einer Relation

$$\alpha = \beta\gamma$$

in $K(\theta)$ folgen die analogen Relationen

$$\alpha' = \beta'\gamma', \cdots$$

in den zu $K(\theta)$ konjugierten Körpern $K(\theta'), \ldots$, und durch Produktbildung geht daraus jedesmal eine entsprechende Relation zwischen den Normen von α, β, γ, und zwar

$$\mathrm{Nm}\,\alpha = \mathrm{Nm}\,\beta\,\mathrm{Nm}\,\gamma,$$

hervor.

Die Zahlen in $K(\theta)$, welche sich aus einer von Null verschiedenen ganzen Zahl in $K(\theta)$ dadurch ergeben, daß man diese Zahl mit den einzelnen Einheiten des Körpers multipliziert, heißen zueinander *assoziiert.* Assoziierte Zahlen haben offenbar stets dieselben Teiler.

Wenn wir im folgenden von *echten Zerlegungen* einer von Null verschiedenen ganzen Zahl α in Faktoren im Körper $K(\theta)$ sprechen werden, so werden wir damit derartige Zerlegungen $\alpha = \beta\gamma$ meinen, wobei β, γ dem Körper angehören und ganze Zahlen, aber keine Einheiten sind, also sowohl $|\mathrm{Nm}\beta| > 1$, wie $|\mathrm{Nm}\gamma| > 1$ ist. Jede solche von Null verschiedene ganze Zahl, welche im Körper keine echte Zerlegung besitzt, also nicht anders in ganzzahlige Faktoren zerlegbar ist, als in eine zu ihr assoziierte Zahl und eine Einheit, werden wir kurzweg eine *nicht zerlegbare Zahl* (d. h. in diesem Körper nicht zerlegbare Zahl) nennen.

XXXVII. *Eine von Null verschiedene ganze Zahl eines algebraischen Zahlkörpers läßt sich stets in eine endliche Anzahl von nicht zerlegbaren, diesem Körper angehörenden ganzzahligen Faktoren zerlegen.*

Dieser Satz folgt unmittelbar aus der analogen Tatsache für den Körper der rationalen Zahlen. Damit nämlich in $K(\theta)$ für eine ganze Zahl $\alpha \neq 0$ eine Zerlegung $\alpha = \beta\gamma$ statthabe, muß, wie vorhin ausgeführt, vor allem

$$\mathrm{Nm}\alpha = \mathrm{Nm}\beta \cdot \mathrm{Nm}\gamma, \quad |\mathrm{Nm}\alpha| = |\mathrm{Nm}\beta| \cdot |\mathrm{Nm}\gamma|$$

sein; da nun bei fortgesetzter echter Zerlegung von α in ganzzahlige Faktoren in $K(\theta)$ und damit korrespondierend von $|\mathrm{Nm}\alpha|$ in positive rationale ganze Faktoren die letztgenannten beständig abnehmen, nie aber die Einheit erreichen dürfen, so müssen wir schließlich dabei zu einer Zusammensetzung von α aus einer endlichen Anzahl solcher Faktoren kommen, die in $K(\theta)$ nicht weiter zerlegbar sind.

Jede vorgelegte Zerlegung einer ganzen Zahl können wir noch durch Hinzufügen von Einheiten zu den Faktoren und Umstellung der Faktoren modifizieren; die so auseinander abzuleitenden Zerlegungen bezeichnen wir als voneinander *nicht wesentlich verschieden.*

Während nun jede von Null verschiedene ganze rationale Zahl wesentlich nur auf eine Weise in nicht zerlegbare ganze rationale Faktoren, nämlich in ihre natürlichen Primfaktoren zerfällt*), gilt in algebraischen Zahlkörpern das dieser Tatsache unmittelbar Entsprechende im allgemeinen nicht: *in einem algebraischen Körper kann unter Umständen eine gegebene von Null verschiedene Zahl auf mehrere, wesentlich verschiedene Arten in nicht zerlegbare Faktoren zerlegt werden.* Ein einfaches Beispiel eines quadratischen Körpers soll diesen wichtigen Umstand beleuchten.

Eine allgemeine Bemerkung über die ganzen Zahlen in einem quadratischen Körper sei diesem Beispiel vorausgeschickt. Es sei ein quadratischer Körper $K(\theta)$ durch die irreduzible Gleichung

$$\theta^2 + a\theta + b = 0$$

mit ganzen rationalen Koeffizienten a, b gegeben. Man kann diesen Körper anstatt aus $\theta = -\frac{1}{2}a + \frac{1}{2}\sqrt{a^2 - 4b}$ auch aus $\sqrt{a^2 - 4b}$

*) Der Beweis dieses Theorems wird übrigens in den folgenden allgemeinen Ausführungen mit enthalten sein.

hervorgehen lassen, oder auch aus $\sqrt{d}$, wobei d die aus a^2-4b durch Unterdrückung des größten darin aufgehenden quadratischen Faktors entstehende Zahl bedeute. Jede ganze Zahl in $K(\theta)$ läßt sich sonach in der Form $\frac{u+v\sqrt{d}}{w}$ darstellen, wobei u, v, w teilerfremde ganze rationale Zahlen sind. Damit umgekehrt eine Zahl $\frac{u+v\sqrt{d}}{w}$ mit ganzen rationalen teilerfremden u, v, w ganz sei, ist es hinreichend und notwendig, daß die Koeffizienten der Gleichung

$$\left(z-\frac{u+v\sqrt{d}}{w}\right)\left(z-\frac{u-v\sqrt{d}}{w}\right)=z^2-\frac{2u}{w}z+\frac{u^2-v^2d}{w^2}=0 \qquad (1)$$

ganze Zahlen sind. Vor allem muß dann also w in $2u$ aufgehen; würde aber w mit u einen Teiler $t>1$ gemein haben, so müßte weiter v^2d durch t^2 und in der Folge, da d keinen quadratischen Teiler $\neq 1$ enthält, v durch t teilbar sein, also wären u, v, w nicht teilerfremd; sonach muß w notwendig ein Teiler von 2 sein.*) Für $w=1$ stellt die Form $\frac{u+v\sqrt{d}}{w}$ selbstverständlich ganze Zahlen dar. Dagegen wird $\frac{u+v\sqrt{d}}{2}$ nach der Gleichung (1) dann und nur dann ganz sein, wenn $\frac{u^2-v^2d}{4}$ ganz ist; da nun w mit u keinen Teiler >1 gemein haben darf, so muß in diesem Falle u und hernach auch v ungerade sein, und setzen wir $u=2u^*+1$, $v=2v^*+1$ mit ganzzahligen u^*, v^*, so zeigt sich, daß endlich

$$\frac{1-d}{4}$$

eine ganze Zahl sein muß; danach erkennen wir in der Ganzzahligkeit von

$$\frac{d-1}{4}, \quad \frac{u-1}{2}, \quad \frac{v-1}{2}$$

die vollständigen Bedingungen dafür, daß $\frac{u+v\sqrt{d}}{2}$ eine ganze Zahl darstellt.

Auf diese Weise finden wir, daß wenn $\frac{1}{4}(d-1)$ nicht ganz ist, sämtliche ganze Zahlen des quadratischen Körpers $K(\sqrt{d})$ in der Form $u+v\sqrt{d}$ mit rationalen ganzen u, v darstellbar sind und also dann $1, \sqrt{d}$ eine Basis in $K(\sqrt{d})$ bilden; ist aber $\frac{1}{4}(d-1)$ ganz, so sind außer diesen Zahlen $u+v\sqrt{d}$ auch noch alle diejenigen $\frac{u+v\sqrt{d}}{2}$ ganz,

*) Die hier behaupteten Umstände lassen sich leicht mit Hilfe des Satzes in Kap. I, § 3 einsehen.

worin u, v beide ganz rational und ungerade sind, und es bilden dann die Zahlen $1, \frac{1+\sqrt{d}}{2}$ eine Basis in $K(\sqrt{d})$. —

Wir betrachten nun beispielsweise den durch die Gleichung

$$\theta^2 + 6 = 0$$

definierten Körper. Hier ist $d = -6$, also die erstere Form $u + v\sqrt{-6}$ für alle ganzen Zahlen des Körpers zutreffend. Die ganze Zahl $\theta^2 = -6$ läßt sich nun in diesem Körper einmal in der Weise $\theta^2 = -2 \cdot 3$, ein anderes Mal in der Weise $\theta^2 = \theta \cdot \theta$ in ganzzahlige Faktoren echt zerlegen und es sind dabei die Faktoren der Zerlegung beidemal im vorliegenden Körper nicht weiter echt zerlegbar. Wäre nämlich etwa $\theta = \sqrt{-6} = \beta\gamma$, so würde daraus $6 = \mathrm{Nm}\beta \cdot \mathrm{Nm}\gamma$ folgen und dies ist, insofern die ganzen Zahlen β, γ nicht Einheiten sein sollen, nur so möglich, daß $\mathrm{Nm}\beta$, $\mathrm{Nm}\gamma$ bzw. mit den Zahlen 2, 3 identisch sind; es gibt aber im vorliegenden Körper keine ganze Zahl von der Norm 2 oder 3, da weder die Gleichung $u^2 + 6v^2 = 2$ noch die Gleichung $u^2 + 6v^2 = 3$ eine Lösung in ganzen rationalen u, v zuläßt, und infolgedessen ist $\sqrt{-6}$ in unserem Körper nicht echt zerlegbar. Ähnlich zeigt es sich, daß weder 2 noch 3 im vorliegenden Körper echt zerlegbar sind.

Auch die Zahl $4 - \theta^2 = 10$ läßt sich im Körper $K(\sqrt{-6})$ auf zweierlei Weise, und zwar: $10 = (2 + \sqrt{-6})(2 - \sqrt{-6})$ und $10 = 2 \cdot 5$, in Faktoren zerlegen, die, wie sofort zu sehen ist, nicht weiter echt zerlegbar sind. Derartige Beispiele kann man in beliebiger Menge konstruieren.

Für einen algebraischen Körper kann solcherweise der Satz von der eindeutigen Zerlegbarkeit der ganzen Zahlen in unzerlegbare ganzzahlige Faktoren fehlen. Dieser Umstand legt aber nur den Gedanken nahe, daß in einem derartigen Körper *die Zahlen im gewöhnlichen Sinne nicht die einfachsten Elemente sind, mit denen die Theorie der Teilbarkeitsgesetze für diesen Körper aufzubauen ist.* Und in der Tat sind in diese Theorie Zahlen in einem erweiterten Sinne des Wortes, sogenannte *ideale Zahlen*, eingeführt worden, welche wieder eine *eindeutige* multiplikative Zerlegung in unzerlegbare Elemente gestatten und dadurch erst eine natürliche und einfache Ausgestaltung der fraglichen Theorie ermöglichen.*)

---

*) Kummer hat zuerst Begriff und Namen der idealen Zahlen in der Theorie der aus Einheitswurzeln abgeleiteten Körper geschaffen. (Vgl. Journ. für Math. Bd. 35 (1847), Bd. 40 (1850); (Liouville) Journ. de Math. t. 16 (1851); Abh. der Berliner Akad. 1856.) Hernach haben Kronecker und Dedekind diesen Begriff allgemein für beliebige Zahlkörper gebildet. Dedekind setzte seine Theorie auseinander in dem letzten Supplement zur zweiten und den fol-

Wir wollen zunächst die Gründe für die Einführung der idealen Zahlen näher auseinandersetzen.

§ 2. Ideale.

Wenn zwei ganze rationale Zahlen a, b, die nicht beide Null sind, den größten gemeinsamen Teiler t haben, so ist jede Zahl, welche aus der linearen Form $ax + by$ durch Einsetzung beliebiger rationaler ganzzahliger Werte für x, y hervorgeht, durch t teilbar; und umgekehrt ist dann zunächst t selbst und weiter auch jede durch t teilbare Zahl in der Form $ax + by$ mit ganzzahligen x, y darstellbar. Die Gesamtheit aller dieser $ax+by$ ist somit mit der Gesamtheit aller durch t teilbaren ganzen rationalen Zahlen identisch und kann darum gewissermaßen als ein Bild des Teilers t gelten; wir bezeichnen diese Gesamtheit von Zahlen mit (a, b) und dieses Symbol soll zugleich den größten gemeinsamen Teiler von a und b bedeuten. Sind insbesondere a, b teilerfremd, dann bedeutet (a, b) den Inbegriff *sämtlicher* ganzer rationaler Zahlen und stellt andererseits die Einheit vor.

Analog kann man den größten gemeinsamen Teiler beliebig vieler ganzer rationaler Zahlen, die nicht sämtlich verschwinden, charakterisieren.

Sind nun in einem Zahlkörper $K(\theta)$ zwei ganze Zahlen α, β, die nicht beide verschwinden, vorgelegt und ist τ ein gemeinsamer Teiler derselben, so ist zwar eine jede Zahl von der Form $\alpha\lambda + \beta\mu$, wobei λ, μ, hier und im folgenden, beliebige ganze Zahlen in $K(\theta)$ bedeuten sollen, durch τ teilbar; es braucht dann aber nicht immer einen solchen Teiler τ von α und β zu geben, daß auch umgekehrt dieses τ und damit alle durch τ teilbaren Zahlen des Körpers in der Form $\alpha\lambda + \beta\mu$ darstellbar wären.

In der Tat, wenn etwa α, β durch keine ganze Zahl in $K(\theta)$, abgesehen von den Einheiten, beide gleichzeitig teilbar sind, so kämen für τ hier eben nur die Einheiten in Betracht und es wäre die Frage,

---

genden Auflagen von Dirichlet's Vorlesungen über Zahlentheorie; vgl. ferner seine Arbeiten in: Bull. des sc. math. et astron. 1. sér. 11, 2. sér. 1 (1877); Abh. der Gött. Ges. d. Wiss. Bd. 23 (1878), Bd. 29 (1882). Kronecker veröffentlichte seine Untersuchungen ausführlich zuerst in der Festschrift zu Kummers 50jähr. Doktor-Jub. Berlin 1882, abgedr. im Journ. für Math. Bd. 92.

Genauere Literaturnachweise über dieses Gebiet findet man in Weber's Algebra Bd. II S. 494 d. I. Aufl., wie auch in Hilbert's Bericht über die Theorie der algebraischen Zahlkörper im Jahresber. der deutschen Math. Vereinig. Bd. IV (1897). — Seit die vorliegende Vorlesung gehalten wurde, sind noch Darstellungen der Idealtheorie in den Lehrbüchern von P. Bachmann, Allgemeine Arithmetik der Zahlenkörper (Zahlentheorie, Teil V), bei B. G. Teubner 1905, und von J. Sommer, Vorlesungen über Zahlentheorie, bei B. G. Teubner 1907, gegeben worden.

ob notwendig jede Zahl in $K(\theta)$, insbesondere also die Zahl 1, sich in der Form $\alpha\lambda + \beta\mu$ darstellen läßt. Nehmen wir nun beispielsweise die Zahlen 5, $2+\sqrt{-6}$ in dem vorhin betrachteten Körper $K(\sqrt{-6})$, so würde aus

$$(2+\sqrt{-6})\lambda + 5\mu = 1 \tag{2}$$

durch Multiplikation mit $(2-\sqrt{-6})/5$

$$2\lambda + (2-\sqrt{-6})\mu = \frac{2-\sqrt{-6}}{5}$$

folgen, also müßte die Zahl $(2-\sqrt{-6})/5$ mit der Norm $\frac{2}{5}$ ganz sein, dies ist aber ausgeschlossen. Die Gleichung (2) hat somit keine Lösung in ganzen Zahlen λ, μ, trotzdem 5 und $2+\sqrt{-6}$ im vorliegenden Körper keinen von den Einheiten verschiedenen gemeinsamen Teiler haben; der Inbegriff (α, β) der Zahlen von der Form $\alpha\lambda + \beta\mu$ ist also im vorliegenden Falle, trotz anscheinend teilerfremder α, β, nicht identisch mit dem Inbegriff der ganzen Zahlen in $K(\theta)$.

Suchen wir die hier angetroffene Abweichung der Umstände in einem algebraischen Körper von denen im Körper der rationalen Zahlen aufzuklären.

Wenn eine ganze rationale Zahl g, die $\neq 0$ ist, im Körper der rationalen Zahlen zwei wesentlich verschiedene echte Zerlegungen hat,

$$g = aa^* = bb^*,$$

so schließen wir daraus, daß jeder Faktor in der einen Zerlegung mit mindestens einem Faktor in der anderen Zerlegung einen von 1 verschiedenen Teiler gemein hat, also gewiß mindestens eine der Ungleichheiten

$$(a, b) \neq (1), \quad (a^*, b) \neq (1)$$

statthat, unter (1) die Gesamtheit der ganzen rationalen Zahlen verstanden. Haben wir es dagegen mit algebraischen Zahlen $(\neq 0)$ zu tun, wie in dem Beispiel in $K(\sqrt{-6})$:

$$10 = (2+\sqrt{-6})(2-\sqrt{-6}) = 2\cdot 5,$$

so wäre da der Schluß, daß $2+\sqrt{-6}$ oder doch $-\sqrt{-6}$ und 5 einen von den Einheiten verschiedenen Teiler in $K(\sqrt{-6})$ gemein haben, falsch; nichtsdestoweniger ist aber nach dem, was wir soeben ausgeführt haben,

$$(2+\sqrt{-6}, 5) \neq (1) \text{ und desgleichen } (2-\sqrt{-6}, 5) \neq (1);$$

dabei soll allgemein unter (γ) der Inbegriff aller Zahlen $\nu\gamma$ im Körper mit ganzzahligen ν, also speziell unter (1) der Inbegriff sämtlicher ganzer Zahlen des Körpers verstanden werden.

Dieser Sachverhalt führt unmittelbar dazu, im Körper neben den einfachen Zahlen, wie vorhin α, β, auch die Inbegriffe (α, β), die durch

Zusammenfassung aller Zahlen von einer Form $\alpha\lambda + \beta\mu$ entstehen, der Betrachtung zu unterziehen; es zeigt sich dann, daß *für derartige Inbegriffe nach Einführung entsprechender Definitionen die Gesetze der multiplikativen Zahlentheorie wieder mit ihrem ursprünglichen, dem Körper der rationalen Zahlen eigenen Wortlaute gelten.* Solche Inbegriffe sind es, die Dedekind unter dem Namen der *Ideale* in die Zahlentheorie eingeführt hat.

Sind $\alpha_1, \alpha_2, \ldots, \alpha_h$ beliebige ganze Zahlen eines Körpers $K(\theta)$, so verstehen wir unter dem aus diesen Zahlen hervorgehenden *Ideal*, in Zeichen dem Ideal

$$\mathfrak{a} = (\alpha_1, \alpha_2, \ldots, \alpha_h),$$

in $K(\theta)$, den Inbegriff aller derjenigen Zahlen in $K(\theta)$, welche sich irgendwie in der Form

$$\mu_1\alpha_1 + \mu_2\alpha_2 + \cdots + \mu_h\alpha_h$$

darstellen, wobei $\mu_1, \mu_2, \ldots, \mu_h$ irgendwelche ganze Zahlen in $K(\theta)$ sein dürfen. Bei dieser Begriffsbildung des Ideals soll immer stillschweigend angenommen werden, daß die zugrunde liegenden Zahlen $\alpha_1, \alpha_2, \ldots, \alpha_h$ nicht sämtlich Null sind; jedes Ideal soll also stets auch von Null verschiedene Zahlen enthalten.

Wir nennen zwei Ideale

$$\mathfrak{a} = (\alpha_1, \alpha_2, \ldots, \alpha_h), \quad \mathfrak{b} = (\beta_1, \beta_2, \ldots, \beta_k)$$

gleich, wenn sie aus genau derselben Gesamtheit von Zahlen bestehen, wenn also jede Zahl des einen in dem anderen enthalten ist und umgekehrt. Hierfür ist, wie man sofort sieht, erforderlich und hinreichend, daß jede der Zahlen $\beta_1, \beta_2, \ldots, \beta_k$ sich in $\mathfrak{a}$ und jede der Zahlen $\alpha_1, \alpha_2, \ldots, \alpha_h$ sich in $\mathfrak{b}$ vorfinde.

Der einfachste Fall eines Ideals ist die Gesamtheit aller möglichen Produkte $\mu\alpha$ einer einzelnen von Null verschiedenen ganzen Zahl α des Körpers in beliebige ganzzahlige, im Körper enthaltene μ:

$$\mathfrak{a} = (\alpha);$$

ein solches Ideal heißt ein *Hauptideal.*

Das Hauptideal (1) ist mit dem Inbegriff aller ganzen Zahlen des Körpers identisch; wir bezeichnen es auch mit $\mathfrak{o}$.

Sind zwei Hauptideale (α), (β) im Körper einander gleich, so muß es hiernach im Körper zwei ganze Zahlen λ, μ geben, so daß

$$\beta = \mu\alpha, \quad \alpha = \lambda\beta$$

wird; alsdann ist

$$\alpha = \lambda\mu\alpha$$

oder

$$1 = \lambda\mu,$$

was nur so stattfinden kann, daß λ, μ zueinander reziproke Einheiten, also α, β zueinander assoziierte Zahlen sind. Gleiche Hauptideale bestimmen somit bis auf eine Einheit als Faktor eine und dieselbe (von Null verschiedene) ganze Zahl.

Auch ein aus beliebig vielen gegebenen ganzen Zahlen des Körpers hervorgehendes Ideal kann ein Hauptideal sein. In diesem Falle definiert es den *größten gemeinsamen Teiler* der gegebenen Zahlen in ganz entsprechender Bedeutung, wie dieser Begriff im Körper der rationalen Zahlen auftritt. Denn ist etwa

$$(\alpha_1, \alpha_2) = (\alpha),$$

so muß es ganze Zahlen $\mu_1, \mu_2, \lambda_1, \lambda_2$ im Körper derart geben, daß

$$\alpha_1 = \mu_1 \alpha, \quad \alpha_2 = \mu_2 \alpha, \quad \alpha = \lambda_1 \alpha_1 + \lambda_2 \alpha_2$$

wird; nun folgt aus den zwei ersten dieser Gleichungen, daß α gemeinsamer Teiler von α_1, α_2 ist, aus der dritten, daß α durch jeden gemeinsamen Teiler von α_1, α_2 teilbar ist, also aus allen drei Gleichungen zusammen, daß das Ideal (α_1, α_2) genau mit dem Inbegriff aller Vielfachen eines gewissen sogenannten „größten" gemeinsamen Teilers von α_1, α_2 identisch ist.

§ 3. Basis eines Ideals.

Wir wollen die weiteren Entwicklungen über Ideale an dem Beispiel eines kubischen Körpers $K(\theta)$ vornehmen.

Im Anschluß an die in Kap. IV § 2 für den Inbegriff der ganzen Zahlen in $K(\theta)$ gegebene geometrische Darstellung läßt sich auch für ein beliebiges in $K(\theta)$ gegebenes Ideal $\mathfrak{a} = (\alpha_1, \alpha_2, \ldots, \alpha_h)$ ein geometrisches Bild gewinnen. Es sei

$$\omega = x\omega_1 + y\omega_2 + z\omega_3$$

eine Basisform für den Körper $K(\theta)$. Wir deuten x, y, z als Parallelkoordinaten im Raume und wollen das Gitter in x, y, z, welches ein geometrisches Bild für die *sämtlichen* ganzen Zahlen in $K(\theta)$ liefert, mit $\mathfrak{G}(\mathfrak{o})$ bezeichnen. Dann bildet die Menge aller jener Punkte in $\mathfrak{G}(\mathfrak{o})$, welche speziell den Zahlen des Ideals $\mathfrak{a}$ entsprechen, ebenfalls ein dreidimensionales Punktgitter, $\mathfrak{G}(\mathfrak{a})$. In der Tat: erstens besitzt diese Punktmenge die parallelogrammatische Grundeigenschaft eines Punktgitters, indem aus beliebigen zwei Zahlen des Ideals,

$$\alpha = \mu_1\alpha_1 + \cdots + \mu_h\alpha_h = p\omega_1 + q\omega_2 + r\omega_3,$$
$$\alpha^* = \mu_1^*\alpha_1 + \cdots + \mu_h^*\alpha_h = p^*\omega_1 + q^*\omega_2 + r^*\omega_3,$$

durch Subtraktion eine Zahl

$$\alpha^* - \alpha = (p^* - p)\omega_1 + (q^* - q)\omega_2 + (r^* - r)\omega_3$$

hervorgeht, die jedesmal wieder dem Ideal angehört; und zweitens liegen die Punkte von $\mathfrak{G}(\mathfrak{a})$ nicht sämtlich in einer Ebene; denn bedeutet α eine beliebige Zahl $\neq 0$ in $\mathfrak{a}$, so liegen jedenfalls diejenigen drei Punkte von $\mathfrak{G}(\mathfrak{a})$, welche den drei (offenbar dann ebenfalls in $\mathfrak{a}$ enthaltenen) Zahlen $\alpha\omega_1$, $\alpha\omega_2$, $\alpha\omega_3$ bzw. entsprechen, sicher nicht in einer Ebene mit dem Nullpunkte, indem die Diskriminante der genannten drei Zahlen

$$\Delta^2(\alpha\omega_1, \alpha\omega_2, \alpha\omega_3) = (\mathrm{Nm}\,\alpha)^2 \cdot \Delta^2(\omega_1, \omega_2, \omega_3),$$

also $\neq 0$ ist.

In der wiederholt dargelegten Weise können wir sonach in $\mathfrak{G}(\mathfrak{a})$ auf unendlich viele Arten drei Punkte

$$C_1 = (p_1, q_1, r_1), \quad C_2 = (p_2, q_2, r_2), \quad C_3 = (p_3, q_3, r_3)$$

bestimmen, so daß aus dem Tetraeder $OC_1C_2C_3$ sich das ganze Gitter $\mathfrak{G}(\mathfrak{a})$ ableitet, als die Gesamtheit derjenigen Punkte $S = (X, Y, Z)$ in $\mathfrak{G}(\mathfrak{o})$, für welche die vektorielle Relation

$$OS = X \cdot OC_1 + Y \cdot OC_2 + Z \cdot OC_3$$

mit ganzzahligen rationalen X, Y, Z besteht. Sind nun $\gamma_1, \gamma_2, \gamma_3$ diejenigen ganzen Zahlen in $K(\theta)$, welche den Punkten C_1, C_2, C_3 in $\mathfrak{G}(\mathfrak{o})$ bzw. entsprechen, also in $\mathfrak{a}$ enthalten sind und mit den Basiszahlen ω_1, ω_2, ω_3 von $K(\theta)$ mittels der Gleichungen

$$\begin{aligned} \gamma_1 &= p_1\omega_1 + q_1\omega_2 + r_1\omega_3, \\ \gamma_2 &= p_2\omega_1 + q_2\omega_2 + r_2\omega_3, \\ \gamma_3 &= p_3\omega_1 + q_3\omega_2 + r_3\omega_3 \end{aligned} \tag{3}$$

zusammenhängen, so entspricht jedem Punkte $(X = P,\ Y = Q,\ Z = R)$ des Punktgitters $\mathfrak{G}(\mathfrak{a})$ eine Zahl in $\mathfrak{a}$, nämlich $P\gamma_1 + Q\gamma_2 + R\gamma_3$, und umgekehrt läßt sich jede Zahl des Ideals $\mathfrak{a}$ in der Form

$$P\gamma_1 + Q\gamma_2 + R\gamma_3$$

mit ganzzahligen rationalen, eindeutig bestimmten P, Q, R darstellen. Daraus folgt der Satz:

XXXVIII. *In einem Ideal eines kubischen Körpers lassen sich stets (auf unendlich viele Weisen) drei Zahlen derart angeben, daß durch dieselben sich jede Zahl des Ideals linear homogen mit ganzzahligen rationalen Koeffizienten, und zwar nur in einer Weise, darstellen läßt.*

Drei Zahlen im Ideal von der bezeichneten Eigenschaft heißen eine *Basis des Ideals.*

Ist das Ideal ein Hauptideal (α), so bilden direkt die drei Produkte $\alpha\omega_1$, $\alpha\omega_2$, $\alpha\omega_3$ eine Basis desselben; denn da jede ganze Zahl μ des Körpers sich in der Form

$$\mu = p\omega_1 + q\omega_2 + r\omega_3$$

mit ganzen rationalen p, q, r darstellt, so folgt hieraus für jede Zahl $\mu\alpha$ in (α) die Darstellung:

$$\mu\alpha = p \cdot \alpha\omega_1 + q \cdot \alpha\omega_2 + r \cdot \alpha\omega_3.$$

Sind $\gamma_1, \gamma_2, \gamma_3$ beliebige drei ganze Zahlen in $K(\theta)$ mit nicht verschwindender Diskriminante, so führt die Gesamtheit derjenigen ganzen Zahlen in $K(\theta)$, welche sich in der Form $P\gamma_1 + Q\gamma_2 + R\gamma_3$ mit ganzzahligen rationalen P, Q, R darstellen, — genannt der *Modul* $[\gamma_1, \gamma_2, \gamma_3]$, — immer auf ein in $\mathfrak{G}(\mathfrak{o})$ enthaltenes dreidimensionales Gitter; indessen muß eine solche Gesamtheit von Zahlen nicht notwendig ein Ideal vorstellen. Soll sie nämlich ein Ideal sein, so müssen auch sämtliche Zahlen $\mu_1\gamma_1 + \mu_2\gamma_2 + \mu_3\gamma_3$, wobei μ_1, μ_2, μ_3 *beliebige* ganze, nicht bloß rationale, Zahlen in $K(\theta)$ sind, ebenfalls diesem Ideal angehören, also in der Form

$$P\gamma_1 + Q\gamma_2 + R\gamma_3$$

mit ganzen rationalen P, Q, R darstellbar sein. Vor allem müssen dann somit auch die Zahlen

$$\begin{matrix} \gamma_1\omega_1, & \gamma_2\omega_1, & \gamma_3\omega_1, \\ \gamma_1\omega_2, & \gamma_2\omega_2, & \gamma_3\omega_2, \\ \gamma_1\omega_3, & \gamma_2\omega_3, & \gamma_3\omega_3 \end{matrix} \tag{4}$$

in der besagten Form darstellbar sein. Diese letztere Bedingung ist aber auch hinreichend dafür, daß der Modul $[\gamma_1, \gamma_2, \gamma_3]$ ein Ideal vorstellt; denn sobald sie erfüllt ist, läßt sich *jede* Zahl

$$\mu_1\gamma_1 + \mu_2\gamma_2 + \mu_3\gamma_3$$

in der besagten Form darstellen, indem sie sich aus den neun Zahlen (4) linear homogen mit ganzzahligen rationalen Koeffizienten zusammensetzen läßt.

§ 4. Norm eines Ideals.

Bilden wir für ein gegebenes Ideal $\mathfrak{a}$ die Diskriminante einer in den Ausdrücken (3) dargestellten Basis $\gamma_1, \gamma_2, \gamma_3$ desselben, so ergibt sich:

$$\Delta^2(\gamma_1, \gamma_2, \gamma_3) = \begin{vmatrix} \gamma_1, & \gamma_2, & \gamma_3 \\ \gamma_1', & \gamma_2', & \gamma_3' \\ \gamma_1'', & \gamma_2'', & \gamma_3'' \end{vmatrix}^2 = \Delta^2(\omega_1, \omega_2, \omega_3) \cdot \begin{vmatrix} p_1, & p_2, & p_3 \\ q_1, & q_2, & q_3 \\ r_1, & r_2, & r_3 \end{vmatrix}^2 : \tag{5}$$

diese Diskriminante wird also gleich dem Produkt aus der Diskriminante des Körpers in das Quadrat der Determinante

$$\begin{vmatrix} p_1, & p_2, & p_3 \\ q_1, & q_2, & q_3 \\ r_1, & r_2, & r_3 \end{vmatrix}.$$

Den Betrag dieser letzteren Determinante, welcher, wie sogleich deutlich werden wird, von der Wahl der Basis $\gamma_1, \gamma_2, \gamma_3$ in $\mathfrak{a}$ unabhängig ist, bezeichnen wir als die *Norm des Ideals* $\mathfrak{a}$, in Zeichen: $\mathrm{Nm}\,\mathfrak{a}$.

Ist $\mathfrak{a}$ ein Hauptideal, $= (\alpha)$, so kann für dasselbe (vgl. § 3)

$$\gamma_1 = \alpha\omega_1, \quad \gamma_2 = \alpha\omega_2, \quad \gamma_3 = \alpha\omega_3 \tag{6}$$

als Basis angenommen werden und es wird dann

$$\Delta^2(\gamma_1, \gamma_2, \gamma_3) = \Delta^2(\omega_1, \omega_2, \omega_3) \cdot (\alpha\alpha'\alpha'')^2 = \Delta^2(\omega_1, \omega_2, \omega_3) \cdot (\mathrm{Nm}\,\alpha)^2; \tag{7}$$

sonach ist die Norm eines Hauptideals (α) bis eventuell auf das Vorzeichen, (das ja bei der Norm eines Ideals stets positiv ist), gleich der Norm der Zahl α, aus welcher das Hauptideal hervorgeht. Dadurch erscheint die Verwendung des Wortes „Norm“ auch hier bei den Idealen gerechtfertigt.

Die Norm eines Ideals $\mathfrak{a}$ hat eine einfache geometrische Bedeutung: *sie ist gleich dem Volumen des Grundparallelepipeds im Gitter* $\mathfrak{G}(\mathfrak{a})$, *welches die Zahlen des Ideals* $\mathfrak{a}$ *repräsentiert.* — bezogen auf das Grundparallelepiped des die Gesamtheit der ganzen Zahlen des Körpers darstellenden Gitters $\mathfrak{G}(\mathfrak{o})$ als Volumeneinheit. Denn bezeichnen wir, wie in § 3, mit x, y, z die dem Gitter $\mathfrak{G}(\mathfrak{o})$ zugrunde gelegten Koordinaten und mit X, Y, Z diejenigen für $\mathfrak{G}(\mathfrak{a})$, so ist, bei den von uns in § 3 angewandten weiteren Bezeichnungen

$$\begin{aligned} x &= p_1 X + p_2 Y + p_3 Z, \\ y &= q_1 X + q_2 Y + q_3 Z, \\ z &= r_1 X + r_2 Y + r_3 Z \end{aligned} \tag{8}$$

und folglich berechnet sich das Volumen des Grundparallelepipeds von $\mathfrak{G}(\mathfrak{a})$ in den x, y, z-Koordinaten zu

$$\iiint dx\,dy\,dz = \frac{d(x,y,z)}{d(X,Y,Z)} \iiint dX\,dY\,dZ = abs \begin{vmatrix} p_1, & p_2, & p_3 \\ q_1, & q_2, & q_3 \\ r_1, & r_2, & r_3 \end{vmatrix} = \mathrm{Nm}\,\mathfrak{a}.$$

Wir können dieser Tatsache, wenn wir eine hierauf passende Bemerkung in Kap. III § 13 (S. 88) beachten, auch durch die Aussage Ausdruck geben, daß $\mathrm{Nm}\,\mathfrak{a}$ *der Anzahl derjenigen Gitterpunkte in* $\mathfrak{G}(\mathfrak{o})$ *gleichkommt, welche dem Bereiche*

$$0 \leqq X < 1, \quad 0 \leqq Y < 1, \quad 0 \leqq Z < 1$$

des Grundparallelepipeds von $\mathfrak{G}(\mathfrak{a})$ *angehören.* Mit Rücksicht darauf können wir den *reziproken* Wert von $\mathrm{Nm}\,\mathfrak{a}$ auch als die *Dichte des Ideals* $\mathfrak{a}$ (scil. relativ zum Ideal $\mathfrak{o}$) bezeichnen.

§ 5. Äquivalente Ideale. Idealklassen.

Wenn für zwei Ideale $\mathfrak{a}$, $\mathfrak{b}$ in dem vorliegenden kubischen Körper $K(\theta)$ solche Basiszahlen $\alpha_1, \alpha_2, \alpha_3$ resp. $\beta_1, \beta_2, \beta_3$ angebbar sind, die einander proportional sind, so daß also

$$\frac{\alpha_1}{\beta_1} = \frac{\alpha_2}{\beta_2} = \frac{\alpha_3}{\beta_3}$$

gilt, so nennt man die Ideale $\mathfrak{a}$, $\mathfrak{b}$ einander *äquivalent* und schreibt dies in Zeichen:

$$\mathfrak{a} \sim \mathfrak{b}.$$

Es läßt sich alsdann zu jeder beliebigen Basis $\alpha_1^*, \alpha_2^*, \alpha_3^*$ in $\mathfrak{a}$ eine Basis $\beta_1^*, \beta_2^*, \beta_3^*$ in $\mathfrak{b}$ derart angeben, daß die Elemente der einen proportional sind den Elementen der anderen, — wodurch erst der Begriff der Äquivalenz unabhängig von der Auswahl eines besonderen Paars entsprechender Basen in den Idealen wird. Denn die Basis $\alpha_1^*, \alpha_2^*, \alpha_3^*$ geht aus $\alpha_1, \alpha_2, \alpha_3$ jedenfalls durch eine lineare homogene Substitution mit ganzzahligen rationalen Koeffizienten und mit einer Determinante ± 1 hervor und dieselbe unimodulare Substitution ergibt, auf die Zahlen $\beta_1, \beta_2, \beta_3$ angewandt, drei Zahlen $\beta_1^*, \beta_2^*, \beta_3^*$, welche wieder eine Basis von $\mathfrak{b}$ darstellen werden; ist nun dabei, der Voraussetzung gemäß, etwa

$$\beta_1 = \chi\alpha_1, \quad \beta_2 = \chi\alpha_2, \quad \beta_3 = \chi\alpha_3, \tag{9}$$

worin χ eine Zahl $(\neq 0)$ in $K(\theta)$ bedeutet, so folgt daraus sofort im Einklang mit unserer Behauptung:

$$\beta_1^* = \chi\alpha_1^*, \quad \beta_2^* = \chi\alpha_2^*, \quad \beta_3^* = \chi\alpha_3^*.$$

Zwei Hauptideale (α), (β) im Körper $K(\theta)$ sind immer äquivalent; denn aus einer Basis $\omega_1, \omega_2, \omega_3$ des Körpers ergeben sich in der Form $\alpha\omega_1, \alpha\omega_2, \alpha\omega_3$; $\beta\omega_1, \beta\omega_2, \beta\omega_3$ Basen der zwei genannten Hauptideale, woraus unmittelbar die Proportionalität dieser letzteren zwei Basen, mit dem Quotienten $\chi = (\beta/\alpha)$, einleuchtet. Sonach *ist ein beliebiges Hauptideal im Körper äquivalent dem Hauptideal* (1).

Die Äquivalenz von Idealen läßt sich noch auf eine andere Weise definieren, wodurch dieser Begriff in ein helleres Licht gerückt wird.

Die Gesamtheit der Zahlen im Ideal $\mathfrak{a}$ bzw. $\mathfrak{b}$ stellt sich mittels einer Basis $\alpha_1, \alpha_2, \alpha_3$ in $\mathfrak{a}$ bzw. einer Basis $\beta_1, \beta_2, \beta_3$ in $\mathfrak{b}$ in der Form

$$\left.\begin{array}{l} X\alpha_1 + Y\alpha_2 + Z\alpha_3 \\ \text{bzw.} \\ X\beta_1 + Y\beta_2 + Z\beta_3 \end{array}\right\} \quad (10)$$

dar, worin X, Y, Z unabhängig voneinander sämtliche ganzen rationalen Werte durchlaufen. Wenn also beide Ideale $\mathfrak{a}$, $\mathfrak{b}$ äquivalent sind und demgemäß gewisse Basen derselben, etwa eben $\alpha_1, \alpha_2, \alpha_3$; $\beta_1, \beta_2, \beta_3$, durch Relationen (9) miteinander verbunden sind, so erkennen wir aus (10), daß zu jeder beliebigen Zahl α in $\mathfrak{a}$ dann eine Zahl β in $\mathfrak{b}$ derart gehört, daß β/α gleich dem in (9) bezeichneten Proportionalitätsfaktor χ wird. Denken wir uns nun χ, welches irgend eine Zahl im Körper sein mag, als Quotienten zweier ganzer Zahlen des Körpers, $= \mu/\nu$, dargestellt, so haben wir:

$$\nu\beta = \mu\alpha,$$

d. h.: *die Gesamtheit der Produkte aller Zahlen des Ideals $\mathfrak{a}$ in die Zahl μ ist mit der Gesamtheit der Produkte aller Zahlen des Ideals $\mathfrak{b}$ in die Zahl ν identisch.*

Wir definieren nun als das *Produkt $\mu\mathfrak{a}$ eines Ideals*

$$\mathfrak{a} = (\alpha_1, \alpha_2, \ldots, \alpha_h)$$

in eine von Null verschiedene ganze Zahl μ des Körpers den Inbegriff sämtlicher Produkte von μ in die Zahlen des Ideals $\mathfrak{a}$. Man sieht leicht, daß dieser Inbegriff ebenfalls ein Ideal im Körper ist, und zwar das aus den Zahlen $\mu\alpha_1, \mu\alpha_2, \ldots, \mu\alpha_h$ hervorgehende Ideal.

Sonach lassen sich zu zwei äquivalenten Idealen $\mathfrak{a}$, $\mathfrak{b}$ immer zwei von Null verschiedene ganze Zahlen μ, ν derart angeben, daß

$$\nu\mathfrak{b} = \mu\mathfrak{a} \quad (11)$$

wird. Umgekehrt sind zwei Ideale $\mathfrak{a}$, $\mathfrak{b}$ von einem derartigen Zusammenhange immer einander äquivalent; denn aus einer beliebigen Basis von $\mathfrak{a}$ folgt dann sofort eine hierzu elementenweise proportionale Basis für $\mathfrak{b}$. *Die Äquivalenz von Idealen kann somit durch diesen Zusammenhang* (11) *definiert werden.*

Es ist unmittelbar klar, daß *zwei Ideale, welche demselben dritten äquivalent sind, auch untereinander äquivalent sind.* Dieser Umstand legt die Einteilung aller Ideale eines Körpers in Inbegriffe von untereinander äquivalenten Idealen nahe. Ein solcher Inbegriff heißt eine *Klasse von Idealen.*

Alle Hauptideale eines Körpers bilden offenbar eine Idealklasse für sich, — die sogenannte *Hauptklasse.*

§ 6. Endlichkeit der Anzahl der Idealklassen.

XXXIX. *Die Anzahl der sämtlichen in einem algebraischen Zahlkörper vorhandenen Idealklassen ist endlich.*

Den Beweis dieses Satzes werden wir auf Grund bereits in Kap. III erledigter zahlengeometrischer Überlegungen führen, wobei wir uns, wie bisher, das Beispiel eines kubischen Körpers $K(\theta)$ vor Augen halten.

Es sei D die Diskriminante, ω_1, ω_2, ω_3 eine Basis von $K(\theta)$. Wir denken uns ein beliebiges Ideal $\mathfrak{a}$ in $K(\theta)$ und es sei $\gamma_1, \gamma_2, \gamma_3$ eine Basis von $\mathfrak{a}$. Alle Zahlen in $\mathfrak{a}$ werden dann durch die Form

$$\Xi = \gamma_1 X + \gamma_2 Y + \gamma_3 Z \tag{12}$$

mittels ganzzahliger rationaler X, Y, Z geliefert und die dazu konjugierten Zahlen werden bzw. durch die Formen

$$\mathsf{H} = \gamma_1' X + \gamma_2' Y + \gamma_3' Z, \tag{12'}$$

$$\mathsf{Z} = \gamma_1'' X + \gamma_2'' Y + \gamma_3'' Z, \tag{12''}$$

jedesmal mittels derselben Werte der Variabeln, dargestellt. Auf die drei Formen (12), (12′), (12″), welche die Determinante

$$\Delta(\gamma_1, \gamma_2, \gamma_3) = \pm \sqrt{D} \cdot \mathrm{Nm}\,\mathfrak{a}$$

haben (s. Gleich. (5)), wenden wir den Satz XVII′ (S. 80) oder den Satz XVIII′ (S. 82) an, je nachdem D positiv oder negativ ist; danach läßt sich im Ideal $\mathfrak{a}$ eine solche von Null verschiedene Zahl

$$\gamma = \gamma_1 P + \gamma_2 Q + \gamma_3 R$$

ermitteln, welche nebst ihren konjugierten γ', γ'' der Ungleichung

$$|\gamma\gamma'\gamma''| < \varpi\, |\sqrt{D}|\, \mathrm{Nm}\,\mathfrak{a} \tag{13}$$

genügt, wobei der Zahlenfaktor ϖ gleich $2/9$ oder $8/9\pi$ zu nehmen ist, je nachdem D positiv oder negativ ist.

Wir stellen nun dem Ideal $\mathfrak{a}$ das aus der Zahl γ hervorgehende Hauptideal (γ) mit der Basis $\gamma\omega_1$, $\gamma\omega_2$, $\gamma\omega_3$ an die Seite; die sämtlichen Zahlen in (γ), sowie die dazu bzw. konjugierten Zahlen sind dann bzw. in den Formen

$$\xi = \gamma(\omega_1\bar{x} + \omega_2\bar{y} + \omega_3\bar{z}), \tag{14}$$

$$\eta = \gamma'(\omega_1'\bar{x} + \omega_2'\bar{y} + \omega_3'\bar{z}), \tag{14'}$$

$$\zeta = \gamma''(\omega_1''\bar{x} + \omega_2''\bar{y} + \omega_3''\bar{z}) \tag{14''}$$

mit ganzzahligen rationalen $\bar{x}$, $\bar{y}$, $\bar{z}$ enthalten.

Wir suchen nun in dem Punktgitter $\mathfrak{G}(\mathfrak{o})$ die beiden darin enthaltenen Punktgitter $\mathfrak{G}(\mathfrak{a})$, $\mathfrak{G}(\gamma)$ auf, welche die Ideale $\mathfrak{a}$, (γ) bzw. repräsentieren und deren ersteres durch die Gleichungen (12), (12′), (12″) auf ein Grundparallelepiped

$$0 \leqq X < 1, \quad 0 \leqq Y < 1, \quad 0 \leqq Z < 1, \tag{15}$$

letzteres durch die Gleichungen (14), (14′), (14″) auf ein Grundparallelepiped

$$0 \leqq \bar{x} < 1, \quad 0 \leqq \bar{y} < 1, \quad 0 < \bar{z} < 1 \tag{16}$$

bezogen ist. Da alle Zahlen des Ideals (γ) zugleich Zahlen von $\mathfrak{a}$ sind, so ist dabei das Gitter $\mathfrak{G}(\gamma)$ in dem Gitter $\mathfrak{G}(\mathfrak{a})$ enthalten. Es kann sich nun $\mathfrak{G}(\gamma)$ völlig mit $\mathfrak{G}(\mathfrak{a})$ decken und anderenfalls können wir nach der in Kap. III § 14 gegebenen Methode das dichtere, mehr Punkte aufweisende Gitter $\mathfrak{G}(\mathfrak{a})$ an das im Raume weniger dicht zerstreute Gitter $\mathfrak{G}(\gamma)$ *adaptieren*, d. h. wir können stets für das *enthaltende* Gitter $\mathfrak{G}(\mathfrak{a})$ an Stelle von X, Y, Z, durch eine lineare homogene Substitution mit rationalen ganzzahligen Koeffizienten und einer Determinante ± 1, solche neue Variable $\bar{X}, \bar{Y}, \bar{Z}$ auf eindeutig bestimmte Weise einführen, welche mit jenen $\bar{x}, \bar{y}, \bar{z}$ durch Gleichungen

$$\begin{aligned} \bar{X} &= l_1\bar{x} + l_2\bar{y} + l_3\bar{z}, \\ \bar{Y} &= \qquad\quad m_2\bar{y} + m_3\bar{z}, \\ \bar{Z} &= \qquad\qquad\qquad n_3\bar{z} \end{aligned} \tag{17}$$

zusammenhängen, wobei $l_1, l_2, m_2, l_3, m_3, n_3$ ganze rationale Zahlen sind und überdies die Bedingungen

$$l_1 > 0, \quad m_2 > 0, \quad n_3 > 0, \tag{18}$$

$$0 \leqq \frac{l_2}{m_2} < 1, \quad 0 < \frac{l_3}{n_3} < 1, \quad 0 \leqq \frac{m_3}{n_3} < 1 \tag{19}$$

erfüllt sind.

Ist nun $\bar{\gamma}_1, \bar{\gamma}_2, \bar{\gamma}_3$ jene Basis in $\mathfrak{a}$, welche den Gitterkoordinaten $\bar{X}, \bar{Y}, \bar{Z}$ in bewußter Weise zugrunde liegt, so gilt für je zwei Systeme rationaler Werte $(\bar{X}, \bar{Y}, \bar{Z})$, $(\bar{x}, \bar{y}, \bar{z})$, welche vermittelst der Gleichungen (17) miteinander zusammenhängen, die Relation

$$\bar{\gamma}_1\bar{X} + \bar{\gamma}_2\bar{Y} + \bar{\gamma}_3\bar{Z} = \gamma\omega_1\bar{x} + \gamma\omega_2\bar{y} + \gamma\omega_3\bar{z}; \tag{20}$$

denn es müssen die Koeffizienten von $\bar{x}, \bar{y}, \bar{z}$ beiderseits übereinstimmen. Aus dieser Gleichung und den zwei zugehörigen, die in den zu $K(\theta)$ konjugierten Körpern statthaben, folgt unter Berücksichtigung von (17), nach dem Multiplikationssatze der Determinanten:

$$\Delta(\bar{\gamma}_1, \bar{\gamma}_2, \bar{\gamma}_3) \cdot l_1 m_2 n_3 = \Delta(\gamma\omega_1, \gamma\omega_2, \gamma\omega_3). \tag{21}$$

Nun ist

$$\Delta(\bar{\gamma}_1, \bar{\gamma}_2, \bar{\gamma}_3) = \pm \Delta(\gamma_1, \gamma_2, \gamma_3) = \pm \sqrt{D} \cdot \mathrm{Nm}\, \mathfrak{a},$$

$$\Delta(\gamma\omega_1, \gamma\omega_2, \gamma\omega_3) = \pm \gamma\gamma'\gamma'' \cdot \sqrt{D};$$

aus (21) folgt somit:

$$l_1 m_2 n_3 = \pm \frac{\gamma\gamma'\gamma''}{\mathrm{Nm}\, \mathfrak{a}},$$

und hieraus wegen (13):

$$l_1 m_2 n_3 < \overline{\omega} \, |\sqrt{D}|.$$

Aus dieser letzteren Ungleichung geht hervor, daß *bei gegebenem D zunächst für die ganzen rationalen positiven Zahlen l_1, m_2, n_3 in* (17) *und hernach, wegen* (19). *auch für die übrigen Koeffizienten in den Gleichungen* (17) *hier nur eine endliche Anzahl von Wertekombinationen in Frage kommen.* Es kommen sonach überhaupt für die Substitution (17) bei gegebenem D von vornherein nur eine endliche Anzahl von Möglichkeiten in Frage.

Denken wir uns nun die zu (17) reziproke Substitution gebildet, welche also die Variabeln $\bar{x}$, $\bar{y}$, $\bar{z}$ durch jene $\bar{X}$, $\bar{Y}$, $\bar{Z}$ darstellt, und sodann durch Einführung dieser Substitution in die Relation (20) die Größen $\bar{\gamma}_1/\gamma$, $\bar{\gamma}_2/\gamma$, $\bar{\gamma}_3/\gamma$ durch die Größen ω_1, ω_2, ω_3 ausgedrückt, so stellen sich die ersteren durch die letzteren linear homogen dar, mit Koeffizienten, welche aus den Größen $l_1, l_2, \ldots, n_3$ in bestimmter Weise rational zusammengesetzt sind. Daraus folgt, daß *auch für die Größen $\bar{\gamma}_1/\gamma$, $\bar{\gamma}_2/\gamma$, $\bar{\gamma}_3/\gamma$, und in der Folge auch für deren Verhältnisse $\bar{\gamma}_1 : \bar{\gamma}_2 : \bar{\gamma}_3$ in dem Körper $K(\theta)$ hier nur eine endliche Anzahl von Möglichkeiten vorliegen.*

Auf diese Weise stellt es sich heraus, daß *in einem jeden Ideal $\mathfrak{a}$ eines kubischen Körpers $K(\theta)$ eine derartige Basisform $\bar{\gamma}_1\bar{X} + \bar{\gamma}_2\bar{Y} + \bar{\gamma}_3\bar{Z}$ existiert, wobei für die Verhältnisse $\bar{\gamma}_1 : \bar{\gamma}_2 : \bar{\gamma}_3$ von vornherein nur eine endliche, durch den Körper bestimmte Anzahl von Möglichkeiten existiert.* Da nun einem jeden hier von vornherein denkbaren Wertesystem der besagten Verhältnisse wenn überhaupt, dann höchstens nur eine einzige Idealklasse in $K(\theta)$ entspricht, so folgt daraus, daß *die Anzahl der Idealklassen in $K(\theta)$ endlich ist.*

§ 7. Beispiel.

Der hier gefundene Beweis des Satzes XXXIX gibt zugleich in jedem Einzelfalle die geeigneten Mittel an die Hand, *um alle existierenden Idealklassen eines gegebenen Körpers wirklich aufzustellen.* Wir wollen dies hier an Beispielen von *quadratischen Körpern* erläutern.

Durch die entsprechenden Überlegungen, wie sie in § 6 für einen kubischen Körper vorgenommen wurden, kann man für einen quadratischen Körper die folgende Tatsache gewinnen: Es sei D die Diskriminante und ω_1, ω_2 eine Basis des Körpers; bedeutet nun $\mathfrak{a}$ irgend ein Ideal in dem Körper, so existiert in $\mathfrak{a}$ immer eine Zahl γ und eine Basis $\bar{\gamma}_1$, $\bar{\gamma}_2$, derart, daß identisch in $\bar{x}$, $\bar{y}$

$$\bar{\gamma}_1(l_1\bar{x} + l_2\bar{y}) + \bar{\gamma}_2 \cdot m_2\bar{y} = \gamma(\omega_1\bar{x} + \omega_2\bar{y}) \tag{22}$$

ist, während l_1, l_2, m_2 ganze rationale Zahlen sind, die den Ungleichungen

$$l_1 > 0, \quad m_2 > 0, \tag{23}$$

$$0 \leq l_2 < m_2, \tag{24}$$

$$l_1 m_2 < \varpi\,|\sqrt{D}| \tag{25}$$

genügen, mit $\varpi = \frac{1}{2}$ oder $= 2/\pi$, je nachdem $D > 0$ oder < 0 ist. Aus (22) folgt alsdann:

$$\frac{\bar{\gamma}_2}{\bar{\gamma}_1} = \frac{-l_2\omega_1 + l_1\omega_2}{m_2\omega_1}. \tag{26}$$

Dabei wird, wie noch bemerkt sei, die Ungleichung (25) durch Vermittlung von Sätzen gewonnen, welche jenen XVII′, XVIII′ analog sind und lauten:

XL. *Zu zwei linearen Formen ξ, η in zwei Variabeln, mit reellen Koeffizienten und nicht verschwindender Determinante Δ, lassen sich immer ganzzahlige rationale Werte der Variabeln angeben, die nicht beide verschwinden und die Ungleichung $\xi\eta < \frac{1}{2}|\Delta|$ bewirken.*

Zu zwei linearen Formen ξ, η in zwei Variabeln mit konjugiert-komplexen Koeffizienten und nicht verschwindender Determinante Δ lassen sich immer ganzzahlige rationale Werte der Variabeln angeben, die nicht beide verschwinden und die Ungleichung $|\xi\eta| < \frac{2}{\pi}|\Delta|$ bewirken.

(Der erste dieser Sätze wurde in Kap. II § 6 u. ff. behandelt; der zweite ergibt sich als Spezialfall des allgemeinen Theorems VII in Kap. II für die Ellipse $|\xi| = |\eta| \leq 1$ als Eichfigur.)

Nun wollen wir speziell den quadratischen Körper $K(i)$ der vierten und den quadratischen Körper $K(j)$ der dritten Einheitswurzeln betrachten; dieselben sind bzw. durch je eine Wurzel der Gleichungen

$$i^2 + 1 = 0, \quad j^2 + j + 1 = 0$$

definiert. Auf diese Körper wenden wir die oben ausgesprochene Tatsache an.

Für den Körper $K(i)$ ist die in § 1 dieses Kapitels mit d bezeichnete Zahl $= -1$, also $\frac{1}{4}(d-1)$ nicht ganz; daher bilden 1, $i = \sqrt{-1}$ eine Basis dieses Körpers und also

$$D = \begin{vmatrix} 1, & i \\ 1, & -i \end{vmatrix}^2 = -4$$

seine Diskriminante. In der Folge wird hier aus (25):

$$l_1 m_2 < \frac{4}{\pi} < 2,$$

und also mit Rücksicht auf (23), (24):

$$l_1 = 1, \quad m_2 = 1, \quad l_2 = 0.$$

Jedes Ideal in $K(i)$ besitzt demnach eine Basis $\bar{\gamma}_1, \bar{\gamma}_2$, für welche (vgl. 26)

$$\frac{\bar{\gamma}_2}{\bar{\gamma}_1} = \frac{\omega_2}{\omega_1} = i$$

wird, also welche zur Basis ω_1, ω_2 des Körpers proportional ist; jedes Ideal in $K(i)$ ist somit ein Hauptideal.

Für den Körper $K(j)$ finden wir $d = -3$, dabei ist $\frac{1}{4}(d-1)$ ganz; es bilden sonach $1, \sqrt{-3}$ noch keine Basis in $K(j)$, wohl aber bilden $1, j = \frac{-1+\sqrt{-3}}{2}$ eine solche. In der Folge ist für $K(j)$:

$$D = \begin{vmatrix} 1, & j \\ 1, & j^2 \end{vmatrix}^2 = -3$$

und geht sonach (25) hier in

$$l_1 m_2 < \frac{2\sqrt{3}}{\pi} < 2$$

über, woraus mit Rücksicht auf (23), (24) wieder

$$l_1 = 1, \quad m_2 = 1, \quad l_2 = 0$$

folgt. *Somit besitzt jedes Ideal in $K(j)$ eine Basis $\bar{\gamma}_1, \bar{\gamma}_2$ von der Eigenschaft, daß*

$$\frac{\bar{\gamma}_2}{\bar{\gamma}_1} = \frac{\omega_2}{\omega_1} = j$$

wird, und ist daher immer ein Hauptideal.

Die Körper $K(i)$, $K(j)$ enthalten also keine anderen Ideale als Hauptideale. *In jedem dieser Körper entsteht daher auch der Begriff des größten gemeinsamen Teilers genau so, wie im Körper der rationalen Zahlen.* Sind nämlich α_1, α_2 beliebige zwei ganze Zahlen, die nicht beide verschwinden, im Körper $K(i)$ bzw. im Körper $K(j)$, so ist das Ideal (α_1, α_2) des betreffenden Körpers nach dem Gesagten immer ein Hauptideal, etwa $= (\alpha)$; es muß somit im Körper ganze Zahlen $\lambda_1, \lambda_2, \mu_1, \mu_2$ geben, so daß

$$\alpha = \lambda_1 \alpha_1 + \lambda_2 \alpha_2, \quad \alpha_1 = \mu_1 \alpha, \quad \alpha_2 = \mu_2 \alpha$$

wird, und aus diesen Relationen folgt, daß α ein gemeinsamer Teiler von α_1 und α_2 und daß jeder gemeinsame Teiler von α_1, α_2 zugleich Teiler von α ist, also daß α der „größte" gemeinsame Teiler von α_1, α_2 ist. *Daher gelten auch im Körper $K(i)$ sowohl als im Körper $K(j)$ für die ganzen Zahlen analoge Teilbarkeitsgesetze, wie für die ganzen rationalen Zahlen, und in der Folge auch das Gesetz der eindeutigen multiplikativen Zerlegbarkeit der ganzen Zahlen in unzerlegbare Zahlen.*

§ 8. Multiplikation von Idealen.

Wir fahren wieder in der allgemeinen Theorie eines beliebigen Körpers $K(\theta)$ fort.

Unter dem *Produkte* $\mathfrak{a}\mathfrak{b}$ *der zwei Ideale*

$$\mathfrak{a} = (\alpha_1, \alpha_2, \ldots, \alpha_h), \quad \mathfrak{b} = (\beta_1, \beta_2, \ldots, \beta_k) \tag{27}$$

im Körper versteht man das folgende Ideal:

$$\mathfrak{a}\mathfrak{b} =$$

$$(\alpha_1\beta_1, \alpha_2\beta_1, \ldots, \alpha_h\beta_1, \alpha_1\beta_2, \alpha_2\beta_2, \ldots, \alpha_h\beta_2, \ldots, \alpha_1\beta_k, \alpha_2\beta_k, \ldots, \alpha_h\beta_k),$$

welches also genau alle Produkte aus einer Zahl in $\mathfrak{a}$ und einer Zahl in $\mathfrak{b}$ und jede Summe aus derartigen Produkten enthalten wird.

Es ist klar, daß das so definierte Ideal $\mathfrak{a}\mathfrak{b}$ unabhängig ist von der Auswahl der Zahlen in $\mathfrak{a}$ bzw. $\mathfrak{b}$, welche zur Festlegung dieser Ideale dienten.

Es liegt auf der Hand, wie diese Definition auf Produkte von beliebig vielen Idealen zu erweitern ist. Es ist ferner klar, was man unter der *Potenz eines Ideals* mit ganzzahligem positivem Exponenten zu verstehen haben wird.

Für die so definierte Multiplikation von Idealen gilt, wie man unmittelbar einsieht, *das assoziative Gesetz* und *das kommutative Gesetz*:

$$(\mathfrak{a}\mathfrak{b}) \cdot \mathfrak{c} = \mathfrak{a} \cdot (\mathfrak{b}\mathfrak{c}),$$

$$\mathfrak{a}\mathfrak{b} = \mathfrak{b}\mathfrak{a}.$$

Bezugnehmend auf (27) definiert man ferner $(\mathfrak{a}, \mathfrak{b})$ als das folgende Ideal:

$$(\mathfrak{a}, \mathfrak{b}) = (\alpha_1, \alpha_2, \ldots, \alpha_h, \beta_1, \beta_2, \ldots, \beta_k).$$

Alsdann tritt zu den bezeichneten zwei Gesetzen für die Multiplikation der Ideale noch ein *distributives Gesetz* hinzu, indem

$$(\mathfrak{a}, \mathfrak{b}) \cdot \mathfrak{c} = (\mathfrak{a}\mathfrak{c}, \mathfrak{b}\mathfrak{c}) \tag{28}$$

wird.

Es kommt offenbar auf dasselbe hinaus, ob man ein Ideal mit

einer ganzen Zahl α ($\neq 0$) oder mit dem aus dieser Zahl hervorgehenden Hauptideal (α) multipliziert (vgl. § 5).

XLI. *Jedes Ideal reproduziert sich selbst, wenn man es mit dem Hauptideal* (1) *multipliziert.*

Dieser Satz ist von vornherein klar; es gilt aber auch, was sehr wichtig ist, die Umkehrung hiervon, welche lautet:

XLI′. *Aus einer Idealrelation*

$$\mathfrak{a}\mathfrak{b} = \mathfrak{a} \tag{29}$$

folgt notwendig

$$\mathfrak{b} = (1).$$

(Dabei wird, wie immer [vgl. § 2], daran festgehalten, daß ein Ideal stets auch von Null verschiedene Zahlen enthält.)

Der Einfachheit halber denken wir uns den vorliegenden Körper wieder als einen kubischen; zudem können wir die Ideale $\mathfrak{a}$ und $\mathfrak{b}$ insbesondere je durch eine Basis $\alpha_1, \alpha_2, \alpha_3$ bzw. $\beta_1, \beta_2, \beta_3$ festgelegt annehmen; dann bedeutet (29), daß jede Zahl α in $\mathfrak{a}$ sich als lineare Verbindung der neun Zahlen $\alpha_1\beta_1, \alpha_2\beta_1, \ldots, \alpha_3\beta_3$ mit ganzzahligen im Körper liegenden Koeffizienten darstellen läßt; fassen wir nun in dieser Darstellung je die Glieder mit α_1, mit α_2, mit α_3 zusammen, so erhalten wir α in der Form einer linearen Verbindung der Zahlen $\alpha_1, \alpha_2, \alpha_3$ mit Koeffizienten, welche Zahlen in $\mathfrak{b}$ sind. Es ist also unter anderem

$$\begin{aligned}
\alpha_1 &= \beta_{11}\alpha_1 + \beta_{12}\alpha_2 + \beta_{13}\alpha_3,\\
\alpha_2 &= \beta_{21}\alpha_1 + \beta_{22}\alpha_2 + \beta_{23}\alpha_3,\\
\alpha_3 &= \beta_{31}\alpha_1 + \beta_{32}\alpha_2 + \beta_{33}\alpha_3,
\end{aligned}$$

worin $\beta_{11}, \beta_{12}, \ldots, \beta_{33}$ gewisse Zahlen in $\mathfrak{b}$ bedeuten. Hieraus folgt mit Notwendigkeit das Verschwinden der Determinante dieser in $\alpha_1, \alpha_2, \alpha_3$ homogenen Gleichungen:

$$\begin{vmatrix} \beta_{11}-1, & \beta_{12}, & \beta_{13} \\ \beta_{21}, & \beta_{22}-1, & \beta_{23} \\ \beta_{31}, & \beta_{32}, & \beta_{33}-1 \end{vmatrix} = 0.$$

Denken wir uns nun diese Determinante entwickelt und in der erhaltenen Gleichung das Glied 1 auf die rechte Seite für sich gebracht, so sagt dann die Gleichung aus, daß 1 eine Zahl in $\mathfrak{b}$ ist. Infolgedessen ist aber auch *jede* ganze Zahl des Körpers, als Produkt ihrer selbst in 1, eine Zahl in $\mathfrak{b}$, und also

$$\mathfrak{b} = (1).$$

Die Sätze XLI, XLI′ lassen sich noch wesentlich verallgemeinern, und zwar zu folgenden:

XLII. *Ist*

$$\mathfrak{a} = \mathfrak{b}$$

und $\mathfrak{c}$ *ein beliebiges Ideal im Körper, so ist auch*

$$\mathfrak{a}\mathfrak{c} = \mathfrak{b}\mathfrak{c}.$$

Diese Tatsache ist unmittelbar klar. Es läßt sich aber auch die Umkehrung hiervon beweisen:

XLII'. *Aus*

$$\mathfrak{a}\mathfrak{c} = \mathfrak{b}\mathfrak{c} \tag{30}$$

folgt

$$\mathfrak{a} = \mathfrak{b}.$$

(Den Idealen $\mathfrak{a}, \mathfrak{b}, \mathfrak{c}$ hier entsprechen in (29) bzw. $\mathfrak{b}$, (1), $\mathfrak{a}$.)

Bei dem Beweise dieses letzteren Satzes werden wir drei Fälle unterscheiden:

1⁰. $\mathfrak{c}$ *sei ein Hauptideal*, $= (\gamma)$. Dann bedeutet

$$\mathfrak{a}(\gamma) = \mathfrak{b}(\gamma),$$

daß zu einer jeden Zahl α in $\mathfrak{a}$ eine Zahl β in $\mathfrak{b}$ und zu einer jeden Zahl β in $\mathfrak{b}$ eine Zahl α in $\mathfrak{a}$ derart gehört, daß

$$\alpha\gamma = \beta\gamma,$$

also

$$\alpha = \beta$$

wird; dies heißt aber, daß

$$\mathfrak{a} = \mathfrak{b}$$

ist.

2⁰. $\mathfrak{c}$ *sei ein beliebiges Ideal; dagegen sei wenigstens eines der Ideale* $\mathfrak{a}, \mathfrak{b}$ *ein Hauptideal, etwa* $\mathfrak{b} = (\beta)$. Indem wir uns der Einfachheit halber den vorliegenden Körper wieder als einen kubischen denken, nehmen wir $\gamma_1, \gamma_2, \gamma_3$ als eine Basis in $\mathfrak{c}$ an; dann ist offenbar $\beta\gamma_1, \beta\gamma_2, \beta\gamma_3$ eine Basis in $(\beta)\mathfrak{c}$ und die Voraussetzung

$$\mathfrak{a}\mathfrak{c} = (\beta)\mathfrak{c} \tag{31}$$

besagt also, daß eine jede Zahl in $\mathfrak{a}\mathfrak{c}$ als lineare Verbindung der Größen $\beta\gamma_1, \beta\gamma_2, \beta\gamma_3$ mit ganzzahligen rationalen Koeffizienten dargestellt werden kann, also insbesondere, wenn α eine beliebige Zahl in $\mathfrak{a}$ ist, stets drei Gleichungen

$$\begin{aligned}
\alpha\gamma_1 &= p_1\beta\gamma_1 + q_1\beta\gamma_2 + r_1\beta\gamma_3,\\
\alpha\gamma_2 &= p_2\beta\gamma_1 + q_2\beta\gamma_2 + r_2\beta\gamma_3,\\
\alpha\gamma_3 &= p_3\beta\gamma_1 + q_3\beta\gamma_2 + r_3\beta\gamma_3
\end{aligned}$$

mit ganzen rationalen Zahlen $p_1, q_1, \ldots, r_3$ bestehen. Daraus folgt notwendig das Verschwinden der Determinante dieser drei in $\gamma_1, \gamma_2, \gamma_3$ homogenen Relationen:

$$\begin{vmatrix} p_1 - \frac{\alpha}{\beta}, & q_1, & r_1, \\ p_2, & q_2 - \frac{\alpha}{\beta}, & r_2, \\ p_3, & q_3, & r_3 - \frac{\alpha}{\beta} \end{vmatrix} = 0.$$

Diese letztere Gleichheit besagt nun, nach Entwicklung der Determinante hierin, daß die Zahl α/β einer algebraischen Gleichung mit ganzen rationalen Koeffizienten und dem höchsten Koeffizienten 1 genügt; hiernach ist also α/β eine ganze Zahl. Jede Zahl in $\mathfrak{a}$ ist somit durch β teilbar und es existiert infolgedessen ein Ideal $\mathfrak{e} = (\alpha_1/\beta, \alpha_2/\beta, \ldots, \alpha_h/\beta)$; für dasselbe gilt dann die Relation

$$\mathfrak{a} = \mathfrak{e}(\beta). \tag{32}$$

Diese liefert nun, in (31) berücksichtigt:

$$\mathfrak{e}(\beta)\mathfrak{c} = (\beta)\mathfrak{c},$$

woraus dem unter 1⁰ Bewiesenen gemäß

$$\mathfrak{e}\mathfrak{c} = \mathfrak{c}$$

und also nach dem Satze XLI′

$$\mathfrak{e} = (1)$$

folgt; mit Rücksicht darauf ergibt aber (32):

$$\mathfrak{a} = (\beta),$$

was zu beweisen war.

3⁰. $\mathfrak{a}, \mathfrak{b}, \mathfrak{c}$ *seien beliebige Ideale im Körper.* Den Beweis des Satzes XLII′ gründen wir unter diesen allgemeinsten Umständen auf zwei Hilfssätzen, denen auch an sich eine fundamentale Bedeutung in der Idealtheorie zukommt. Der eine dieser Hilfssätze lautet:

XLIII. *Zu jedem beliebigen Ideal $\mathfrak{c}$ des Körpers gibt es eine positive ganze rationale Zahl g derart, daß $\mathfrak{c}^g$ ein Hauptideal wird.*

Beweis: Ist $\mathfrak{c}$ selbst ein Hauptideal, so versteht sich der Satz von selbst, speziell mit dem Werte $g = 1$. Ist $\mathfrak{c}$ kein Hauptideal, so bilden wir aus $\mathfrak{c}$ durch fortgesetzte Potenzierung die Folge der Ideale $\mathfrak{c}, \mathfrak{c}^2, \mathfrak{c}^3, \ldots$; jedes dieser Ideale repräsentiert irgend eine von den Idealklassen des Körpers, der es selbst angehört; da nun für den Körper, nach Satz XXXIX, überhaupt nur eine endliche Anzahl verschiedener Idealklassen existieren, so müssen wir in der obigen Folge von Idealen auch äquivalenten Idealen begegnen. Es sei demgemäß $\mathfrak{c}^{g_1}$ das erste angetroffene Ideal, welches einem bereits vorher vorkommenden, etwa $\mathfrak{c}^{g_0}$, äquivalent ist; dann gibt es im Körper irgend welche von Null verschiedene ganze Zahlen μ, ν, so daß

$$(\nu)\mathfrak{c}^{g_1} = (\mu)\mathfrak{c}^{g_0}$$

wird. Daraus folgt nach dem schon unter 2^0 Bewiesenen:

$$(\nu)\mathfrak{c}^{g_1-g_0} = (\mu);$$

demnach ist die ganze Zahl μ durch die ganze Zahl ν teilbar, also etwa $= \gamma\nu$, wobei γ eine weitere ganze Zahl $\neq 0$ im Körper bedeutet, und somit haben wir:

$$(\nu)\mathfrak{c}^{g_1-g_0} = (\gamma)(\nu);$$

hieraus folgt endlich dem unter 1^0 Bewiesenen gemäß:

$$\mathfrak{c}^{g_1-g_0} = (\gamma).$$

Danach ist unser Satz mit dem Werte $g = g_1 - g_0$ richtig. Die hier ermittelte Zahl $g_1 - g_0$ ist zugleich der *kleinste* positive Exponent, zu dem $\mathfrak{a}$ erhoben ein Hauptideal wird, denn eine gegenteilige Annahme würde, wie man sich leicht überzeugt, zu einem Widerspruch gegen die Voraussetzung über die Natur des Exponenten g_1 führen.

Der andere von den erforderlichen Hilfssätzen lautet:

XLIV. *Zu jedem beliebigen Ideal kann man im Körper ein weiteres Ideal derart finden, daß das Produkt beider Ideale ein Hauptideal wird.*

Beweis: Ist $\mathfrak{c}$ das gegebene Ideal und g ein solcher ganzer rationaler positiver Exponent, daß $\mathfrak{c}^g$ ein Hauptideal, $= (\gamma)$, wird, so brauchen wir nur $\mathfrak{c}^{g-1}$ für das weitere Ideal, von welchem in dem Satze die Rede ist, zu nehmen und haben damit in der Tat:

$$\mathfrak{c} \cdot \mathfrak{c}^{g-1} = (\gamma).$$

Dabei ist, sollte $g = 1$, also $\mathfrak{c}$ selbst ein Hauptideal sein, unter $\mathfrak{c}^0$ das Hauptideal (1) zu verstehen.

Nun gestaltet sich der Beweis des Satzes XLII′ im allgemeinen Falle 3^0 sehr einfach. Wir bestimmen zu dem in der Formel (30) auftretenden Ideal $\mathfrak{c}$ ein Ideal $\mathfrak{c}^*$ im Körper derart, daß $\mathfrak{c}\mathfrak{c}^*$ ein Hauptideal, $= (\gamma)$, wird; multiplizieren wir sodann in (30) beide Seiten mit $\mathfrak{c}^*$, so ergibt sich:

$$\mathfrak{a}(\gamma) = \mathfrak{b}(\gamma),$$

und hieraus folgt gemäß dem bereits im Falle 1^0 Bewiesenen:

$$\mathfrak{a} = \mathfrak{b},$$

was zu beweisen war.

§ 9. Reziproke Idealklassen.

Den auf *Gleichheiten zwischen Idealen* bezüglichen elementaren Sätzen des vorigen Paragraphen entsprechen ganz analoge Sätze über *Äquivalenzen zwischen Idealen.*

Es wird hier immer nur von Idealen und ganzen Zahlen in einem bestimmten Körper gesprochen.

So ist aus der Definition der Äquivalenz von Idealen unmittelbar klar,

XLV. *daß wenn* $\mathfrak{a}$ *ein beliebiges Ideal und* (β) *ein beliebiges Hauptideal im Körper bedeuten, stets*

$$\mathfrak{a}(\beta) \sim \mathfrak{a}$$

ist.

Es gilt aber auch die Umkehrung hiervon, lautend:

XLV'. *Wenn*

$$\mathfrak{a}\mathfrak{b} \sim \mathfrak{a}$$

ist, so ist $\mathfrak{b}$ *notwendig ein Hauptideal.* Denn es gibt dann ganze Zahlen $\mu \neq 0$ und $\nu \neq 0$ im Körper, so daß

$$\nu\mathfrak{a}\mathfrak{b} = \mu\mathfrak{a}$$

ist, und hieraus folgt nach dem Satze XLII':

$$\nu\mathfrak{b} = (\mu);$$

danach ist μ durch ν teilbar und kommt $\mathfrak{b}$ auf das Hauptideal (μ/ν) hinaus, also ist

$$\mathfrak{b} \sim (1).$$

XLVI. *Multipliziert man zwei äquivalente Ideale* $\mathfrak{a}$, $\mathfrak{b}$ *mit einem und demselben Ideal* $\mathfrak{c}$, *so sind auch die erhaltenen Produkte äquivalent.* In der Tat: nach Voraussetzung gibt es zwei von Null verschiedene ganze Zahlen μ, ν im Körper derart, daß

$$\nu\mathfrak{b} = \mu\mathfrak{a}$$

ist; daraus folgt

$$\nu\mathfrak{b}\mathfrak{c} = \mu\mathfrak{a}\mathfrak{c},$$

also

$$\mathfrak{b}\mathfrak{c} \sim \mathfrak{a}\mathfrak{c}.$$

Auch für diesen Satz gilt die genaue Umkehrung, und zwar:

XLVI'. *Aus*

$$\mathfrak{a}\mathfrak{c} \sim \mathfrak{b}\mathfrak{c}$$

folgt

$$\mathfrak{a} \sim \mathfrak{b}.$$

Denn der Voraussetzung gemäß gibt es von Null verschiedene ganze Zahlen μ, ν im Körper derart, daß

$$\mu\mathfrak{a}\mathfrak{c} = \nu\mathfrak{b}\mathfrak{c}$$

wird; daraus folgt dann nach XLII':

$$\mu\mathfrak{a} = \nu\mathfrak{b},$$

also

$$\mathfrak{a} \sim \mathfrak{b}.$$

Durch Anwendung des Satzes XLVI bzw. XLVI′ ergeben sich die folgenden Tatsachen:

XLVII. *Hat man*

$$\mathfrak{a} \sim \mathfrak{a}^*, \quad \mathfrak{b} \sim \mathfrak{b}^*,$$

so gilt

$$\mathfrak{a}\mathfrak{b} \sim \mathfrak{a}^*\mathfrak{b} \sim \mathfrak{a}^*\mathfrak{b}^*.$$

XLVII′. *Hat man*

$$\mathfrak{a}\mathfrak{b} \sim \mathfrak{a}^*\mathfrak{b}^*, \quad \mathfrak{a} \sim \mathfrak{a}^*,$$

so folgt hieraus zunächst:

$$\mathfrak{a}\mathfrak{b} \sim \mathfrak{a}^*\mathfrak{b} \sim \mathfrak{a}^*\mathfrak{b}^*,$$

und daraus:

$$\mathfrak{b} \sim \mathfrak{b}^*.$$

Zu einem Ideal $\mathfrak{a}$ kann nach dem Satze XLIV immer im Körper ein solches Ideal $\mathfrak{b}$ ermittelt werden, daß

$$\mathfrak{a}\mathfrak{b} \sim (1)$$

wird. Hernach wird dann dem Satze XLVII zufolge auch das Produkt eines *beliebigen* Ideals derjenigen Klasse, welcher $\mathfrak{a}$ angehört, in ein *beliebiges* Ideal der durch $\mathfrak{b}$ bestimmten Klasse $\sim (1)$ sein.

Zwei in derartiger Beziehung zueinander stehende Idealklassen des Körpers, daß ein Produkt aus einem beliebigen Ideal der ersten und einem beliebigen Ideal der zweiten Klasse stets ein Hauptideal liefert, nennt man *zueinander reziprok*.

Zu jeder Idealklasse gehört im Körper eine einzige reziproke Idealklasse; hat man nämlich für Ideale $\mathfrak{a}$, $\mathfrak{b}$, $\mathfrak{b}^*$ des Körpers gleichzeitig

$$\mathfrak{a}\mathfrak{b} \sim (1), \quad \mathfrak{a}\mathfrak{b}^* \sim (1),$$

so kann dies wegen des Satzes XLVI′ nicht anders stattfinden, als daß

$$\mathfrak{b} \sim \mathfrak{b}^*$$

ist, also $\mathfrak{b}$ und $\mathfrak{b}^*$ zu derselben Idealklasse gehören.

Die Klasse der Hauptideale ist zu sich selbst reziprok; denn das Produkt von zwei Hauptidealen ist immer wieder ein Hauptideal.

§ 10. Teilbarkeit von Idealen.

Wenn zu zwei Idealen $\mathfrak{a}$, $\mathfrak{t}$ ein drittes $\mathfrak{m}$ derart gehört, daß $\mathfrak{a} = \mathfrak{m}\mathfrak{t}$ ist, so sagen wir, daß $\mathfrak{a}$ *durch* $\mathfrak{t}$ *teilbar* ist oder daß $\mathfrak{t}$ *ein Teiler von* $\mathfrak{a}$ ist.

Jedes Ideal ist durch sich selbst und durch das Hauptideal (1) *teilbar.*

Der Umstand, daß ein Ideal $\mathfrak{a}$ *durch ein Hauptideal* (τ) *teilbar ist, kommt offenbar darauf hinaus, daß jede Zahl in* $\mathfrak{a}$ *durch* τ *teilbar ist.*

Die Beziehung eines Ideals $\mathfrak{a}$ zu einem Teiler $\mathfrak{t}$ desselben läßt sich noch auf eine andere Weise charakterisieren. Ist $\mathfrak{a} = \mathfrak{m}\mathfrak{t}$, so folgt daraus, daß jede Zahl in $\mathfrak{a}$ sich linear aus Zahlen in $\mathfrak{t}$ zusammensetzen läßt mit Koeffizienten, die Zahlen in $\mathfrak{m}$ sind. Daraus geht dann vor allem hervor, *daß jede Zahl in* $\mathfrak{a}$ *unter den Zahlen des Ideals* $\mathfrak{t}$ *vorkommt*, daß also das Punktgitter $\mathfrak{G}(\mathfrak{a})$ ganz im Punktgitter $\mathfrak{G}(\mathfrak{t})$ aufgeht, — oder, wie wir sagen wollen, um die Ausdrucksweise besser der Vorstellung von $\mathfrak{t}$ als Teil anzupassen, — daß das Punktgitter $\mathfrak{G}(\mathfrak{a})$ das Punktgitter $\mathfrak{G}(\mathfrak{t})$ *umgibt.*

Wenn umgekehrt es zunächst feststeht, daß das Punktgitter $\mathfrak{G}(\mathfrak{a})$ das Punktgitter $\mathfrak{G}(\mathfrak{t})$ umgibt, d. h. daß eine jede Zahl von $\mathfrak{a}$ unter jenen von $\mathfrak{t}$ vorkommt, so folgt daraus sofort auch mit Notwendigkeit, *daß das Ideal* $\mathfrak{a}$ *durch das Ideal* $\mathfrak{t}$ *teilbar ist.* Ist nämlich zunächst $\mathfrak{t}$ ein Hauptideal, so versteht sich die behauptete Tatsache ohne weiteres. Ist ferner $\mathfrak{t}$ kein Hauptideal, so können wir dazu jedenfalls ein Ideal $\mathfrak{t}^*$ derart bestimmen, daß $\mathfrak{t}\mathfrak{t}^*$ ein Hauptideal, $= (\tau)$ wird; da alsdann infolge unserer Voraussetzung, wie man ohne Weiteres erkennt, auch jede Zahl aus $\mathfrak{a}\mathfrak{t}^*$ eine Zahl aus $\mathfrak{t}\mathfrak{t}^*$ sein wird, d. h. alle Zahlen von $\mathfrak{a}\mathfrak{t}^*$ unter jenen von $\mathfrak{t}\mathfrak{t}^*$, also unter den sämtlichen Vielfachen von τ vorkommen, so ist also nach dem bereits soeben Bemerkten gewiß $\mathfrak{a}\mathfrak{t}^*$ durch $\mathfrak{t}\mathfrak{t}^*$ und in der Folge nun, nach dem Satze XLII′, $\mathfrak{a}$ durch $\mathfrak{t}$ teilbar.

Auf Grund dieser Tatsachen ergibt sich hiermit die folgende andere Charakterisierung des Begriffs „Teiler eines Ideals“: *Ein Ideal* $\mathfrak{t}$ *ist ein Teiler des Ideals* $\mathfrak{a}$, *wenn alle Zahlen von* $\mathfrak{a}$ *auch in* $\mathfrak{t}$ *vorkommen.*

Man hat hiernach zu beachten, daß von zwei Idealen, deren eines ein Teiler des anderen ist, der Teiler zumindest dieselben Zahlen umfaßt, wie das andere Ideal, also das an Zahlen reichere Ideal ist, falls nicht beide Ideale identisch sind. Wie denn beispielsweise das Ideal (1), welches Teiler eines jeden Ideals im Körper ist, überhaupt alle ganzen Zahlen des Körpers in sich begreift.

Eine unmittelbare Folgerung aus dieser letzteren Charakterisierung eines Idealteilers ist der folgende Satz:

XLVIII. *Bedeutet* α *eine beliebige Zahl in einem Ideal* $\mathfrak{a}$, *so ist stets das Hauptideal* (α) *durch* $\mathfrak{a}$ *teilbar.* —

Ist $\mathfrak{t}$ gleichzeitig Teiler eines jeden von zwei Idealen $\mathfrak{a}, \mathfrak{b}$, so nennt man es einen *gemeinsamen Teiler* der zwei Ideale.

Das aus zwei Idealen $\mathfrak{a}, \mathfrak{b}$ *abzuleitende Ideal* $(\mathfrak{a}, \mathfrak{b})$ (vgl. § 8) *ist ein gemeinsamer Teiler von* $\mathfrak{a}$ *und* $\mathfrak{b}$*;* denn sowohl jede Zahl von $\mathfrak{a}$, als auch jede von $\mathfrak{b}$ ist unter den Zahlen des Ideals $(\mathfrak{a}, \mathfrak{b})$ enthalten. *Zugleich ist jeder gemeinsame Teiler von* $\mathfrak{a}$ *und* $\mathfrak{b}$ *auch Teiler von* $(\mathfrak{a}, \mathfrak{b})$: denn aus zwei Gleichungen

$$\mathfrak{a} = \mathfrak{t}\mathfrak{m}, \quad \mathfrak{b} = \mathfrak{t}\mathfrak{n}$$

für Ideale $\mathfrak{t}, \mathfrak{m}, \mathfrak{n}$ folgt (nach § 8, Gleich. (28)):

$$(\mathfrak{a}, \mathfrak{b}) = (\mathfrak{t}\mathfrak{m}, \mathfrak{t}\mathfrak{n}) = \mathfrak{t}(\mathfrak{m}, \mathfrak{n}).$$

Wegen dieser beiden Eigenschaften nennt man das Ideal $(\mathfrak{a}, \mathfrak{b})$ den *größten gemeinsamen Teiler* der Ideale $\mathfrak{a}, \mathfrak{b}$.

Ist der größte gemeinsame Teiler zweier Ideale $= (1)$, so nennt man diese Ideale *teilerfremd* oder *relativ prim.*

XLIX. *Sind die Ideale* $\mathfrak{a}, \mathfrak{b}$ *teilerfremd, so lassen sich in ihnen bzw. zwei Zahlen* α, β *derart angeben, daß*

$$\alpha + \beta = 1$$

wird. Ist nämlich

$$(\mathfrak{a}, \mathfrak{b}) = (1),$$

dabei (nach den Zahlen, aus denen die Ideale entspringen),

$$\mathfrak{a} = (\alpha_1, \alpha_2, \ldots, \alpha_h), \quad \mathfrak{b} = (\beta_1, \beta_2, \ldots, \beta_k),$$

so muß sich die Zahl 1, weil sie in $(\mathfrak{a}, \mathfrak{b})$ vorkommen soll, in der Form

$$1 = \lambda_1\alpha_1 + \lambda_2\alpha_2 + \cdots + \lambda_h\alpha_h + \mu_1\beta_1 + \mu_2\beta_2 + \cdots + \mu_k\beta_k \qquad (33)$$

darstellen lassen, worin

$$\lambda_1, \lambda_2, \ldots, \lambda_h, \quad \mu_1, \mu_2, \ldots, \mu_k$$

irgend welche ganze Zahlen des Körpers sind; nun ist in (33)

$$\lambda_1\alpha_1 + \lambda_2\alpha_2 + \cdots + \lambda_h\alpha_h$$

eine Zahl in $\mathfrak{a}$,

$$\mu_1\beta_1 + \mu_2\beta_2 + \cdots + \mu_k\beta_k$$

eine Zahl in $\mathfrak{b}$ und daraus folgt unmittelbar die Richtigkeit der Behauptung. —

Die Begriffe eines gemeinsamen und des größten gemeinsamen Teilers zweier Ideale und die darauf bezüglichen Sätze lassen sich in naheliegender Weise auf gemeinsame Teiler beliebig vieler Ideale erweitern, ganz wie dies mit den analogen Begriffen und Sätzen in der Theorie der rationalen Zahlen zu geschehen pflegt.

§ 11. Zerlegung von Idealen in Primideale.

Die Beziehung zwischen einem Ideal $\mathfrak{a}$ und einem Teiler desselben, $\mathfrak{t}$, ließ in § 10 die einfache geometrische Deutung zu: das Punktgitter $\mathfrak{G}(\mathfrak{a})$ *umgibt* das Punktgitter $\mathfrak{G}(\mathfrak{t})$.

Wir können danach alle Teiler $\mathfrak{t}$ eines vorgelegten Ideals $\mathfrak{a}$ in der Weise ermitteln, daß wir zunächst alle im Gesamtgitter $\mathfrak{G}(\mathfrak{o})$ des Körpers irgendwie enthaltenen Gitter suchen, welche vom Gitter $\mathfrak{G}(\mathfrak{a})$ umgeben werden, und von den gefundenen Gittern sodann nur diejenigen beibehalten, welche überhaupt Idealen entsprechen, wofür die am Schlusse von § 3 angegebenen Umstände maßgebend sind.

Zu jedem Teiler $\mathfrak{t}$ von $\mathfrak{a}$, resp. zu dem ihm entsprechenden Gitter $\mathfrak{G}(\mathfrak{t})$ gehört nun, wenn das Gitter $\mathfrak{G}(\mathfrak{a})$ irgendwie auf ein Grundparallelepiped

$$0 \leqq X < 1, \quad 0 \leqq Y < 1, \quad 0 \leqq Z < 1$$

bezogen ist, ein diesem letzteren adaptiertes Grundparallelepiped, (vgl. Kap. III § 14), — also eine ganz bestimmte Substitution

$$\begin{aligned} \bar{x} &= l_1 X + l_2 Y + l_3 Z, \\ \bar{y} &= \phantom{l_1 X + {}} m_2 Y + m_3 Z, \\ \bar{z} &= \phantom{l_1 X + m_2 Y + {}} n_3 Z \end{aligned} \tag{34}$$

mit ganzzahligen rationalen, die Ungleichungen

$$\begin{gathered} l_1 > 0, \quad m_2 > 0, \quad n_3 > 0, \\ 0 \leqq \frac{l_2}{m_2} < 1, \quad 0 \leqq \frac{l_3}{n_3} < 1, \quad 0 \leqq \frac{m_3}{n_3} < 1 \end{gathered} \tag{35}$$

befriedigenden Koeffizienten, — derart, daß $\mathfrak{G}(\mathfrak{t})$ genau durch das Gitter in $\bar{x}$, $\bar{y}$, $\bar{z}$ vorgestellt wird. Zugleich ergibt sich aus dieser Substitution der Zusammenhang zwischen der dem $\bar{x}$-, $\bar{y}$-, $\bar{z}$-Gitter zugrunde liegenden Basisform des Ideals $\mathfrak{t}$, etwa $\tau_1\bar{x} + \tau_2\bar{y} + \tau_3\bar{z}$, und der dem X, Y, Z-Gitter zugrunde liegenden Basisform des Ideals $\mathfrak{a}$, etwa $\alpha_1 X + \alpha_2 Y + \alpha_3 Z$, und zwar in den Relationen:

$$\begin{aligned} \alpha_1 &= l_1\tau_1, \\ \alpha_2 &= l_2\tau_1 + m_2\tau_2, \\ \alpha_3 &= l_3\tau_1 + m_3\tau_2 + n_3\tau_3. \end{aligned}$$

Ziehen wir noch die zu diesen letzteren analogen Relationen für die zu $\alpha_1, \ldots \tau_3$ konjugierten Größen $\alpha_1', \ldots \tau_3'$ bzw. $\alpha_1'', \ldots \tau_3''$ heran, so ergibt sich aus allen neun Relationen zunächst die folgende Beziehung zwischen der Diskriminante von $\alpha_1, \alpha_2, \alpha_3$ und jener von τ_1, τ_2, τ_3:

$$\Delta^2(\alpha_1, \alpha_2, \alpha_3) = l_1^2 m_2^2 n_3^2 \cdot \Delta^2(\tau_1, \tau_2, \tau_3). \tag{36}$$

Da nun (vgl. § 4)

$$\Delta^2(\alpha_1, \alpha_2, \alpha_3) = (\mathrm{Nm}\,\mathfrak{a})^2 \cdot \Delta^2(\omega_1, \omega_2, \omega_3),$$
$$\Delta^2(\tau_1, \tau_2, \tau_3) = (\mathrm{Nm}\,\mathfrak{t})^2 \cdot \Delta^2(\omega_1, \omega_2, \omega_3)$$

ist, unter $\omega_1, \omega_2, \omega_3$ eine Basis im Körper verstanden, so folgt aus (36) weiter:

$$\mathrm{Nm}\,\mathfrak{a} = l_1 m_2 n_3 \cdot \mathrm{Nm}\,\mathfrak{t}.$$

Es ist also $l_1 m_2 n_3$ ein Teiler von $\mathrm{Nm}\,\mathfrak{a}$ und hieraus folgt, daß, wenn das Ideal $\mathfrak{a}$, oder selbst nur $\mathrm{Nm}\,\mathfrak{a}$, vorgegeben ist, zunächst *für die ganzen positiven Zahlen* l_1, m_2, n_3 *und hernach, mit Rücksicht noch auf* (35), *überhaupt für die sämtlichen Koeffizienten in der Substitution* (34) *von vornherein nur eine endliche Anzahl von Wertekombinationen zulässig ist.* Namentlich zeigt sich, daß in jedem besonderen Falle entweder $l_1 m_2 n_3 > 1$ und dann $\mathrm{Nm}\,\mathfrak{t} < \mathrm{Nm}\,\mathfrak{a}$ ist, oder andernfalls nur $\mathfrak{t} = \mathfrak{a}$ sein kann; d. h. *jeder Teiler von* $\mathfrak{a}$, *außer* $\mathfrak{a}$ *selbst, hat eine Norm, die* $< \mathrm{Nm}\,\mathfrak{a}$ *ist.* Da überdies zwei verschiedenen Teilern von $\mathfrak{a}$ notwendig zwei verschiedene Substitutionen (34) entsprechen, so liefert unsere Überlegung den folgenden Satz:

L. *Ein gegebenes Ideal kann nur eine endliche Anzahl von verschiedenen Teilern haben.*

Ein von (1) verschiedenes Ideal, welches außer sich selbst und dem Hauptideal (1) keine weiteren Teiler besitzt, also nicht anders in zwei Idealfaktoren zerlegbar ist, als in ein Produkt aus sich selbst in das Hauptideal (1), soll ein *Primideal* heißen.

Der Wert 1 als Norm kommt nur dem Ideale (1) zu. Wir bezeichnen eine Zerlegung $\mathfrak{a} = \mathfrak{m}\mathfrak{t}$ eines von (1) verschiedenen Ideals $\mathfrak{a}$ als eine *echte* Zerlegung, wenn dabei weder $\mathfrak{m} = (1)$, $\mathfrak{t} = \mathfrak{a}$, noch $\mathfrak{m} = \mathfrak{a}$, $\mathfrak{t} = (1)$ ist; bei einer solchen echten Zerlegung muß dem Obigen zufolge $\mathrm{Nm}\,\mathfrak{t}$ und muß desgleichen $\mathrm{Nm}\,\mathfrak{m}$ als ganze rationale, 1 noch überschreitende Zahl $< \mathrm{Nm}\,\mathfrak{a}$ ausfallen. Auf Grund dieser Tatsache läßt sich unmittelbar der Schluß ziehen, daß *ein beliebig vorgelegtes, von* (1) *verschiedenes Ideal entweder keine echte Zerlegung zuläßt oder durch fortgesetzte echte Zerlegung in Teiler sich schließlich als Produkt einer endlichen Anzahl von solchen, von* (1) *verschiedenen Idealen darstellen muß, welche keine echte Zerlegung mehr zulassen.* Wir kommen damit zum folgenden Satze:

LI. *Ein gegebenes von* (1) *verschiedenes Ideal ist entweder ein Primideal oder es läßt sich als Produkt einer endlichen Anzahl von Primidealen darstellen.*

Die hier durchgeführte Betrachtung zeigt auch den Weg, auf welchem die Darstellung eines Ideals als Produkt von Primidealen gewonnen werden kann.

§ 12. Eindeutigkeit der Zerlegung von Idealen in Primideale.

Es fragt sich nun, ob man auf verschiedenen Wegen nicht etwa zu verschiedenen multiplikativen Darstellungen desselben Ideals durch Primideale gelangen kann. Diese Frage ist zu verneinen:

LII. *Die multiplikative Zerlegung eines Ideals in Primideale ist immer eindeutig.*

Zum Beweise dieses fundamentalen Satzes brauchen wir den folgenden Hilfssatz:

LIII. *Wenn das Produkt zweier Ideale durch ein Primideal teilbar ist, so muß mindestens einer der beiden Faktoren durch dieses Primideal teilbar sein.*

Beweis: Es sei das Primideal $\mathfrak{p}$ ein Teiler des Produkts der Ideale $\mathfrak{a}$, $\mathfrak{b}$. Angenommen, es sei dabei $\mathfrak{a}$ nicht durch $\mathfrak{p}$ teilbar und daher $\mathfrak{a}$ zu $\mathfrak{p}$ teilerfremd, dann ist hier zu zeigen, daß $\mathfrak{p}$ in $\mathfrak{b}$ aufgehen muß. Wir bestimmen nach dem Satze XLIX (S. 175) eine Zahl α in $\mathfrak{a}$ und eine Zahl φ in $\mathfrak{p}$ derart, daß

$$\alpha + \varphi = 1$$

wird. Bedeutet nun β eine beliebige Zahl in $\mathfrak{b}$, so ist $\alpha\beta$ eine Zahl in $\mathfrak{a}\mathfrak{b}$, also auch in dem Teiler $\mathfrak{p}$ von $\mathfrak{a}\mathfrak{b}$; ferner ist $\beta\varphi$ ebenfalls eine Zahl in $\mathfrak{p}$; in der Folge ist also auch die Summe der beiden Zahlen, $(\alpha + \varphi)\beta = \beta$, unter den Zahlen von $\mathfrak{p}$ enthalten. Sonach ist jede Zahl in $\mathfrak{b}$ zugleich eine Zahl in $\mathfrak{p}$ und also $\mathfrak{p}$ ein Teiler von $\mathfrak{b}$, was zu beweisen war.

Der Hilfssatz LIII überträgt sich sofort, mit entsprechend geändertem Wortlaute, auf ein Produkt von beliebig vielen Idealen.

Angenommen nun, um zum Beweise des Satzes LII überzugehen, es lägen für ein Ideal $\mathfrak{a} \neq (1)$ zwei verschiedene Zerlegungen vor:

$$\begin{aligned} \mathfrak{a} &= \mathfrak{p}_1^{s_1} \mathfrak{p}_2^{s_2} \ldots \mathfrak{p}_f^{s_f} \\ &= \mathfrak{q}_1^{t_1} \mathfrak{q}_2^{t_2} \ldots \mathfrak{q}_g^{t_g}, \end{aligned}$$

worin $\mathfrak{p}_1, \mathfrak{p}_2, \ldots, \mathfrak{p}_f$ für sich und $\mathfrak{q}_1, \mathfrak{q}_2, \ldots, \mathfrak{q}_g$ für sich jedesmal untereinander verschiedene Primideale und $s_1, s_2, \ldots, s_f, t_1, t_2, \ldots, t_g$ lauter positive ganze Zahlen bedeuten. Auf Grund des soeben bewiesenen Hilfssatzes erschließt man, daß jedes der Ideale $\mathfrak{p}_1, \mathfrak{p}_2, \ldots, \mathfrak{p}_f$ Teiler von mindestens einem der Ideale $\mathfrak{q}_1, \mathfrak{q}_2, \ldots, \mathfrak{q}_g$ sein muß und umgekehrt. Dies ist aber, da hier lauter Primideale vorliegen, offenbar nur so möglich, daß die einzelnen $\mathfrak{p}$ mit den einzelnen $\mathfrak{q}$ bis auf die Reihenfolge bzw. identisch sind. Wir kämen also bei entsprechender Anordnung der $\mathfrak{q}$ zu zwei Darstellungen folgender Art für $\mathfrak{a}$:

$$\begin{aligned} \mathfrak{a} &= \mathfrak{p}_1^{s_1}\mathfrak{p}_2^{s_2}\ldots\mathfrak{p}_f^{s_f} \\ &= \mathfrak{p}_1^{t_1}\mathfrak{p}_2^{t_2}\ldots\mathfrak{p}_f^{t_f}. \end{aligned} \tag{37}$$

Wäre nun beispielsweise $s_1 < t_1$, so würde aus (37) folgen:

$$\mathfrak{p}_2^{s_2}\ldots\mathfrak{p}_f^{s_f} = \mathfrak{p}_1^{t_1-s_1}\mathfrak{p}_2^{t_2}\ldots\mathfrak{p}_f^{t_f},$$

wobei also die rechte Seite, aber kein Faktor der linken Seite durch $\mathfrak{p}_1$ teilbar wäre, was dem besagten Hilfssatze widersprechen würde. Es muß daher notwendig $s_1 = t_1$ und aus analogen Gründen auch weiter $s_2 = t_2, \ldots, s_f = t_f$ sein; hiermit ist aber der Satz LII bewiesen.*)

§ 13. Restensystem nach einem Ideal.

Wenn eine Zahl α in einem gegebenen Ideal $\mathfrak{a}$ enthalten ist, so sagen wir, daß *α kongruent 0 ist nach dem Modul* $\mathfrak{a}$ und schreiben dies, wie folgt:

$$\alpha \equiv 0 \pmod{\mathfrak{a}}.$$

Diese Aussage ist also gleichbedeutend damit, daß das Hauptideal (α) durch $\mathfrak{a}$ teilbar ist.

Wir nennen zwei ganze Zahlen des Körpers, ω^*, ω, *nach einem Ideal* $\mathfrak{a}$ *des Körpers als Modul einander kongruent*, in Zeichen

$$\omega^* \equiv \omega \pmod{\mathfrak{a}},$$

wenn

$$\omega^* - \omega \equiv 0 \pmod{\mathfrak{a}}$$

ist. Bilden $\alpha_1, \alpha_2, \alpha_3$ eine Basis des Ideals $\mathfrak{a}$, — wir nehmen dabei wieder das Beispiel eines kubischen Körpers auf, — so kommt die eben erwähnte Beziehung zwischen ω^* und ω auf das Bestehen einer Gleichung

$$\omega^* = \omega + P\alpha_1 + Q\alpha_2 + R\alpha_3$$

mit rationalen ganzen P, Q, R hinaus.

*) Die Idee, zuerst die Endlichkeit der Anzahl der Idealklassen festzustellen und diese Tatsache dann als Grundlage für den Beweis des Satzes von der eindeutigen Zerlegbarkeit der Ideale in Primideale zu nehmen, rührt von Hurwitz (Gött. Nachr. 1895, pag. 324) her. Hurwitz führte diese Idee auf einem Wege durch, der als eine Verallgemeinerung des Euklidischen Divisionsverfahrens zur Bestimmung des größten gemeinsamen Teilers zweier Zahlen angesehen werden kann. Neu ist hier die Verwendung der Sätze über die Adaption eines Zahlengitters an ein enthaltenes Gitter (Kap. III § 14) und der allgemeinen diophantischen Approximationen in bezug auf Parallelepipede bzw. elliptische Zylinder behufs Erreichung des gleichen Zieles.

Man beweist mit Leichtigkeit die folgenden Sätze, in denen unter ganzen Zahlen und Idealen stets ganze Zahlen und Ideale des gegebenen Körpers zu verstehen sind und kleine griechische Buchstaben nur solche ganze Zahlen, kleine deutsche Buchstaben nur solche Ideale bezeichnen sollen:

LIV. *Jede ganze Zahl ist sich selbst nach einem beliebigen Ideal als Modul kongruent.*

LIV'. *Wenn zwei ganze Zahlen derselben dritten ganzen Zahl nach einem Ideal* $\mathfrak{a}$ *als Modul kongruent sind, so sind sie auch untereinander mod* $\mathfrak{a}$ *kongruent.*

LV. *Wenn*

$$\sigma^* \equiv \sigma, \quad \tau^* \equiv \tau \pmod{\mathfrak{a}}$$

ist, so folgt daraus:

$$\sigma^* \pm \tau^* \equiv \sigma \pm \tau \pmod{\mathfrak{a}},$$

$$\sigma^* \tau^* \equiv \sigma\tau \pmod{\mathfrak{a}}.$$

LV'. *Wenn*

$$\sigma\omega^* \equiv \sigma\omega \pmod{\mathfrak{a}}$$

und dabei das Hauptideal (σ) *zu* $\mathfrak{a}$ *teilerfremd ist, so ist auch*

$$\omega^* \equiv \omega \pmod{\mathfrak{a}}.$$

LVI. *Wenn*

$$\omega^* \equiv \omega \pmod{\mathfrak{a}}$$

und $\mathfrak{t}$ *ein Teiler von* $\mathfrak{a}$ *ist, so ist auch*

$$\omega^* \equiv \omega \pmod{\mathfrak{t}}.$$

LVI'. *Wenn*

$$\omega^* \equiv \omega \pmod{\mathfrak{a}},$$

$$\omega^* \equiv \omega \pmod{\mathfrak{b}}$$

ist und zugleich $\mathfrak{a}$, $\mathfrak{b}$ *teilerfremd sind, so ist auch*

$$\omega^* \equiv \omega \pmod{\mathfrak{a}\mathfrak{b}}.$$

Wir denken uns ein Ideal $\mathfrak{a}$ von der Norm $N(\mathfrak{a}) = N$ in der üblichen Weise durch ein Gitter $\mathfrak{G}(\mathfrak{a})$ dargestellt, welches selbst in dem Gitter $\mathfrak{G}(\mathfrak{o})$ der sämtlichen Zahlen des (hier wieder als kubisch gedachten) Körpers enthalten ist; es sei dabei $\mathfrak{G}(\mathfrak{a})$ auf ein Grundparallelepiped

$$0 \leq X < 1, \quad 0 \leq Y < 1, \quad 0 \leq Z < 1 \tag{38}$$

bezogen und $\alpha_1 X + \alpha_2 Y + \alpha_3 Z$ die diesem Gitter $\mathfrak{G}(\mathfrak{a})$ entsprechende Basisform für $\mathfrak{a}$. Sind dann

$$\sigma_1, \sigma_2, \ldots, \sigma_N \tag{39}$$

diejenigen, der Anzahl nach N, ganzen Zahlen des Körpers, für welche die zugehörigen Gitterpunkte in $\mathfrak{G}(\mathfrak{o})$ dem Bereiche des Grundparallelepipeds (38) angehören (vgl. § 4), so läßt sich zu einer jeden ganzen Zahl ω des Körpers eine Zahl σ_k unter jenen (39) eindeutig derart angeben, daß

$$\omega \equiv \sigma_k \pmod{\mathfrak{a}} \tag{40}$$

wird. Es ist nämlich offenbar dieses σ_k genau diejenige eindeutig bestimmte unter den Zahlen (39), für welche der zugehörige Gitterpunkt dem der Zahl ω entsprechenden Gitterpunkte in bezug auf das Gitter $\mathfrak{G}(\mathfrak{a})$ homolog ist, d. h. aus diesem letzteren Gitterpunkte bei einer entsprechenden Translation des Gitters $\mathfrak{G}(\mathfrak{a})$ in sich selbst hervorgeht; sind $X = -P$, $Y = -Q$, $Z = -R$ die (ganzzahligen) Bestimmungsstücke der betreffenden Translation, so haben wir dabei:

$$\sigma_k = \omega - P\alpha_1 - Q\alpha_2 - R\alpha_3,$$

woraus die Beziehung (40) folgt. Zugleich erhellt, daß es unter den Zahlen (39) selbst nicht zwei mod $\mathfrak{a}$ einander kongruente geben kann. Wir gewinnen damit folgenden Satz:

LVII. *Zu einem Ideal $\mathfrak{a}$ von der Norm N lassen sich stets N ganze Zahlen im Körper derart angeben, daß jede ganze Zahl des Körpers einer und nur einer dieser N Zahlen mod $\mathfrak{a}$ kongruent ist.*

N Zahlen im Körper von dieser Art nennen wir ein *vollständiges Restensystem modulo $\mathfrak{a}$.*

Aus einem vollständigen Restensystem mod $\mathfrak{a}$ kann man beliebig viele andere solche Systeme ableiten, indem man die einzelnen Elemente des erstgegebenen beliebig durch additive Hinzufügung von irgend welchen Zahlen des Ideals $\mathfrak{a}$ variiert.

Hiermit haben wir für die Norm eines Ideals eine neue Bedeutung gefunden: *die Norm eines Ideals ist mit der Anzahl der Elemente in einem vollständigen Restensystem nach dem Ideal als Modul identisch.*

§ 14. Sätze über Normen von Idealen.

Auf der zuletzt gewonnenen Bedeutung der Norm eines Ideals wird sich der Beweis des folgenden Satzes wesentlich gründen:

LVIII. *Die Norm des Produktes zweier Ideale $\mathfrak{a}$, $\mathfrak{b}$ ist gleich dem Produkte der Normen der einzelnen Faktoren:*

$$\mathrm{Nm}(\mathfrak{a}\mathfrak{b}) = \mathrm{Nm}\,\mathfrak{a} \cdot \mathrm{Nm}\,\mathfrak{b}.$$

Wir werden beim Beweise dieses Satzes hier nach einander vier Fälle betrachten; den vorliegenden Körper denken wir uns wieder der Einfachheit halber als einen kubischen.

1^0. *Mindestens einer der Faktoren ist ein Hauptideal, etwa* $\mathfrak{a} = (\alpha)$. Ist $\beta_1, \beta_2, \beta_3$ eine Basis für $\mathfrak{b}$, so ist $\alpha\beta_1, \alpha\beta_2, \alpha\beta_3$ eine solche für $(\alpha)\mathfrak{b}$ und wir haben sodann nach der ursprünglichen Definition der Norm eines Ideals (s. § 4 Gleich. (5)):

$$\Delta^2(\beta_1, \beta_2, \beta_3) = (\mathrm{Nm}\,\mathfrak{b})^2 \cdot \Delta^2(\omega_1, \omega_2, \omega_3),$$
$$\Delta^2(\alpha\beta_1, \alpha\beta_2, \alpha\beta_3) = (\mathrm{Nm}(\alpha\mathfrak{b}))^2 \cdot \Delta^2(\omega_1, \omega_2, \omega_3),$$

unter $\omega_1, \omega_2, \omega_3$ eine Basis des Körpers verstanden. Andererseits finden wir unmittelbar, auf Grund von $\mathrm{Nm}\,\alpha = \alpha\alpha'\alpha''$:

$$\Delta^2(\alpha\beta_1, \alpha\beta_2, \alpha\beta_3) = (\mathrm{Nm}\,\alpha)^2 \cdot \Delta^2(\beta_1, \beta_2, \beta_3).$$

Aus den drei Beziehungen zusammen ergibt sich nun, — wenn wir noch berücksichtigen, daß die Norm eines Ideals als eine wesentlich positive Größe eingeführt ist, — die Relation:

$$\mathrm{Nm}(\alpha\mathfrak{b}) = \mathrm{Nm}(\alpha) \cdot \mathrm{Nm}\,\mathfrak{b}.$$

2^0. *Die beiden Faktoren* $\mathfrak{a}, \mathfrak{b}$ *sind teilerfremde. sonst beliebige Ideale.* Dann lassen sich eine Zahl α in $\mathfrak{a}$ und eine Zahl β in $\mathfrak{b}$ derart angeben, daß

$$\alpha + \beta = 1$$

und also

$$\begin{aligned} \alpha &\equiv 0, \quad \beta \equiv 1 \pmod{\mathfrak{a}}, \\ \alpha &\equiv 1, \quad \beta \equiv 0 \pmod{\mathfrak{b}} \end{aligned} \tag{41}$$

wird. Durchläuft nun σ die $\mathrm{Nm}\,\mathfrak{a}$ Zahlen eines vollständigen Restensystems mod $\mathfrak{a}$ und τ die $\mathrm{Nm}\,\mathfrak{b}$ Zahlen eines vollständigen Restensystems mod $\mathfrak{b}$, so zeigen wir, *daß die* $\mathrm{Nm}\,\mathfrak{a} \cdot \mathrm{Nm}\,\mathfrak{b}$ *Verbindungen* (σ, τ) *in den Werten*

$$\beta\sigma + \alpha\tau \tag{42}$$

genau ein vollständiges Restensystem mod $\mathfrak{a}\mathfrak{b}$ *ergeben.*

In der Tat: Ist ω eine beliebige ganze Zahl im Körper, so haben wir mit eindeutig bestimmten unter den Zahlen σ und τ:

$$\omega \equiv \sigma \pmod{\mathfrak{a}}, \quad \omega \equiv \tau \pmod{\mathfrak{b}}; \tag{43}$$

wegen (41) ist dann, unter Benutzung des Satzes LV,

$$\omega \equiv \beta\sigma + \alpha\tau \pmod{\mathfrak{a}}, \quad \omega \equiv \beta\sigma + \alpha\tau \pmod{\mathfrak{b}},$$

also, da $\mathfrak{a}, \mathfrak{b}$ teilerfremd sind, nach dem Satze LVI',

$$\omega \equiv \beta\sigma + \alpha\tau \pmod{\mathfrak{a}\mathfrak{b}}.$$

Andererseits gibt es unter den sämtlichen $\mathrm{Nm}\,\mathfrak{a} \cdot \mathrm{Nm}\,\mathfrak{b}$ entstehenden Zahlen (42) keine zwei mod $\mathfrak{a}\mathfrak{b}$ einander kongruente; denn die Annahme einer Kongruenz

$$\beta\sigma^* + \alpha\tau^* \equiv \beta\sigma + \alpha\tau \pmod{\mathfrak{a}\mathfrak{b}}$$

für irgend zwei jener Verbindungen, (σ, τ), (σ^*, τ^*), würde zunächst zu

$$\sigma^* \equiv \sigma \pmod{\mathfrak{a}}, \quad \tau^* \equiv \tau \pmod{\mathfrak{b}}$$

und damit sogleich zu

$$\sigma^* = \sigma, \quad \tau^* = \tau$$

führen, so daß es sich hier garnicht um zwei verschiedene jener Verbindungen handeln könnte.

Es bilden also auf diese Weise die $\mathrm{Nm}\,\mathfrak{a} \cdot \mathrm{Nm}\,\mathfrak{b}$ Zahlen (42) tatsächlich ein vollständiges Restensystem mod $(\mathfrak{a}\mathfrak{b})$ und, da ein solches eben genau aus $\mathrm{Nm}(\mathfrak{a}\mathfrak{b})$ Elementen bestehen soll, so folgt notwendig:

$$\mathrm{Nm}(\mathfrak{a}\mathfrak{b}) = \mathrm{Nm}\,\mathfrak{a} \cdot \mathrm{Nm}\,\mathfrak{b}, \quad \text{w. z. b. w.}$$

3°. $\mathfrak{a}$ *ist ein Primideal*, $= \mathfrak{p}$. $\mathfrak{b}$ *irgend eine Potenz desselben*, $= \mathfrak{p}^t$.

Nach dem Satze XLIII existiert zu $\mathfrak{p}$ ein ganzzahliger rationaler Exponent $g \geqq 1$, so daß

$$\mathfrak{p}^g \sim (1) \tag{44}$$

wird. Nun sei ψ eine solche Zahl in $\mathfrak{p}^{g-1}$, welche in $\mathfrak{p}^g$ nicht enthalten ist; solche Zahlen muß es in $\mathfrak{p}^{g-1}$ geben, denn wäre jede Zahl von $\mathfrak{p}^{g-1}$ in $\mathfrak{p}^g$ enthalten, so wäre $\mathfrak{p}^{g-1}$ durch $\mathfrak{p}^g$ teilbar, was durch den Satz LII hier ausgeschlossen ist. Für das aus ψ hervorgehende Hauptideal gilt nun:

$$(\psi) = \mathfrak{p}^{g-1}\mathfrak{c},$$

wobei $\mathfrak{c}$ ein bestimmtes zu $\mathfrak{p}$ teilerfremdes Ideal sein wird, und zugleich hat man

$$\mathfrak{p}^{g-1}\mathfrak{c} \sim (1). \tag{45}$$

Aus (44) und (45) folgt nun nach dem Satze XLVI′ (S. 172):

$$\mathfrak{c} \sim \mathfrak{p},$$

und es gibt sonach von Null verschiedene ganze Zahlen μ, ν im Körper, so daß

$$\mu\mathfrak{c} = \nu\mathfrak{p} \tag{46}$$

wird; dann ergibt sich weiter durch Multiplikation mit $\mathfrak{p}^t$:

$$\mu\mathfrak{c}\mathfrak{p}^t = \nu\mathfrak{p}^{t+1}$$

und hieraus folgt unter Berücksichtigung der in den Fällen 1° und 2° bereits bewiesenen Tatsachen insbesondere, da $\mathfrak{c}$ zu $\mathfrak{p}$ prim ist:

$$\mathrm{Nm}(\mu) \cdot \mathrm{Nm}\,\mathfrak{c} \cdot \mathrm{Nm}\,\mathfrak{p}^t = \mathrm{Nm}(\nu) \cdot \mathrm{Nm}\,\mathfrak{p}^{t+1}. \tag{47}$$

Andererseits ist wegen (46), mit Rücksicht auf den Fall 1°,

$$\mathrm{Nm}(\mu) \cdot \mathrm{Nm}\, \mathfrak{c} = \mathrm{Nm}(\nu) \cdot \mathrm{Nm}\, \mathfrak{p};$$

berücksichtigen wir dies in (47), so folgt endlich:

$$\mathrm{Nm}\, \mathfrak{p}^{t+1} = \mathrm{Nm}\, \mathfrak{p} \cdot \mathrm{Nm}\, \mathfrak{p}^{t}, \quad \text{w. z. b. w.}$$

4⁰. $\mathfrak{a}$, $\mathfrak{b}$ *sind beliebige Ideale.* Denken wir uns $\mathfrak{a}$ in Primideale zerlegt,

$$\mathfrak{a} = \mathfrak{p}_1^{t_1} \mathfrak{p}_2^{t_2} \ldots \mathfrak{p}_g^{t_g},$$

so folgt unter schrittweiser Anwendung der in den Fällen 2⁰ und 3⁰ bewiesenen Tatsachen:

$$\mathrm{Nm}\, \mathfrak{a} = (\mathrm{Nm}\, \mathfrak{p}_1)^{t_1} \cdot (\mathrm{Nm}\, \mathfrak{p}_2)^{t_2} \ldots (\mathrm{Nm}\, \mathfrak{p}_g)^{t_g}.$$

Ziehen wir andererseits die entsprechende Darstellung für $\mathrm{Nm}\, \mathfrak{b}$ und diejenige für $\mathrm{Nm}(\mathfrak{a}\mathfrak{b})$ heran, so ergibt sich aus den drei Darstellungen zusammen unmittelbar:

$$\mathrm{Nm}(\mathfrak{a}\mathfrak{b}) = \mathrm{Nm}\, \mathfrak{a} \cdot \mathrm{Nm}\, \mathfrak{b}.$$

Nunmehr ist der Satz LVIII in voller Allgemeinheit bewiesen. Auf ihn gestützt, werden wir jetzt den folgenden Satz beweisen:

LIX. *In jeder Idealklasse eines kubischen Körpers von der Diskriminante D gibt es immer mindestens ein Ideal, dessen Norm $< \varpi \left|\sqrt{D}\right|$ ausfällt, wobei ϖ die Konstante $2/9$ oder $8/9\pi$ bedeutet, je nachdem die Diskriminante positiv oder negativ ist.*

Es sei nämlich die zu betrachtende, ganz beliebig vorausgesetzte Idealklasse des Körpers durch ein ihr angehöriges Ideal $\mathfrak{a}$ repräsentiert. Wir ziehen dann aus der zu ihr reziproken Idealklasse ein beliebiges Ideal $\mathfrak{c}$ heran und können, wie dementsprechend in § 6 ausgeführt wurde (S. 162 Formel (13)), in $\mathfrak{c}$ eine Zahl γ derart bestimmen, daß die Ungleichung

$$|\mathrm{Nm}\, \gamma| < \varpi\, \mathrm{Nm}\, \mathfrak{c} \cdot \left|\sqrt{D}\right| \tag{48}$$

sich als erfüllt erweist. Nun ist das Hauptideal (γ) durch $\mathfrak{c}$ teilbar (s. § 10); wir setzen demgemäß

$$(\gamma) = \mathfrak{a}_0 \mathfrak{c} \tag{49}$$

und daraus folgt unter Anwendung des Satzes LVIII:

$$|\mathrm{Nm}\, \gamma| = \mathrm{Nm}(\gamma) = \mathrm{Nm}\, \mathfrak{a}_0 \cdot \mathrm{Nm}\, \mathfrak{c};$$

dies ergibt, in (48) eingesetzt:

$$\mathrm{Nm}\, \mathfrak{a}_0 < \varpi \left|\sqrt{D}\right|. \tag{50}$$

Nun ist wegen (49)

$$\mathfrak{a}_0 \mathfrak{c} \sim (1),$$

und andererseits war, wie $\mathfrak{c}$ bestimmt wurde,

$$\mathfrak{a}\mathfrak{c} \sim (1);$$

folglich ist nach dem Satze XLVI′

$$\mathfrak{a}_0 \sim \mathfrak{a};$$

es gehört sonach $\mathfrak{a}_0$ der gegebenen, durch das Ideal $\mathfrak{a}$ repräsentierten Idealklasse an und erscheint daher durch die Ungleichung (50) der Satz LIX bewiesen. —

Alle Methoden und Resultate dieses Kapitels lassen sich, wo wir sie nur auf kubische Körper bezogen haben, unschwer auf Körper beliebigen Grades übertragen. Es lautet dann insbesondere die Verallgemeinerung des zuletzt bewiesenen Satzes LIX, wie folgt:

LIX′. *Hat ein algebraischer Zahlkörper n-ten Grades die Diskriminante D und sind unter den n Wurzeln der irreduziblen Gleichung n-ten Grades, welcher eine den Körper bestimmende Zahl genügt, im ganzen s Paare konjugiert-komplexer Wurzeln vorhanden, so läßt sich in jeder Idealklasse des Körpers mindestens ein Ideal derart angeben, daß die Norm desselben $< \left(\frac{4}{\pi}\right)^s \cdot \frac{n!}{n^n} \left|\sqrt{D}\right|$ ausfällt.*

Der Beweis dieses Satzes verläuft in allen Einzelheiten durchaus analog dem Beweise jenes LIX.*)

---

*) In Betreff der allgemeinen diophantischen Approximationen, die beim Beweise des Satzes LIX′ heranzuziehen sind, vgl. Geometrie der Zahlen § 40, § 42.

Sechstes Kapitel.

Annäherung komplexer Größen durch Zahlen des Körpers der dritten oder der vierten Einheitswurzeln.

§ 1. Zahlengitter in vier Dimensionen und konvexe Körper in demselben.

Durch eine Ausdehnung der von uns für die Ebene und für den Raum im zweiten und dritten Kapitel gebildeten Begriffe auf Mannigfaltigkeiten von vier reellen Variabeln werden wir in diesem Kapitel insbesondere Sätze ableiten über die Annäherung komplexer Größen 1° durch die Zahlen, die im Rationalitätsbereiche der dritten, 2° durch die Zahlen, die im Rationalitätsbereiche der vierten Einheitswurzeln liegen.

Die Gesamtheit aller ganzzahligen Wertesysteme von vier reellen Variabeln x_1, x_2, y_1, y_2 nennen wir ein *Zahlengitter in vier Dimensionen* und jedes einzelne Wertesystem daraus einen *Gitterpunkt* in dem Zahlengitter.

Es bedeute $f(x_1, x_2, y_1, y_2)$ irgend eine eindeutige Funktion der vier Argumente hierin, welche die Bedingungen

$$f(0, 0, 0, 0) = 0, \tag{1}$$

$$f(x_1, x_2, y_1, y_2) > 0 \quad \text{für} \quad (x_1, x_2, y_1, y_2) \neq (0, 0, 0, 0), \tag{2}$$

ferner allgemein für positives t die Funktionalgleichung

$$f(tx_1, tx_2, ty_1, ty_2) = tf(x_1, x_2, y_1, y_2) \tag{3}$$

und allgemein die Funktionalungleichung

$$f(x_1 + x_1^*, x_2 + x_2^*, y_1 + y_1^*, y_2 + y_2^*) \leqq f(x_1, x_2, y_1, y_2) + f(x_1^*, x_2^*, y_1^*, y_2^*) \tag{4}$$

erfüllt. Den Bereich K der sämtlichen Wertesysteme oder *Punkte* (x_1, x_2, y_1, y_2), welche die Ungleichung

$$f(x_1, x_2, y_1, y_2) \leqq 1 \tag{5}$$

befriedigen, können wir dann als einen *konvexen Körper (in vier Dimensionen)*, und zwar als einen solchen, der den Nullpunkt im Inneren enthält, bezeichnen.

Hat die Funktion $f(x_1, x_2, y_1, y_2)$ noch die weitere Eigenschaft, daß

$$f(-x_1, -x_2, -y_1, -y_2) = f(x_1, x_2, y_1, y_2) \tag{6}$$

ist, so besitzt der Körper K im Nullpunkt einen *Mittelpunkt*.

Wir werden im folgenden es nur mit konvexen Körpern mit Mittelpunkt zu tun haben.

Unter dem *Volumen* des Körpers K verstehen wir das über den Bereich des Körpers zu erstreckende vierfache Integral

$$J = \int\int\int\int dx_1\, dx_2\, dy_1\, dy_2.$$

Es gilt der folgende Satz:

LX. *Ein konvexer vierdimensionaler Körper mit Mittelpunkt im Nullpunkt, vom Volumen* $2^4 = 16$, *enthält außer seinem Mittelpunkte immer noch mindestens einen weiteren Gitterpunkt.*

Dieser Satz kann genau nach dem Muster der analogen, auf das zwei- und das dreidimensionale Gitter bezüglichen Sätze bewiesen werden (vgl. Kap. II § 5, S. 29, Kap. III § 2, S. 60); zwar versagt hier die geometrische Anschauung, nichtsdestoweniger aber können sämtliche Begriffe und Prozesse, auf denen der geometrische Beweis in den zwei genannten Fällen beruhte, auch auf den Raum von vier Dimensionen übertragen werden, da sie alle auch analytisch in ganz bestimmter Weise definiert waren.

Es sei M der kleinste Wert, den die Funktion $f(x_1, x_2, y_1, y_2)$ für ganzzahlige, nicht insgesamt verschwindende Werte der Argumente anzunehmen vermag. Wir nennen den Körper (5) kurzweg den *Eichkörper* und dann den Körper, welcher durch

$$f(x_1, x_2, y_1, y_2) < M$$

definiert ist, den dem Eichkörper (5) zugehörigen *M-Körper*. Dieser M-Körper enthält also auf der ihn begrenzenden Oberfläche Gitterpunkte (und zwar offenbar immer in Paaren, die den Nullpunkt als Mittelpunkt haben), im Inneren aber außer dem Nullpunkt keinen weiteren Gitterpunkt. Sein Volumen muß demnach infolge des soeben ausgesprochenen Satzes $\leqq 16$ sein und da dasselbe mit Rücksicht auf die Beziehung (3) sich $= M^4 J$ ergibt, so folgt hiernach für M die Ungleichung:

$$M \leqq \frac{2}{\sqrt[4]{J}}. \tag{7}$$

Zugleich ist es unschwer zu erkennen, daß *gewiß nur in solchen Fällen das Volumen des M-Körpers* $= 16$ *sein, also in* (7) *das Gleichheits-*

zeichen gelten kann, wo der Körper ein von einer endlichen Anzahl von Ebenen begrenztes Polyeder vorstellt. Wir überzeugen uns nämlich leicht, analog, wie dies an den entsprechenden Stellen des zweiten und dritten Kapitels für die Ebene resp. den gewöhnlichen Raum geschehen ist, daß *die Gesamtheit von Körpern, welche dem M-Körper*) homolog und kongruent um die einzelnen Gitterpunkte mit lauter geradzahligen* x_1, x_2, y_1, y_2 *als Mittelpunkte konstruiert werden, den vierdimensionalen Raum nirgends mehr als einfach, aber gewiß nur in solchen Fällen lückenlos zu erfüllen vermag, wenn die Oberfläche des Eichkörpers aus lauter Ebenenstücken in endlicher Anzahl besteht:* hieraus folgt dann leicht die soeben ausgesprochene Behauptung.

§ 2. Einführung des Imaginären.

Wir werden im folgenden Funktionen $f(x_1, x_2, y_1, y_2)$, resp. solchen zugehörige Eichkörper (5) von ganz spezieller Art betrachten.

Es bedeute ϑ eine beliebig angenommene komplexe Größe und setzen wir

$$x_1 + \vartheta x_2 = x, \quad y_1 + \vartheta y_2 = y;$$

dann wird dadurch eine ein-eindeutige Beziehung zwischen dem Quadrupel der reellen Variabeln x_1, x_2, y_1, y_2 und dem Paar der komplexen Variabeln x, y festgelegt und es kann daher die oben betrachtete Funktion f der Variabeln x_1, x_2, y_1, y_2 als eine reellwertige Funktion φ der Variabeln x, y aufgefaßt werden:

$$f(x_1, x_2, y_1, y_2) = \varphi(x, y). \tag{8}$$

Zugleich mit (1), (2), (3), (4), (6) sind dann auch, wie leicht zu sehen, analoge Beziehungen für die Funktion $\varphi(x, y)$ erfüllt, und zwar:

$$\varphi(0, 0) = 0; \tag{9}$$

$$\varphi(x, y) > 0 \text{ für } (x, y) \neq (0, 0); \tag{10}$$

$$\varphi(tx, ty) = t\varphi(x, y) \text{ für (reelles) } t > 0; \tag{11}$$

$$\varphi(x + x^*, y + y^*) \leq \varphi(x, y) + \varphi(x^*, y^*); \tag{12}$$

$$\varphi(-x, -y) = \varphi(x, y). \tag{13}$$

Die Funktion $\varphi(x, y)$ möge nun weiter noch statt (11) und (13) die allgemeinere Eigenschaft haben, daß für jedes beliebige komplexe $\tau = \tau_1 + \vartheta\tau_2$, wobei τ_1, τ_2 reell gedacht sind,

*) Wir vermeiden noch die Einführung des Begriffs der $M/2$-Körper und sprechen demzufolge in der Aussage oben nur von den Gitterpunkten mit lauter geradzahligen Koordinaten.

$$\varphi(\tau x, \tau y) = |\tau| \cdot \varphi(x, y) \tag{14}$$

gelte. Dies bedeutet für $f(x_1, x_2, y_1, y_2)$ eine ganz bestimmte, bei gegebenem ϑ leicht anzugebende Funktionalgleichung; so lautet dieselbe für $\vartheta = i$:

$$f(\tau_1 x_1 - \tau_2 x_2, \tau_2 x_1 + \tau_1 x_2, \tau_1 y_1 - \tau_2 y_2, \tau_2 y_1 + \tau_1 y_2)$$
$$= |\sqrt{\tau_1^2 + \tau_2^2}| \cdot f(x_1, x_2, y_1, y_2);$$

für $\vartheta = j = \frac{-1 + \sqrt{-3}}{2}$:

$$f(\tau_1 x_1 - \tau_2 x_2, \tau_2 x_1 + (\tau_1 - \tau_2) x_2, \tau_1 y_1 - \tau_2 y_2, \tau_2 y_1 + (\tau_1 - \tau_2) y_2)$$
$$= |\sqrt{\tau_1^2 - \tau_1 \tau_2 + \tau_2^2}| \cdot f(x_1, x_2, y_1, y_2).$$

Wir werden uns nun im folgenden nur auf die zwei soeben angeführten Fälle $\vartheta = i$ und $\vartheta = j$ beschränken und wollen demgemäß weiterhin unter ϑ immer einen beliebigen dieser zwei Werte verstehen. Sobald dann x_1, x_2, y_1, y_2 ganz rational gedacht werden, stellen uns x, y beliebige ganze Zahlen im Körper von i resp. von j vor. Wir werden auch vom Gitter und von Gitterpunkten in x, y, statt von solchen in x_1, x_2, y_1, y_2 in wohlverstandenem Sinne sprechen.

Für das Folgende wird es von Bedeutung sein, daß die genannten zwei Zahlkörper $K(i)$ und $K(j)$ außer ± 1 noch weitere Einheiten enthalten; und zwar enthält der erstere Körper im ganzen die vier Einheiten $\pm 1, \pm i$, der letztere im ganzen die sechs Einheiten ± 1, $\pm j, \pm j^2$; es sind dies die sämtlichen vierten, resp. die sämtlichen sechsten Einheitswurzeln.

§ 3. Gitterpunkte auf einem M-Körper.

Es sei ein konvexer M-Körper durch eine Ungleichung

$$\varphi(x, y) \leq M \tag{15}$$

gegeben, worin die Funktion $\varphi(x, y)$ der komplexen Variabeln $x = x_1 + \vartheta x_2$, $y = y_1 + \vartheta y_2$ die in § 2 angeführten Eigenschaften habe, und $(x = p, y = q)$ sei ein Gitterpunkt auf der Oberfläche dieses M-Körpers, also

$$\varphi(p, q) = M. \tag{16}$$

p, q sind dann notwendig teilerfremde Zahlen in $K(\vartheta)$; denn hätten beide einen von den Einheiten des Körpers verschiedenen (reellen oder komplexen) Teiler t gemein, so wären auch $p/t, q/t$ ganze Zahlen in $K(\vartheta)$ und also würde der M-Körper wegen

$$f\left(\frac{p}{t}, \frac{q}{t}\right) = \frac{1}{|t|} M < M$$

den von (0, 0) verschiedenen Gitterpunkt $(p/t, q/t)$ im Inneren enthalten, was aber der Bedeutung eines solchen Körpers widersprechen würde. Bedeutet nun ε eine beliebige der vier resp. sechs Einheiten im betreffenden zugrunde gelegten Zahlkörper $K(\vartheta)$ ($\vartheta = i$ bzw. $= j$), so werden zugleich mit (p, q) wegen (14) auch die übrigen drei bzw. fünf der Gitterpunkte $(\varepsilon p, \varepsilon q)$ auf der Oberfläche des M-Körpers (15) liegen; außer diesen kann kein weiterer Gitterpunkt von der Art $(\tau p, \tau q)$ auf dem M-Körper liegen, denn es müßte dann, da p, q teilerfremd sind, τ eine ganze Zahl sein, wegen (14) und (16) müßte andererseits $|\tau| = 1$ sein, was zusammen nur so möglich ist, daß eben τ eine Einheitswurzel ist (vgl. Kap. IV § 7).

Enthält die Oberfläche des M-Körpers (15) außer den bezeichneten vier bzw. sechs noch weitere Gitterpunkte, so wollen wir den M-Körper einen *vierfachen* M-Körper nennen (nach Analogie der dreifachen Stufen in Kap. III § 15). Es sei dann (r, s) einer von jenen weiteren Gitterpunkten. Alsdann *können wir für den Betrag der Determinante* $ps - qr = E$ *mit Hilfe des Satzes* LX *sofort eine obere Grenze gewinnen*; eine Tatsache, die uns bei einer weiter unten, in § 4 und § 8, folgenden Untersuchung nützliche Dienste leisten wird.

Zunächst bestimmen wir nämlich zwei ganze Zahlen p^*, q^* in $K(\vartheta)$ derart, daß

$$pq^* - qp^* = 1$$

wird, und transformieren die Mannigfaltigkeit der x, y mittels der Gleichungen

$$\begin{aligned} x &= pX + p^*Y, \\ y &= qX + q^*Y \end{aligned} \tag{17}$$

in eine Mannigfaltigkeit der X, Y, wobei

$$X = X_1 + \vartheta X_2, \quad Y = Y_1 + \vartheta Y_2$$

und X_1, X_2, Y_1, Y_2 reell seien. Es wird dadurch das Zahlengitter der x_1, x_2, y_1, y_2 in das Zahlengitter der X_1, X_2, Y_1, Y_2 übergeführt und insbesondere gehen dabei die Punkte $(x, y) = (p, q)$, (r, s) bzw. in die Punkte $(X, Y) = (1, 0)$, $(q^*r - p^*s = R, \; -qr + ps = S = E)$ über. Zugleich wird aus der Funktion $\varphi(x, y)$ eine Funktion $\Phi(X, Y)$, welche, wie leicht zu sehen, die zu (9), (10), (12), (14) analogen Eigenschaften vollständig übernimmt.

Wir betrachten nun den durch die Ungleichung

$$\Psi(X, Y) = \left| X - \frac{R}{S} Y \right| + \left| \frac{Y}{S} \right| \leq 1 \tag{18}$$

definierten Körper, welcher die Gitterpunkte $(X, Y) = (1, 0)$, (R, S) in seiner Oberfläche enthält. Dieser gleichfalls konvexe Körper ist in dem gegebenen M-Körper (15) vollständig enthalten; denn führen wir zwei neue komplexe Variable durch

$$X - \frac{R}{S} Y = \Xi, \quad \frac{Y}{S} = H$$

ein, so geht die Bedingung (18) in

$$|\Xi| + |H| \leqq 1 \tag{19}$$

über; da nun, mit Rücksicht auf (12) und (14), allgemein

$$\begin{aligned} \Phi(X, Y) &= \Phi(\Xi + RH, SH) \leqq \Phi(\Xi, 0) + \Phi(RH, SH) \\ &= |\Xi| \, \Phi(1, 0) + |H| \, \Phi(R, S) = (|\Xi| + |H|) M \end{aligned}$$

ist, so gehört hiernach jeder Punkt aus (18) auch dem M-Körper (15) an. Darnach ist offenbar der Bereich (18) selbst wieder ein M-Körper. Bezeichnen wir nun mit J_0 das Volumen dieses letzteren M-Körpers, so gilt für dasselbe dem Satze LX, sowie der Bemerkung am Schlusse des § 1 zufolge mit Notwendigkeit die Ungleichung:

$$J_0 < 16.$$

Für dieses J_0 erhalten wir, unter Einführung neuer reeller Variabeln Ξ_1, Ξ_2, H_1, H_2 durch die Gleichungen

$$\begin{aligned} \Xi_1 + \vartheta \Xi_2 &= X - \frac{R}{S} Y = \Xi, \\ H_1 + \vartheta H_2 &= \quad \frac{Y}{S} \quad = H, \end{aligned}$$

zunächst:

$$J_0 = \left| \frac{d(x_1, x_2, y_1, y_2)}{d(\Xi_1, \Xi_2, H_1, H_2)} \right| \cdot \iiiint d\Xi_1 \, d\Xi_2 \, dH_1 \, dH_2,$$

wobei sich das vierfache Integral über den Bereich (19) erstreckt Setzen wir hierin im Falle $\vartheta = i$

$$\begin{aligned} \Xi_1 &= t \cos \omega, \quad \Xi_2 = t \sin \omega, \\ H_1 &= t^* \cos \omega^*, \quad H_2 = t^* \sin \omega^*, \end{aligned}$$

so ergibt sich:

$$\iiiint d\Xi_1 \, d\Xi_2 \, dH_1 \, dH_2 = 4\pi^2 \iint\limits_{(t > 0,\ t^* > 0,\ t + t^* < 1)} tt^* \, dt \, dt^* = \frac{\pi^2}{6};$$

dagegen wird im Falle $\vartheta = j$, wenn wir

$$\begin{aligned} \Xi_1 - \tfrac{1}{2} \Xi_2 &= t \cos \omega, \quad \frac{\sqrt{3}}{2} \Xi_2 = t \sin \omega, \\ H_1 - \tfrac{1}{2} H_2 &= t^* \cos \omega^*, \quad \frac{\sqrt{3}}{2} H_2 = t^* \sin \omega^* \end{aligned}$$

setzen:
$$\iiiint d\Xi_1\, d\Xi_2\, dH_1\, dH_2 = \frac{16\pi^2}{3} \iint\limits_{(t\geq 0,\, t^*\geq 0,\, t+t^*\leq 1)} t t^*\, dt\, dt^* = \frac{2\pi^2}{9}.$$

Da sich weiter die Funktionaldeterminante $\frac{d(x_1, x_2, y_1, y_2)}{d(\Xi_1, \Xi_2, H_1, H_2)}$, wie durch Heranziehung der zu x, y, Ξ, H konjugiert-komplexen Größen leicht zu sehen ist, zu
$$\left|\frac{d(x, y)}{d(X, Y)}\right|^2 \cdot \left|\frac{d(X, Y)}{d(\Xi, H)}\right|^2 = |S^2| = |E^2|$$
berechnet, so erhalten wir hiernach schließlich:
$$J_0 = \frac{\pi^2}{6} |E|^2 \text{ im Falle } \vartheta = i,$$
$$J_0 = \frac{2\pi^2}{9} |E|^2 \text{ im Falle } \vartheta = j.$$

Hieraus ergeben sich nun mit Rücksicht auf $J_0 < 16$ die folgenden *Grenzen für* $|E|^2$:
$$|E|^2 < \frac{96}{\pi^2} < 10 \text{ im Falle } \vartheta = i, \tag{20}$$
$$|E|^2 < \frac{72}{\pi^2} < 8 \text{ im Falle } \vartheta = j. \tag{21}$$

§ 4. Genaue Ermittlung der zulässigen Werte von E im Falle des Zahlkörpers $K(i)$. Charakter vierfacher M-Körper.

Wir wollen nun die möglichen Werte von E genauer bestimmen und dabei jeden der zwei Fälle $\vartheta = i, j$ gesondert betrachten.

Im Falle $\vartheta = i$ sind für die Norm von E nach (20) vorderhand höchstens nur die Werte 1, 2, 3, ..., 9 zulässig; von diesen sind aber bloß 1, 2, 4, 5, 8, 9 wirklich Normen gewisser ganzer Zahlen in $K(i)$*), und zwar bzw. der Zahlen ε, $\varepsilon(1+i)$, 2ε, $\varepsilon(2 \pm i)$, $2\varepsilon(1+i)$, 3ε, unter ε hier wieder einen beliebigen der Werte ± 1, $\pm i$ verstanden. Da nun ein der Bedingung (14) gemäß eingerichteter konvexer Körper mit Mittelpunkt in O zugleich mit einem Punkte (R, S) jedesmal auch alle Punkte $(\varepsilon R, \varepsilon S)$ enthält, andererseits konjugiert-komplexe Zahlensysteme hier zu ganz analogen Schlußfolgerungen Anlaß geben, so genügt es hier allein zu untersuchen, ob und unter welchen Umständen $E = S$ die Werte $1, 1+i, 2, 2+i, 2+2i, 3$ annehmen kann.

Wir verfolgen zunächst die Annahme $E = 3$. Da $R, S = E$

*) D. h. von der Form $S_1^2 + S_2^2$ mit ganzen rationalen S_1, S_2.

jedenfalls teilerfremd sein sollten, müßte R hier einer der Zahlen ± 1, $\pm i$, $\pm 1 \pm i$ mod. 3 kongruent sein; denn diese acht Zahlen bilden mit 0 zusammen in $K(i)$ ein vollständiges Restensystem mod. 3 und sind sämtlich teilerfremd zu 3, welches in $K(i)$ eine Primzahl ist. Folglich könnte eine ganze Zahl X so gewählt werden, daß

$$\left| X - \frac{R}{S} \right| \leqq \left| \frac{1+i}{S} \right| = \frac{\sqrt{2}}{3}$$

und in der Folge

$$\Psi(X, 1) < \frac{\sqrt{2}+1}{3} < 1$$

würde. Alsdann aber würde der betreffende Gitterpunkt $(X, 1)$ im Inneren des M-Körpers (18) liegen und zugleich vom Nullpunkte verschieden sein, was nicht möglich ist. Daher erscheint der Fall $E = 3$ hier ausgeschlossen.

Wir wollen zweitens die Fälle $E = 2 + 2i$, $2 + i$ gemeinsam betrachten. R müßte im ersteren dieser Fälle notwendig einer der Zahlen ± 1, $\pm i$ mod. $(2 + 2i)$, im anderen einer derselben Zahlen mod. $(2 + i)$ kongruent sein. Daraus ersehen wir, daß sich in beiden Fällen eine derartige ganze Zahl X angeben ließe, daß

$$\left| X - \frac{R}{S} \right| = \frac{1}{|S|}$$

würde; es würde sodann für dieses X

$$\Psi(X, 1) = \frac{2}{|S|} = \frac{1}{\sqrt{2}} \text{ im Falle } S = 2 + 2i,$$

$$= \frac{2}{\sqrt{5}} \text{ im Falle } S = 2 + i,$$

also beidemal

$$\Psi(X, 1) < 1$$

werden, was wiederum einen Widerspruch nach sich zöge. Die Fälle $E = 2 + 2i$, $2 + i$ sind somit hier ebenfalls ausgeschlossen.

Wir können nun ferner den Fall $E = 2$ auf Grund eines Zusammenhanges mit dem Falle $E = 1$ für die späteren Betrachtungen beseitigen. In der Tat: für $S = 2$ haben wir notwendig $R \equiv 1$ oder $\equiv i$ (mod. 2); es kann daher in diesem Falle eine ganze Zahl X derart bestimmt werden, daß

$$\left| X - \frac{R}{S} \right| = \frac{1}{2}$$

und damit

$$\Psi(X, 1) = 1$$

wird; dann liegt also der betreffende Gitterpunkt $(X, 1)$ auf der Oberfläche des Körpers (18), gehört somit auch dem M-Körper (15) an und kann eo ipso ebenfalls nur auf der Oberfläche dieses letzteren liegen, da dieser ja als M-Körper im Inneren den Nullpunkt als einzigen Gitterpunkt enthält. Sind nun r^*, s^* die x, y-Koordinaten des besagten Gitterpunktes $(X, 1)$, und fassen wir an Stelle der Gitterpunkte (p, q) und (r, s) jetzt die Kombination (p, q) und (r^*, s^*) ins Auge, so wird für diese letzteren zwei Gitterpunkte

$$E^* = \begin{vmatrix} p, & r^* \\ q, & s^* \end{vmatrix} = \begin{vmatrix} 1, & X \\ 0, & 1 \end{vmatrix} = 1 \tag{22}$$

und demnach läßt sich im Falle $E = ps - qr = 2$ auf der Oberfläche des M-Körpers (15) auch stets ein solcher Gitterpunkt (r^*, s^*) ermitteln, daß die zu E analoge Determinante $E^* = ps^* - qr^* = 1$ ist.

Hiernach genügt es, bloß die Fälle $E = 1,\ 1 + i$ weiter zu untersuchen.

Es sei zunächst $E = ps - qr = 1$. Wir transformieren das Zahlengitter der x, y jetzt durch die Substitution

$$\begin{aligned} x &= pX + rY, \\ y &= qX + sY \end{aligned} \tag{23}$$

in ein Zahlengitter der X, Y, wobei die Punkte $(x, y) = (p, q), (r, s)$ bzw. in die Punkte $(X, Y) = (1, 0), (0, 1)$ übergehen. Zugleich geht die Funktion $\varphi(x, y)$ in eine Funktion von X, Y über, die wir wiederum mit $\Phi(X, Y)$ bezeichnen wollen. Dabei wollen wir den M-Körper (15) der Einfachheit halber als Eichkörper, also $M = 1$ annehmen; dieser Körper ist alsdann im X, Y-Gitter durch die Ungleichung

$$\Phi(X, Y) \leqq 1 \tag{24}$$

definiert und es ist dabei zugleich einerseits

$$\Phi(1, 0) = 1, \quad \Phi(0, 1) = 1, \tag{25}$$

andererseits für jedes beliebige ganzzahlige, von $(0, 0)$ verschiedene Wertesystem (G, H) stets

$$\Phi(G, H) \geqq 1. \tag{26}$$

Die unendlich vielen Ungleichungen (26) *lassen sich nun*, wie wir zeigen werden, *mit Rücksicht auf das Bestehen der zwei Gleichungen* (25) *durch eine endliche Anzahl gewisser unter ihnen, und zwar durch diese zwölf:*

$$\Phi(\varepsilon, 1) \geqq 1, \quad \Phi(\varepsilon, 1 + i) \geqq 1, \quad \Phi(\varepsilon(1 + i), 1) \geqq 1, \tag{27}$$
$$(\varepsilon = \pm 1,\ \pm i),$$

völlig ersetzen, so daß aus (25) *und* (27) *bereits alle Ungleichungen* (26) *folgen.*

In der Tat: Durch (25) und (27) sind zunächst alle diejenigen der Ungleichungen (26) gewährleistet, in welchen G, H beide dem Betrage nach < 2 sind. Angenommen nun, es lägen weiter zwei ganze Zahlen G, H $(\neq 0, 0)$ vor, so daß entgegen (26)

$$\Phi(G, H) < 1 \tag{28}$$

wäre; dabei können wir G, H als teilerfremd und ohne wesentliche Beschränkung etwa $|H| > |G|$ voraussetzen; dann haben wir jedenfalls $|H| \geqq 2$ anzunehmen. Wir setzen

$$\frac{G}{H} = T_1 + i T_2,$$

so daß T_1, T_2 reell sind, und können dann zu T_1, T_2 zwei ganze rationale Zahlen X_1, X_2 bestimmen, so daß

$$|X_1 - T_1| \leqq \tfrac{1}{2}, \quad |X_2 - T_2| \leqq \tfrac{1}{2},$$

also für $X = X_1 + i X_2$ sicher

$$\left|X - \frac{G}{H}\right| = \left|\sqrt{(X_1 - T_1)^2 + (X_2 - T_2)^2}\right| \leqq \frac{1}{\sqrt{2}} \tag{29}$$

wird. Hernach stellen wir für den Funktionswert $\Phi(X, 1)$ die Ungleichung

$$\Phi(X, 1) \leqq \Phi\left(X - \frac{G}{H}, 0\right) + \Phi\left(\frac{G}{H}, 1\right)$$
$$= \left|X - \frac{G}{H}\right| \Phi(1, 0) + \frac{1}{|H|} \Phi(G, H)$$

auf und aus dieser folgt dann wegen (25) und (28) weiter:

$$\Phi(X, 1) < \left|X - \frac{G}{H}\right| + \frac{1}{|H|}. \tag{30}$$

Hier wird nun die rechte Seite mit Rücksicht auf (29) sicher dann < 1 sein, sobald

$$\frac{1}{|H|} < 1 - \frac{1}{\sqrt{2}}$$

oder also

$$|H|^2 > (2 + \sqrt{2})^2$$

ausfällt, also gewiß, wenn $|H|^2 \geqq 12$ ist, und unter dieser letzteren Annahme folgt also für den bewußten Wert X stets

$$\Phi(X, 1) < 1.$$

Nehmen wir hingegen $|H|^2 \leqq 11$ an, so genügt es hier für uns, (indem wir noch G, H durch $\varepsilon G, \varepsilon H$ mit entsprechend gewählter Einheit ε ersetzen können), überhaupt nur die folgenden Werte von H in Betracht zu ziehen:

$$1,\quad 1+i,\quad 2,\quad 2\pm i,\quad 2(1+i),\quad 3,\quad (1+i)(2\pm i);$$

$H=1$ und $H=1+i$ sind hier aber durch die Voraussetzung $|H|\geqq 2$ ausgeschlossen. Für $H=2,\ 2\pm i,\ 2(1+i),\ 3$ läßt sich, wie am Anfang dieses Paragraphen gezeigt wurde, jedesmal eine ganze Zahl X derart bestimmen, daß

$$\left|X-\frac{G}{H}\right|+\frac{1}{|H|}\leqq 1$$

und in der Folge, nach (30),

$$\Phi(X,1)<1$$

wird. Das Nämliche trifft auch schließlich im Falle $H=(1+i)(2\pm i)$ zu, wie eine Überlegung zeigt, die der in den Fällen $H=2\pm i$, $2(1+i)$ angewandten (S. 193) vollständig entspricht, indem hier G als teilerfremd zu H nur einer der vier Zahlen $\pm 1,\ \pm i$ mod. H kongruent sein kann.

So werden wir bei jedem der fraglichen Werte des H in (28) auf eine Ungleichung

$$\Phi(X,1)<1 \tag{31}$$

geführt, worin X jedesmal eine bestimmte ganze Zahl vorstellt, welche der Ungleichung

$$\left|X-\frac{G}{H}\right|<1$$

und in der Folge der Ungleichung

$$|X|\leqq\left|X-\frac{G}{H}\right|+\left|\frac{G}{H}\right|<2$$

genügt, also jedenfalls mit einer der Zahlen $0,\ \varepsilon,\ \varepsilon(1+i)$ zusammenfällt; eo ipso steht aber eine jede solche Ungleichung (31) im Widerspruch mit einer der als erfüllt angenommenen Beziehungen (25), (27) und hiermit erweist sich die Unzulässigkeit der Annahme (28), folgt also die Richtigkeit der auf S. 194 ausgesprochenen Behauptung. —

Es sei nun zweitens $E=ps-qr=1+i$. Wir bemerken zuvörderst, daß hier für p,q und ebenso für r,s, je als Paare teilerfremder Zahlen, modulo $1+i$ offenbar nur die Restensysteme 1,0; 0,1; 1,1 in Frage kommen und also mit Rücksicht auf

$$ps-qr\equiv 0\ (\text{mod. } 1+i)$$

notwendig

$$p\equiv r,\quad q\equiv s\ (\text{mod. } 1+i),$$

somit

$$p+r\equiv 0,\quad q+s\equiv 0\ (\text{mod. } 1+i)$$

sein muß.

Wir führen in diesem Falle wiederum neue Variabeln X, Y gemäß den Transformationsgleichungen (23) ein, wobei die Punkte $(x, y) = (p, q)$, (r, s) bzw. in die Punkte $(X, Y) = (1, 0)$, $(0, 1)$ übergehen. Einem Gitterpunkte in X, Y entspricht dann stets ein Gitterpunkt in x, y; doch ist, wegen

$$X = \frac{sx - ry}{1+i}, \quad y = \frac{-qx + py}{1+i},$$

das Umgekehrte hier nicht immer der Fall: *den Gitterpunkten in x, y werden diesmal nicht bloß Gitterpunkte in X, Y, sondern zum Teil auch Punkte (X, Y) mit gebrochenen Koordinaten von der Form $X = U/(1+i)$, $Y = V/(1+i)$, worin U, V ganze Zahlen sind, entsprechen;* dabei werden U, V beide $\equiv 1 \pmod{1+i}$ sein müssen, denn von den sonstigen Möglichkeiten kommt diejenige $U \equiv 0$, $V \equiv 0 \pmod{1+i}$ für gebrochene X, Y nicht in Betracht und die Eventualitäten $U \equiv 1$, $V \equiv 0 \pmod{1+i}$ und $U \equiv 0$, $V \equiv 1 \pmod{1+i}$ sind ebenfalls auszuschließen, da bei der ersteren derselben aus (23)

$$x \equiv \frac{p}{1+i}, \quad y \equiv \frac{q}{1+i} \pmod{1},$$

bei der anderen

$$x \equiv \frac{r}{1+i}, \quad y \equiv \frac{s}{1+i} \pmod{1}$$

folgen würde, also im ersteren Falle p, q, im zweiten r, s den gemeinsamen Teiler $1+i$ haben müßten, was beides sicher nicht der Fall ist. Umgekehrt entspricht jedem Wertepaare $X = U/(1+i)$, $Y = V/(1+i)$, worin U, V beide ganzzahlig und $\equiv 1 \pmod{1+i}$ sind, in

$$x = \frac{pU + rV}{1+i}, \quad y = \frac{qU + sV}{1+i}$$

ein ganzzahliges Wertepaar x, y, indem hierbei dem auf der vorigen Seite über p, q, r, s Gesagten zufolge stets

$$pU + rV \equiv p + r \equiv 0 \pmod{1+i},$$
$$qU + sV \equiv q + s \equiv 0 \pmod{1+i}$$

sein wird. So zeigt es sich, daß wir, um das Gitter in x, y zu erhalten, zu dem Gitter in X, Y noch sämtliche Punkte $\left(X + \frac{1}{1+i}, Y + \frac{1}{1+i}\right)$ mit beliebigen ganzzahligen X, Y hinzunehmen müssen.

Im Falle $E = 1 + i$ ist also, wenn wir den vorliegenden M-Körper wieder wie in (24) darstellen, einerseits

$$\Phi(1, 0) = 1, \quad \Phi(0, 1) = 1, \tag{32}$$

andererseits für jedes ganzzahlige, von $(0, 0)$ verschiedene Wertepaar (G, H)

$$\Phi(G, H) \geqq 1 \tag{33}$$

und zudem für jedes beliebige ganzzahlige Wertepaar (G, H)

$$\Phi\left(G + \frac{1}{1+i},\ H + \frac{1}{1+i}\right) \geqq 1. \tag{34}$$

Es lassen sich nunmehr die unendlich vielen Ungleichungen (33), (34) *mit Rücksicht auf das Bestehen der zwei Gleichungen* (32) *bereits durch die vier folgenden unter ihnen:*

$$\Phi\left(\frac{\varepsilon}{1+i},\ \frac{1}{1+i}\right) \geqq 1, \quad (\varepsilon = \pm 1,\ \pm i)$$

oder, was dasselbe ist, durch die vier Ungleichungen:

$$\Phi(\varepsilon, 1) \geqq \sqrt{2} \tag{35}$$

völlig ersetzen.

In der Tat: Zunächst folgt aus den Ungleichungen (35) im Hinblick auf die Regeln (12) und (14):

$$\Phi(\varepsilon(1+i), 1) + \Phi(0, i) \geqq \Phi(\varepsilon(1+i), 1+i) = \sqrt{2}\,\Phi(\varepsilon, 1) \geqq 2,$$

also mit Rücksicht auf (32):

$$\Phi(\varepsilon(1+i), 1) \geqq 1; \tag{36}$$

ganz entsprechend stellt sich

$$\Phi(\varepsilon,\ 1+i) \geqq 1 \tag{37}$$

heraus; aus den acht Ungleichungen (36), (37), den vier Ungleichungen (35) und den zwei Gleichungen (32) folgt aber zunächst schon, wie bei Untersuchung des Falles $E = 1$ dargetan wurde, die Gesamtheit der Ungleichungen (33).

Was sodann noch die Ungleichungen (34) betrifft, so sei, entgegen unserer Behauptung, während (32) und (35) statthaben, für irgend zwei ganze Zahlen G, H

$$\Phi\left(G + \frac{1}{1+i},\ H + \frac{1}{1+i}\right) < 1, \tag{38}$$

oder, indem

$$(1+i)\,G + 1 = U, \quad (1+i)H + 1 = V \tag{39}$$

gesetzt wird:

$$\Phi(U, V) < \sqrt{2}. \tag{40}$$

Wir können dabei ohne wesentliche Beschränkung $|U| \leqq |V|$ annehmen; ferner dürfen wir voraussetzen, daß U mit V weder identisch noch assoziiert ist, indem im Gegenfalle aus (40) eine Ungleichung

$$\Phi(\varepsilon, 1) < \frac{\sqrt{2}}{|V|},$$

im Widerspruch mit (35), folgen würde. Es ist nunmehr notwendig $|V| \geqq \sqrt{2}$ anzunehmen. Wir bestimmen jetzt eine Einheit ε in $K(i)$ derart, daß in

$$\frac{U}{\varepsilon V} = \left|\frac{U}{\varepsilon V}\right| e^{i\omega}$$

sich

$$-\frac{\pi}{4} \leqq \omega < \frac{\pi}{4}$$

erweist; alsdann wird wegen $U \neq 0$ gewiß

$$\left|1 - \frac{U}{\varepsilon V}\right| < 1 \tag{41}$$

sein (s. Fig. 72 S. 206). Hierauf stellen wir für den Funktionswert $\Phi(\varepsilon, 1)$ die Ungleichung

$$\Phi(\varepsilon, 1) \leqq \Phi\left(\varepsilon - \frac{U}{V}, 0\right) + \Phi\left(\frac{U}{V}, 1\right)$$
$$= \left|\varepsilon - \frac{U}{V}\right| \Phi(1, 0) + \left|\frac{1}{V}\right| \Phi(U, V)$$

her, woraus dann nach (32) und (40) weiter

$$\Phi(\varepsilon, 1) < \sqrt{2}\left(\frac{\left|\varepsilon - \frac{U}{V}\right|}{\sqrt{2}} + \frac{1}{|V|}\right)$$

folgt.

Hier wird nun der Klammerausdruck rechts mit Rücksicht auf (41) sicher dann < 1 sein, wenn $|V|^2 \geqq 12$ ist (vgl. oben (29), (30) und den anschließenden Text), und es folgt sodann

$$\Phi(\varepsilon, 1) < \sqrt{2},$$

im Widerspruch mit (35). Ist dagegen $|V|^2 \leqq 11$, so kann V, da es nach (39) nicht durch $1 + i$ teilbar ist, nur mit einem der Werte $2 \pm i$, 3 identisch oder assoziiert sein und brauchen wir hiervon nur die Fälle $V = 2 \pm i$ und $V = 3$ selbst zu diskutieren, indem wir uns gegebenenfalls eine Multiplikation der Zahlen U, V mit einer und derselben Einheit vorbehalten.

Im Falle $V = 3$ nun müßte $U = \varepsilon$ oder $= \varepsilon(2 \pm i)$ sein; dann wäre also

$$\left|\varepsilon - \frac{U}{V}\right| = \left|1 - \frac{1}{3}\right| = \frac{2}{3}$$

bzw.

$$\left|\varepsilon - \frac{U}{V}\right| = \left|1 - \frac{2 \pm i}{3}\right| = \frac{\sqrt{2}}{3}$$

und in der Folge würde sich

$$\Phi(\varepsilon, 1) < \frac{2+\sqrt{2}}{3} < \sqrt{2}$$

herausstellen.

In den Fällen $V = 2 \pm i$ dagegen wäre U wegen $|U| \leqq |V|$ notwendig entweder $= \varepsilon$ oder $= \pm \varepsilon i (2 \mp i)$, worin ε irgend eine Einheit in $K(i)$ bedeutet; bei der ersteren Annahme würde

$$\left|\varepsilon - \frac{U}{V}\right| = \left|1 - \frac{1}{2 \pm i}\right| = \sqrt{\frac{2}{5}},$$

bei der zweiten

$$\left|\varepsilon - \frac{U}{V}\right| = \left|1 - \frac{1 \pm 2i}{2 \pm i}\right| = \sqrt{\frac{2}{5}}$$

und daher beidemal

$$\Phi(\varepsilon, 1) < \frac{2\sqrt{2}}{\sqrt{5}} < \sqrt{2}$$

folgen.

So würde also die Annahme (40) in jedem Falle zu einer Ungleichung

$$\Phi(\varepsilon, 1) < \sqrt{2}$$

führen; eine solche steht aber im Widerspruch mit der Ungleichung (35) und hiermit ist die Unzulässigkeit der Annahme (40), also die Richtigkeit der auf S. 198 ausgesprochenen Behauptung bewiesen.

§ 5. Satz über zwei binäre lineare Formen mit komplexen Variabeln für den Zahlkörper $K(i)$.

Wir wollen nun zunächst die wesentlichste Anwendung der hier für den Fall $\vartheta = i$ gemachten Ausführungen entwickeln und erst in der Folge die abweichenden Umstände für den Fall $\vartheta = j$ in Betracht ziehen.

Es seien

$$\xi = \alpha x + \beta y,$$
$$\eta = \beta x + \gamma y$$

zwei lineare Formen in den *komplexen* Variabeln x, y, mit beliebigen komplexen Koeffizienten α, β, γ, δ und nicht verschwindender Determinante

$$\Delta = \alpha\delta - \beta\gamma.$$

In ihre reellen und imaginären Bestandteile zerlegt, seien

$$x = x_1 + ix_2, \qquad y = y_1 + iy_2,$$
$$\xi = \xi_1 + i\xi_2, \qquad \eta = \eta_1 + i\eta_2.$$

Wir betrachten den Bereich der sämtlichen Wertesysteme (x, y), welche die beiden Ungleichungen

$$|\xi| \leqq 1, \quad |\eta| \leqq 1 \tag{42}$$

zugleich erfüllen; wir können diese zwei Bedingungen auch in die einzige folgende:

$$\varphi(x, y) = \max(|\xi|, |\eta|) \leqq 1 \tag{43}$$

zusammenfassen und es ist leicht zu bestätigen, daß die hiermit eingeführte Funktion $\varphi(x, y)$ den Bedingungen (9), (10), (12), (14) genügt und sonach (43), d. i. (42), einen konvexen Körper mit Mittelpunkt im Nullpunkt darstellt. Dieser Körper hat das Volumen

$$J = \left|\frac{d(x_1, x_2, y_1, y_2)}{d(\xi_1, \xi_2, \eta_1, \eta_2)}\right| \iiiint d\xi_1\, d\xi_2\, d\eta_1\, d\eta_2,$$

wobei das vierfache Integral über den Bereich

$$\xi_1^2 + \xi_2^2 \leqq 1, \quad \eta_1^2 + \eta_2^2 \leqq 1$$

zu erstrecken und also gleich π^2 ist; weiter haben wir, wenn die zu x, y, ξ, η, Δ konjugiert-komplexen Größen bzw. mit $x', y', \xi', \eta', \Delta'$ bezeichnet werden:

$$\frac{d(x_1, x_2, y_1, y_2)}{d(\xi_1, \xi_2, \eta_1, \eta_2)} = \frac{\dfrac{d(\xi, \eta, \xi', \eta')}{d(\xi_1, \xi_2, \eta_1, \eta_2)}}{\dfrac{d(x, y, x', y')}{d(x_1, x_2, y_1, y_2)}} \cdot \frac{1}{\dfrac{d(\xi, \eta, \xi', \eta')}{d(x, y, x', y')}}$$

und hieraus berechnet sich, indem der erste Quotient rechts offenbar $= 1$ ist, unmittelbar

$$\frac{d(x_1, x_2, y_1, y_2)}{d(\xi_1, \xi_2, \eta_1, \eta_2)} = \frac{1}{\Delta\Delta'} = \frac{1}{|\Delta|^2};$$

auf diese Weise ergibt sich

$$J = \frac{\pi^2}{|\Delta|^2}.$$

Denken wir uns nun den M-Körper, der durch entsprechende Dilatation des Körpers (42) vom Nullpunkte aus entsteht, gegeben durch die Ungleichungen

$$|\xi| \leqq M, \quad |\eta| \leqq M,$$

so ist das Volumen desselben

$$M^4 J = \frac{M^4 \pi^2}{|\Delta|^2}, \tag{44}$$

und da nach dem Satze LX und dem bei (7) gemachten Zusatze dieses Volumen im vorliegenden Falle notwendig < 16 sein muß, so folgt:

$$\frac{M^4 \pi^2}{|\Delta|^2} < 16,$$

also:

$$M < \frac{2}{\sqrt{\pi}} \sqrt{|\Delta|}. \tag{45}$$

Beachten wir dabei die Bedeutung von M, so ist mit (45) der folgende Satz gewonnen:

LXI. *Zu zwei linearen Formen ξ, η in zwei komplexen Variabeln mit beliebigen komplexen Koeffizienten und nicht verschwindender Determinante Δ lassen sich für die Variabeln immer zwei ganze Zahlen des Körpers von i, die nicht beide verschwinden, derart angeben, daß für diese Zahlen*

$$|\xi| < \frac{2}{\sqrt{\pi}} \sqrt{|\Delta|}, \quad |\eta| < \frac{2}{\sqrt{\pi}} \sqrt{|\Delta|} \tag{46}$$

wird.

§ 6. Genaue Bestimmung des Minimums von zwei binären linearen Formen mit komplexen Variabeln im Falle von $K(i)$.

Die Ungleichheitszeichen in (46) beweisen, daß der kleinste unter den Werten, welche von der Funktion $\max(|\xi|, |\eta|)$ für ganzzahlige im Körper $K(i)$ gelegene, von $0, 0$ verschiedene x, y angenommen werden, wohl stets $< \frac{2}{\sqrt{\pi}} \sqrt{|\Delta|}$ ist, aber diese obere Schranke niemals erreicht. Wir stellen uns nunmehr die Aufgabe, für dieses Minimum M von $\max(|\xi|, |\eta|)$ die präzise, nur von Δ abhängige obere Grenze aufzufinden, d. h. den größtmöglichen Wert von $\frac{M}{\sqrt{|\Delta|}}$ bei beliebig variierenden Koeffizienten $\alpha, \beta, \gamma, \delta$ zu ermitteln, natürlich zugleich auch die Existenz eines solchen größten Wertes darzutun.

Multiplizieren wir alle Koeffizienten in ξ, η mit einer willkürlichen positiven Konstante t, wodurch gleichzeitig M in $M^* = tM$, Δ in $\Delta^* = t^2 \Delta$ übergeht, dann bleibt offenbar $\frac{M^*}{\sqrt{|\Delta^*|}} = \frac{M}{\sqrt{|\Delta|}}$; indem wir nun $t = 1/M$ annehmen und zugleich für $t\alpha, t\beta, t\gamma, t\delta$ wieder bzw. $\alpha, \beta, \gamma, \delta$, für Δ^* wieder Δ schreiben, sehen wir, daß unsere Aufgabe darauf zurückgeht, *das Maximum von $1/|\Delta|$ oder das Minimum von $|\Delta|$ bei beliebig variierenden $\alpha, \beta, \gamma, \delta$ zu bestimmen, während gleichzeitig vorgeschrieben wird, daß der Körper (42) außer dem Nullpunkte keinen weiteren Gitterpunkt in seinem Inneren, wohl aber*

Gitterpunkte auf der Begrenzung enthält. Beachten wir noch die Beziehung (44), so können wir das nämliche Problem noch dahin formulieren, *unter Festhaltung des Gitters in x, y sei das Volumen des Eichkörpers* (42) *zu einem Maximum zu machen, während dieser Körper ein M-Körper bleiben soll.*

Es ist nun zunächst leicht einzusehen, daß *die Begrenzung eines derartigen maximalen M-Körpers* (42) *sowohl Gitterpunkte enthalten muß, bei denen* $|\xi| = 1$, $|\eta| < 1$ *ist, wie auch solche, bei denen* $|\xi| < 1$, $|\eta| = 1$ *ist.* Enthielte nämlich die Begrenzung eines solchen Körpers keinen Gitterpunkt, wofür $|\xi| < 1$, $|\eta| = 1$ wäre, befänden sich also alle Gitterpunkte, die auf der Begrenzung des Körpers liegen, speziell auf der Fläche $|\xi| = 1$, so würde der Bereich

$$|\xi| \leqq 1, \quad |\eta| \leqq t \tag{47}$$

auch noch für Werte des t, die > 1 sind, bis zu einer gewissen Grenze hin einen M-Körper vorstellen; das Volumen dieses sich mit t kontinuierlich ändernden M-Körpers (47) würde aber gegenüber dem Volumen des M-Körpers (42) beständig mit t zunehmen und danach der Körper (42) noch kein maximaler M-Körper sein. Ganz entsprechend zeigt man, daß ein maximaler M-Körper (42) auch Gitterpunkte aufweisen muß, für die $|\xi| = 1$, $|\eta| < 1$ ist. Ein maximaler M-Körper der gesuchten Art wird darnach jedenfalls ein vierfacher M-Körper sein müssen.

Wir setzen nunmehr voraus, daß auf der Oberfläche des M-Körpers (42) zwei Gitterpunkte $(x, y) = (p, q)$, (r, s) vorhanden seien, für deren ersteren

$$|\xi| = 1, \quad |\eta| < 1 \tag{48}$$

und für deren letzteren

$$|\xi| < 1, \quad |\eta| = 1 \tag{49}$$

ist. Durch die Transformation

$$\begin{aligned} x &= pX + rY, \\ y &= qX + sY \end{aligned} \tag{50}$$

mögen die Formen ξ, η bzw. in Ausdrücke

$$\begin{aligned} \Xi &= \lambda(X + \varrho Y), \\ H &= \mu(\sigma X + Y) \end{aligned} \tag{51}$$

übergehen und wird sodann der Körper (42) in den Koordinaten X, Y durch die Ungleichungen

$$|\Xi| \leqq 1, \quad |H| \leqq 1 \tag{52}$$

definiert, während die genannten zwei Gitterpunkte auf der Oberfläche desselben die Bestimmungsstücke $X = 1$, $Y = 0$ bzw. $X = 0$, $Y = 1$

erhalten. Für diese zwei Punkte gelten dann gemäß (48), (49) die Relationen

$$|\Xi| = 1, \quad |H| < 1$$

bzw.

$$|\Xi| < 1, \quad |H| = 1$$

und aus diesen Relationen ergeben sich unmittelbar für die Koeffizienten in (51) die Bedingungen:

$$|\lambda| = 1, \quad |\mu| = 1, \quad |\varrho| < 1, \quad |\sigma| < 1. \tag{53}$$

Die Determinante $ps - qr$ für die besagten zwei Gitterpunkte könnte nun nach § 4 nur einen der Werte ε, $\varepsilon(1+i)$, 2ε haben, unter ε eine der Einheiten ± 1, $\pm i$ verstanden. Die Werte 2ε kommen hierbei jedoch nicht in Betracht; denn aus $ps - qr = 2\varepsilon$ würde hier, nach den Ausführungen in § 4 bei Gleich. (22), folgen, daß auf der Fläche $|X| + |Y| = 1$ noch ein Gitterpunkt ($x = r^*$, $y = s^*$) existiert, welcher mit dem Punkte (p, q) eine Determinante $= \varepsilon$ liefert und für welchen daher $|Y| = \frac{1}{2}$, hernach $|X| = \frac{1}{2}$, also $|\Xi| < 1$, $|H| < 1$ wird, was der Bedeutung von (52) als M-Körper widersprechen würde. Darnach kann gegenwärtig $ps - qr$ nur mit einem der Werte ε, $\varepsilon(1+i)$ zusammenfallen und wir dürfen, indem wir uns r, s bzw. durch r/ε, s/ε ersetzt denken, direkt $ps - qr = 1$ bzw. $= 1 + i$ annehmen; diese zwei Fälle werden wir nun nacheinander zu untersuchen haben.

Es sei zunächst $ps - qr = 1$. Durch Bildung der Determinante von (51) erhalten wir

$$\lambda\mu(1 - \varrho\sigma) = \Delta(ps - qr),$$

also im vorliegenden Falle, unter Berücksichtigung von (53),

$$|\Delta| = |1 - \varrho\sigma|. \tag{54}$$

Unsere Aufgabe läßt sich nunmehr dahin formulieren, *die komplexen Größen ϱ, σ mit Beträgen < 1 seien so zu bestimmen, daß $|1 - \varrho\sigma|$ zu einem Minimum wird, während gleichzeitig der Körper*

$$|X + \varrho Y| \leqq 1, \quad |\sigma X + Y| \leqq 1 \tag{55}$$

im Inneren außer dem Nullpunkte keinen weiteren Gitterpunkt enthält.

Diese letztere Bedingung ist nun nach § 4 (S. 194) hier völlig dadurch zu charakterisieren, daß die 12 Ungleichungen

$$\max\left(|\varepsilon + \varrho|, \left|\sigma + \frac{1}{\varepsilon}\right|\right) \geqq 1, \tag{56}$$

$$\max\left(|\varepsilon + \varrho(1+i)|, \left|\sigma + \frac{1+i}{\varepsilon}\right|\right) \geqq 1, \tag{57}$$

$$\max\left(|\varepsilon(1+i)+\varrho|,\ \left|\sigma(1+i)+\frac{1}{\varepsilon}\right|\right) \geqq 1, \qquad (58)$$
$$(\varepsilon = \pm 1,\ \pm i)$$

erfüllt sind. Hierbei können wir noch, — indem wir uns nötigenfalls Y und gleichzeitig damit auch y in geeignete der dazu assoziierten Größen verändert denken, — von vornherein annehmen, daß

$$\varrho = \varrho_1 \pm i\varrho_2, \quad \varrho_1 \geqq \varrho_2 \geqq 0$$

(mit reellen ϱ_1, ϱ_2) ist, und da überdies eine eventuelle Vertauschung von i mit $-i$ den Betrag von $1-\varrho\sigma$ und die Gesamtheit der Bedingungsungleichungen (56), (57), (58) nicht ändern würde, so können wir weiter noch die Annahme

$$\varrho = \varrho_1 - i\varrho_2, \quad \varrho_1 \geqq \varrho_2 \geqq 0$$

machen. Schließlich wollen wir noch von dem Werte $\varrho = 0$, welcher bei beliebigem σ die Ungleichungen (56), (57), (58) ohne weiteres immer erfüllt und $|\Delta| = 1$ liefert, vorerst absehen, und zwar mit Rücksicht auf den Umstand, den wir schon hier vorweg erwähnen, daß das gesuchte Minimum von $|\Delta|$ sich < 1 erweisen wird.

Wir haben nun die Aufgabe, die Ungleichungen (56), (57), (58) übersichtlich weiter zu verarbeiten; diese Aufgabe ist keineswegs mühelos, läßt sich aber doch in durchaus befriedigender Weise durchführen, indem die bekannte geometrische Darstellung der komplexen Größen in der Ebene herangezogen wird, wobei unter Zugrundelegung rechtwinkliger Koordinaten a, b ein Punkt (a, b) als Repräsentant der komplexen Zahl $a + bi$ gilt. Zunächst werden dann die Bedingung $|\varrho| < 1$ und die über ϱ gemachte Annahme

$$\varrho = \varrho_1 - i\varrho_2 \neq 0, \quad \varrho_1 \geqq \varrho_2 \geqq 0 \qquad (59)$$

damit gleichbedeutend, daß der der Zahl ϱ entsprechende Punkt oder, wie wir kurz sagen wollen, der Punkt ϱ sich (Fig. 71) nur in dem letzten Oktanten AOB des um den Nullpunkt O als Mittelpunkt mit dem Radius 1 beschriebenen Kreises, und zwar mit Ausschluß des Bogens BA und des Nullpunktes O, bewegen kann.

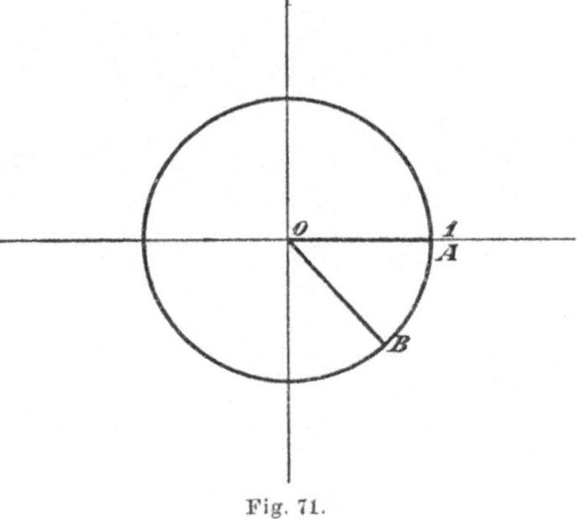

Fig. 71.

Es ist alsdann weiter festzustellen, in welchem Bereiche die Größe σ je nach dem Orte des ϱ verweilen darf, damit die Ungleichungen (56), (57), (58) sämtlich erfüllt sind. Diese letzteren Ungleichungen lassen sich nun folgendermaßen aussprechen: so oft für irgend welches der Wertepaare

$$(X, Y) = (\varepsilon, 1),\ (\varepsilon, 1+i),\ (\varepsilon(1+i), 1)$$

sich $|X + \varrho Y| < 1$ herausstellt, soll für dieses selbe Wertepaar (X, Y) gleichzeitig $|\sigma X + Y| \geqq 1$ gelten. Der Vordersatz in dieser Bedingung kommt also jedesmal auf das Bestehen einer der zwölf Ungleichungen

$$|\varepsilon + \varrho| < 1, \tag{60}$$

$$\left|\frac{\varepsilon}{1+i} + \varrho\right| < \frac{1}{\sqrt{2}}, \tag{61}$$

$$|\varepsilon(1+i) + \varrho| < 1 \tag{62}$$

hinaus und bedeutet sonach, daß der Punkt ϱ im Inneren eines der Kreise: um $-\varepsilon$ als Zentrum vom Radius 1, um $-\varepsilon/(1+i)$ als Zentrum vom Radius $1/\sqrt{2}$, um $-\varepsilon(1+i)$ als Zentrum vom Radius 1, sich befindet.

Von den vier unter (60) fallenden Ungleichungen sind nun diejenigen

$$|1 + \varrho| < 1, \qquad |-i + \varrho| < 1$$

hier von vornherein ausgeschlossen, da sie der Größe ϱ solche Bereiche zuweisen, welche mit dem Bereiche AOB, in dem sich ϱ nach der Voraussetzung (59) befinden soll, keinen Punkt gemein haben (Fig. 72). Was ferner die Ungleichung

$$|-1 + \varrho| < 1 \tag{63}$$

betrifft, so läßt dieselbe für ϱ offenbar den Bereich AOB (von O abgesehen) vollständig in Geltung; gleichzeitig mit (63) soll nun nach (56)

$$|\sigma - 1| \geqq 1 \tag{64}$$

sein, also σ außerhalb oder auf der Peripherie des Kreises um 1 vom Radius 1 und folglich in dem nicht innerhalb dieses Kreises befindlichen Teile $NON'PN$ des Einheitskreises, mit Ausschluß des Bogens $N'PN$, liegen (Fig. 72). Endlich ist die Ungleichung

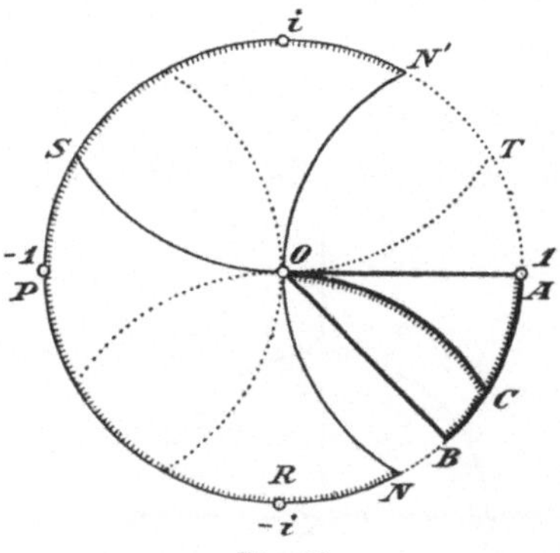

Fig. 72.

$$|i + \varrho| < 1$$

dann erfüllt, wenn ϱ dem Bereiche OBC angehört, den der Kreis um $-i$ vom Radius 1 mit dem Oktanten AOB gemein hat, wobei noch die Bogen CO, BC auszuschließen sind; fällt ϱ in diesen Bereich, dann wird gleichzeitig σ vermöge

$$|\sigma - i| \geqq 1 \tag{65}$$

auf denjenigen Teil $TOSRT$ des Einheitskreises, mit Ausschluß des Bogens SRT, verwiesen, welcher nicht innerhalb des Kreises um i vom Radius 1 liegt (Fig. 72).

Von den vier Ungleichungen (61) (Fig. 73) können wiederum zwei, nämlich

$$\left|\frac{1-i}{2}+\varrho\right|<\frac{1}{\sqrt{2}}, \qquad \left|\frac{1+i}{2}+\varrho\right|<\frac{1}{\sqrt{2}},$$

bei der schon vorausgesetzten Lage des ϱ überhaupt nicht statthaben. Dagegen trifft die Ungleichung

$$\left|\frac{-1+i}{2}+\varrho\right|<\frac{1}{\sqrt{2}}$$

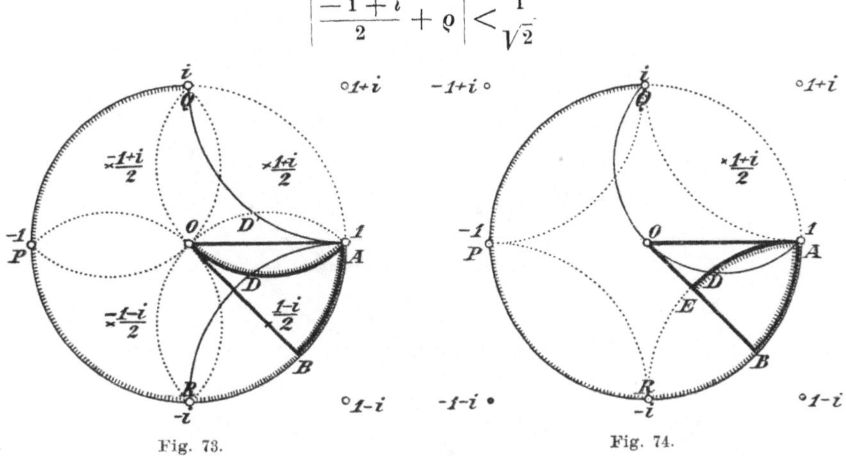

Fig. 73. Fig. 74.

im ganzen Bereiche AOB der Größe ϱ (von O und A abgesehen) zu und muß sich daher σ gleichzeitig immer der Bedingung

$$|\sigma-(1+i)|\geqq 1 \tag{66}$$

unterwerfen, also notwendig in demjenigen Teile $AD'QPRBA$ des Einheitskreises, mit Ausschluß des Bogens $QPRBA$, verweilen, welcher nicht innerhalb des Kreises um $1+i$ vom Radius 1 liegt. Im Falle des Bestehens von

$$\left|\frac{-1-i}{2}+\varrho\right|<\frac{1}{\sqrt{2}}$$

schließlich wird ϱ auf das Segment $ODAO$, das dem Einheitskreise und dem Kreise um $\frac{1+i}{2}$ vom Radius $\frac{1}{\sqrt{2}}$ gemeinsam ist, mit Ausschluß des Bogens ODA, verwiesen und alsdann muß σ wegen

$$|\sigma-(1-i)|\geqq 1 \tag{67}$$

in dem Teile $RDAQPR$ des Einheitskreises, welcher nicht innerhalb des Kreises um $1-i$ vom Radius 1 liegt, mit Ausschluß des Bogens $AQPR$, verweilen.

Von den vier Ungleichungen (62) endlich (Fig. 74) können drei, und zwar

$$|-1-i+\varrho|<1, \quad |1-i+\varrho|<1, \quad |1+i+\varrho|<1,$$

bei der für ϱ vorausgesetzten Lage überhaupt nicht statthaben; durch die übrige Ungleichung jedoch,

$$|-1+i+\varrho|<1,$$

wird der Bereich des ϱ auf die Figur $ADEBA$, die dem Oktanten AOB und dem Kreise um $1-i$ vom Radius 1 gemeinsam ist, mit

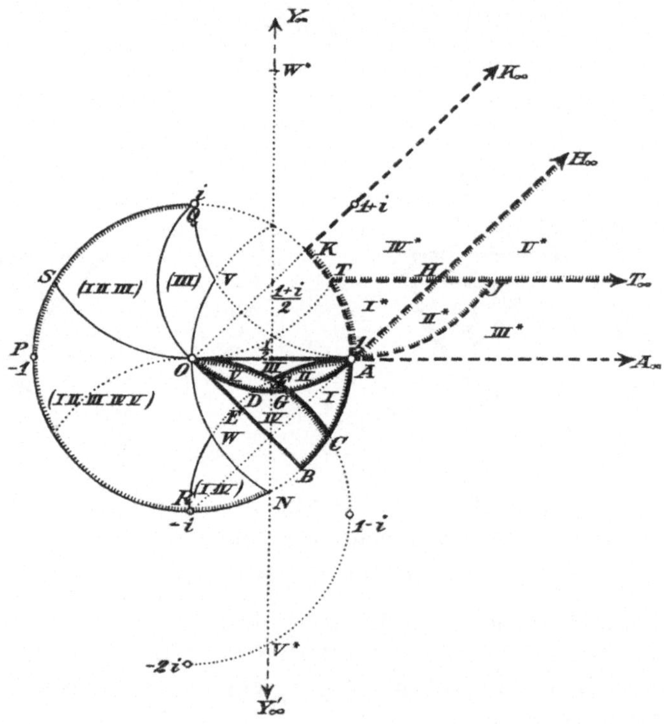

Fig. 75.

Ausschluß der Bogen ADE, BA eingeschränkt, σ dagegen gleichzeitig infolge

$$|(1+i)\sigma-i| \geqq 1 \text{ oder } \left|\sigma-\frac{1+i}{2}\right| \geqq \frac{1}{\sqrt{2}} \tag{68}$$

auf denjenigen Teil $ADOQPRBA$ des Einheitskreises verwiesen, der sich nicht innerhalb des Kreises um $\frac{1+i}{2}$ vom Radius $\frac{1}{\sqrt{2}}$ befindet, mit Ausschluß des Bogens $QPRBA$.

Der Oktant AOB erscheint jetzt durch die drei ihn durchsetzenden unter den hier für ϱ in Frage gekommenen Kreisen in sieben

Partien geteilt (Fig. 75), die wir zu fünf Partien in folgender Weise zusammenfassen wollen:

I: $AGCA$,
II: $AFGA$,
III: $AOFA$,
IV: $DOED$ und $DEBCGD$,
V: $DFOD$ und $DGFD$.

Dabei sind von jedem dieser 5 resp. 7 Bereiche, wie aus der soeben durchgeführten Betrachtung zu entnehmen ist, die jeweils nach dem Bereiche hin konkaven Teile der begrenzenden Kreisbogen, wie auch der zur Begrenzung eventuell gehörende Nullpunkt O auszuschließen, die sonstigen Teile der Begrenzung des Bereiches sind dagegen jedesmal zum Bereiche mitzuzählen. Indem wir uns nun ϱ jeweils in einem der fünf Bereiche bewegt denken, können wir aus der obigen Betrachtung und den zugehörigen Figuren 72, 73, 74 genau entnehmen, in welchem zugehörigen Bereiche sich jedesmal die Größe σ gleichzeitig bewegen darf. Wir finden alsdann, daß σ *stets* jenseits — das soll hier heißen: nicht auf der konkaven Seite — der Kreisbogen NOV und VQ liegen muß und zu gleicher Zeit überdies in den Fällen IV, V des ϱ jenseits des Bogens OS, in den Fällen II, III, V des ϱ jenseits des Bogens RW, schließlich in den Fällen I, II des ϱ und im Falle einer gewissen besonderen Lage des ϱ in IV oder V jenseits des Bogens OQ liegen muß. Hierbei ist noch zu bemerken, daß die letzte der für σ aufgezählten Bedingungen, soweit sie sich auf den Fall jener besonderen Lage des ϱ in IV oder V bezieht, bereits durch die zweite der Bedingungen, (daß nämlich σ in den Fällen IV, V des ϱ jenseits OS liege), erledigt ist, indem der Bogen OS jedenfalls jenseits des Bogens OQ liegt. Hiermit erscheint der Gesamtbereich $OVQSPRNWO$, in dem sich σ auf diese Weise überhaupt bewegen kann, in vier Partien, und zwar

$$OVQO, \quad OQSO, \quad OSPRWO, \quad WRNW \tag{69}$$

zerlegt und es verträgt sich dabei, wie wir sehen, eine Lage des σ in der ersten dieser Partien mit dem Bereiche III des ϱ, in der zweiten mit den Bereichen I, II, III des ϱ, in der dritten mit den Bereichen I, II, III, IV, V des ϱ, in der vierten mit den Bereichen I, IV des ϱ. Die hier auf ϱ bezüglichen Nummern sind in Fig. 75 in die einzelnen Bereiche (69) des σ entsprechend eingetragen.

Um nun jene Wertekombinationen ϱ, σ zu ermitteln, welche ein Minimum von $|1-\varrho\sigma|$ unter den hier gegebenen Umständen bewirken, denken wir uns gegenwärtig ϱ mit seinem Werte in einem beliebigen Punkte eines der für diese Größe in Frage kommenden Bereiche festgehalten und suchen σ so zu variieren, daß für das festgehaltene ϱ und das zu findende σ der Wert von $|1-\varrho\sigma|$, also auch derjenige von $\left|\frac{1}{\varrho}-\sigma\right|$, möglichst klein wird. Wir beachten dabei, daß diese letztere Größe die Distanz des Punktes σ vom Punkte $1/\varrho$ bedeutet und stellen mit Rücksicht darauf nun auch für die Größe $1/\varrho$ diejenigen Bereiche fest, welche den Bereichen I, II, III, IV, V des ϱ bzw. entsprechen. Dabei können wir von einem Punkte ϱ zum zugehörigen Punkte $1/\varrho$ durch Spiegelung am Einheitskreise und daran anzuschließende Spiegelung an der reellen Achse übergehen; es geht alsdann der Einheitskreis in sich selbst über, der Radius AO in den außerhalb des Einheitskreises gelegenen positiven Teil AA_∞ der Achse der reellen Zahlen, der Radius BO in den außerhalb des Einheitskreises im positiven Quadranten verlaufenden Teil KK_∞ der Halbierungslinie des genannten Quadranten, der im vierten Quadranten befindliche Bogen $AGDO$ des durch die Punkte i, 1, 0 gelegten Kreises in den im ersten Quadranten verlaufenden Teil AH_∞ der Geraden, welche durch die Punkte $-i$, 1 geht, der Kreisbogen $CGFO$, der im Nullpunkte die Achse der reellen Zahlen berührt und rückwärts fortgesetzt durch $-2i$ läuft, in den zur Achse der reellen Zahlen parallelen, von $\frac{1}{2}i$ herkommenden Strahl TT_∞, endlich der Kreisbogen AF, welcher die Achse der reellen Zahlen in 1 berührt und fortgesetzt durch $-i$ läuft, in einen Kreisbogen AJ, welcher ebenfalls in 1 die Achse der reellen Zahlen berührt und fortgesetzt durch i läuft, also dem Kreise um $1+i$ vom Radius 1 angehört. Auf diese Weise entsprechen den fünf im letzten Oktanten des Einheitskreises gelegenen Bereichen I, II, III, IV, V für ϱ bzw. die fünf außerhalb des Einheitskreises im ersten Oktanten der Größenebene verlaufenden Bereiche $AHTA$, $AJHA$, $T_\infty JAA_\infty$, $K_\infty KTHH_\infty$, $H_\infty HJT_\infty$ für $1/\varrho$, die bzw. mit I*, II*, III*, IV*, V* bezeichnet seien.

Der Wert von $1/\varrho$ werde nun irgendwie in einem der letzteren Bereiche festgehalten; wie wir alsdann auch in dem zugehörigen, damit verträglichen Bereiche für σ den Punkt σ wählen mögen, immer können wir durch Verschiebung dieses Punktes in der Richtung auf den Punkt $1/\varrho$ zu die Größe $\left|\frac{1}{\varrho}-\sigma\right|$ beständig verkleinern, bis schließlich σ auf einen innerhalb des Einheitskreises gelegenen Begrenzungspunkt des betreffenden Bereiches fällt. Es geht dieses daraus hervor, daß die zwei Tangenten am Einheitskreis in Q und N den Bereich I*, jene in Q und R die Bereiche II* und III*, in S und N den Bereich IV*, endlich die Tangenten in S und R den Bereich V* zwischen sich fassen. Wir können uns daher darauf beschränken, σ bloß auf den Grenzbogen der jeweils ihm zukommenden Bereiche sich bewegen zu lassen und haben also nur noch auf diesen Bogen jedesmal Punkte mit einem Minimum des Abstandes vom Punkte $1/\varrho$ zu suchen.

Nehmen wir σ zunächst *im Inneren* irgend eines der hierfür nun in Betracht kommenden Kreisbogen

$$OV,\ VQ,\ OQ,\ OS,\ WO,\ RW,\ NW \tag{70}$$

beliebig an und es werde der Mittelpunkt des Kreises, dem der betreffende Kreisbogen angehört, durch die Größe σ_0 repräsentiert; denken wir uns ferner um den Punkt $1/\varrho$ als Mittelpunkt einen Kreis durch den angenommenen Punkt σ geschlagen. Die zwei Kreise, um σ_0 vom Radius $|\sigma - \sigma_0|$ und um $1/\varrho$ vom Radius $\left|\sigma - \frac{1}{\varrho}\right|$, werden sich im Punkte σ entweder schneiden oder berühren; darunter kann die Berührung, wie Fig. 75 auf den ersten Blick zeigt, nie eine äußere sein. Im Falle des Schneidens kann man nun durch Fortbewegung des σ von der für dasselbe angenommenen Stelle aus längs des betreffenden Kreisbogens in einem bestimmten Sinne (Fig. 76a) den Abstand $\left|\frac{1}{\varrho} - \sigma\right|$ stets verringern. Im Falle der Berührung dagegen überzeugt man sich zunächst, daß dabei der Kreis um σ_0 vom Radius $|\sigma - \sigma_0|$ notwendig im Inneren des Kreises um $1/\varrho$ vom Radius $\left|\sigma - \frac{1}{\varrho}\right|$ liegen muß, und zwar deshalb, weil die zu den Kreisbogen (70) bzw. gehörigen

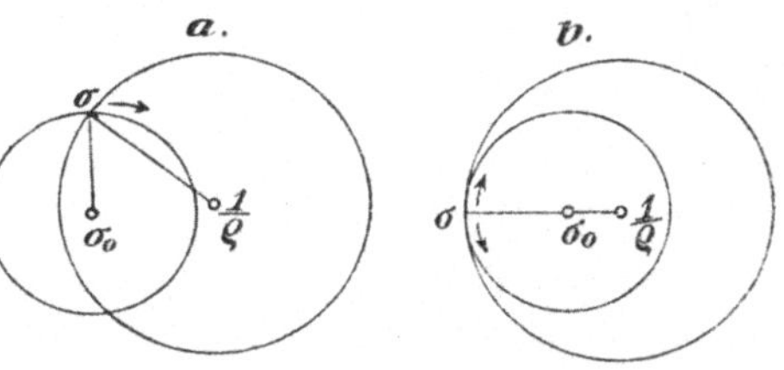

Fig. 76.

Kreissektoren mit dem Gesamtbereiche des $1/\varrho$ außer dem Punkte $\frac{1}{\varrho} = 1$, welcher aber für $1/\varrho$ überhaupt nicht in Frage kommt, und dem Punkte $\frac{1}{\varrho} = 1 + i$, welcher jedoch außerhalb III* liegt, keinen sonstigen Punkt gemein haben; daraus folgt, daß in diesem zweiten Falle der Abstand $\left|\frac{1}{\varrho} - \sigma\right|$ durch Fortbewegung von σ auf dessen betreffendem Kreisbogen, sowohl im einen, wie im anderen Sinne, jedesmal verkleinert wird (Fig. 76b). Demnach kann ein Minimum von $\left|\frac{1}{\varrho} - \sigma\right|$, also auch von $|1 - \varrho\sigma|$, nicht statthaben, wenn σ im Inneren eines der Kreisbogen (70) liegt, und *kann daher dieses Minimum nur eintreten, während σ in einem der Endpunkte O, V, W liegt, eventuell kann eine untere Grenze der in Frage kommenden Werte von $|1 - \varrho\sigma|$ sich ergeben, wenn σ in einen der Punkte Q, S, R, N des Einheitskreises gelangt.*

Was nun zunächst diese letzteren Punkte Q, S, R, N anbetrifft, so zeigt Fig. 75, daß der Punkt $1/\varrho$, wie er auch in den jeweils ihm zukommenden Bereichen liegen mag, jedenfalls vom Punkte O eine geringere oder höchstens die gleiche Entfernung hat, wie von dem gerade betrachteten jener vier Punkte. Daher genügt es, bezüglich des Zustandekommens des Minimums von $|1-\varrho\sigma|$ bloß die Werte des σ in den Punkten O, V, W, die wir mit $\sigma_O, \sigma_V, \sigma_W$ bezeichnen wollen, zu prüfen.

Zunächst ist $\sigma_O = 0$, also hier $|1-\varrho\sigma| = 1$. Bezüglich σ_V, σ_W fragen wir mit Rücksicht auf

$$|1-\varrho\sigma| = |\sigma| \left|\frac{1}{\sigma} - \varrho\right|$$

weiter nach jenen speziellen Lagen des ϱ, welche ein Minimum von $\left|\frac{1}{\sigma_V} - \varrho\right|$ resp. $\left|\frac{1}{\sigma_W} - \varrho\right|$ bewirken. Den σ-Werten auf dem Kreise um 1 vom Radius 1, welcher durch den Nullpunkt geht und auf der Achse der reellen Zahlen senkrecht steht, entspricht als Ort der zugehörigen Werte $1/\sigma$ die zur Achse der reellen Zahlen senkrechte Gerade $Y'_\infty N Y_\infty$ (Fig. 75), welche durch die Schnittpunkte des genannten Kreises mit dem Einheitskreise läuft. Diese Gerade geht durch die Punkte $\ddot{A}$ ($\varrho = \frac{1}{2}$, in der Figur nur mit $\frac{1}{2}$ bezeichnet) und F und es liegen auf ihr die den Zahlen $1/\sigma_V$, $1/\sigma_W$ bzw. entsprechenden Punkte V^*, W^*; diese letzteren befinden sich notwendig symmetrisch zueinander bezüglich der Achse der reellen Zahlen. Für $\sigma = \sigma_V$ erscheint nun ϱ auf den Bereich III angewiesen und sonach wird der Abstand $\left|\frac{1}{\sigma_V} - \varrho\right|$, wie aus Fig. 75 ersichtlich, dann am kleinsten, wenn ϱ im Punkte F zu liegen kommt; es ist alsdann

$$|1-\varrho\sigma| = \frac{\left|\frac{1}{\sigma} - \varrho\right|}{\left|\frac{1}{\sigma}\right|} = \frac{V^*F}{OV^*}.$$

Im Falle $\sigma = \sigma_W$ dagegen kann ϱ im ganzen Oktanten AOB variieren und sonach wird $\left|\frac{1}{\sigma_W} - \varrho\right|$ am kleinsten, wenn ϱ im Mittelpunkte $\ddot{A}$ der Strecke OA liegt; dann haben wir:

$$|1-\varrho\sigma| = \frac{\ddot{A}W^*}{OW^*}.$$

Da nun

$$OW^* = OV^* > \ddot{A}W^* > V^*F$$

ist, so folgt daraus

$$1 > \frac{\ddot{A}W^*}{OW^*} > \frac{V^*F}{OV^*}$$

und danach *tritt endgültig in dem gegenwärtig betrachteten Falle der kleinstmögliche Wert von* $|1-\varrho\sigma|$ *ein, wenn* ϱ *in* F, σ *in* V *liegt.* Man berechnet leicht die bezüglichen Werte von ϱ, σ zu

$$\varrho_F = \frac{1}{2} - i + i\frac{\sqrt{3}}{2} = -i - j^2 = \frac{\sqrt{3}-1}{\sqrt{2}} e^{-\frac{2\pi i}{24}},$$

$$\sigma_V = i\varrho_F = 1 - ij^2 = \frac{\sqrt{3}-1}{\sqrt{2}} e^{5\frac{2\pi i}{24}},$$

wo j die dritte Einheitswurzel $e^{\frac{2\pi i}{3}} = \frac{-1+i\sqrt{3}}{2}$ bezeichnet, und erhält dafür

$$1 - \varrho_F\sigma_V = \frac{\sqrt{3}}{2} - i\left(\sqrt{3} - \frac{3}{2}\right) = \frac{3-\sqrt{3}}{\sqrt{2}} e^{-\frac{2\pi i}{24}}, \tag{71}$$

sonach *für das gesuchte Minimum von* $|1-\varrho\sigma|$ *den Wert*

$$\frac{3-\sqrt{3}}{\sqrt{2}} = 0{,}8965\ldots.$$

Wir gehen nunmehr zur Betrachtung des zweiten der beiden Fälle über, die oben auf Seite 204 zu unterscheiden waren, und machen also die Annahme

$$ps - qr = 1 + i.$$

Wir transformieren jetzt wiederum, wie auf S. 203, die Formen ξ, η mittels der Gleichungen (50) bzw. in

$$\Xi = \lambda(X + \varrho Y), \quad H = \mu(\sigma X + Y), \tag{72}$$

wobei sich

$$|\lambda| = 1, \quad |\mu| = 1, \quad |\varrho| < 1, \quad |\sigma| < 1$$

erweist. Diesesmal wird

$$|1-\varrho\sigma| = |\Delta|\,|ps - qr| = \sqrt{2}\,|\Delta|.$$

Unsere Aufgabe lautet nun, die Größen ϱ, σ seien so zu bestimmen, daß $|1-\varrho\sigma|$ ein Minimum wird, während der Bereich

$$|X + \varrho Y| \leqq 1, \quad |\sigma X + Y| \leqq 1 \tag{73}$$

im Inneren außer dem Nullpunkt weder einen weiteren Punkt mit ganzzahligen X, Y, noch auch irgend einen Punkt, für den $(1+i)X$, $(1+i)Y$ beide ganzzahlig und $\equiv 1$ (mod. $1+i$) sind, enthält.

Der hiermit geforderte Charakter des Bereiches (72) wird nun nach § 4 (S. 198) völlig durch die vier Ungleichungen

$$\max\left(|\varepsilon + \varrho|, \; \left|\sigma + \frac{1}{\varepsilon}\right|\right) \geqq \sqrt{2} \qquad (\varepsilon = \pm 1, \pm i) \tag{74}$$

ausgedrückt. Zur bloßen Ermittelung des Minimums von $|1-\varrho\sigma|$

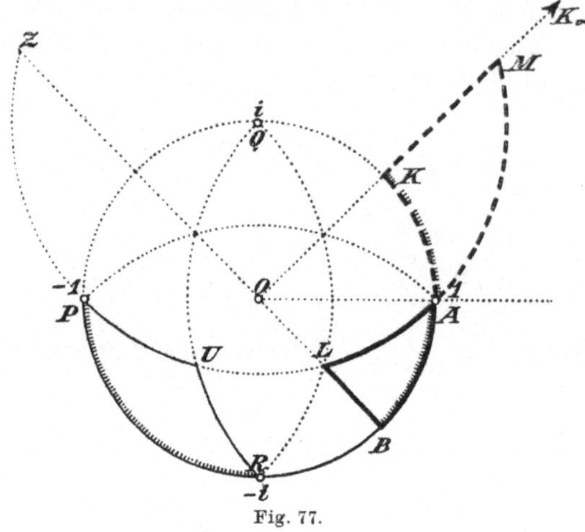

Fig. 77.

können wir uns ferner aus analogen Gründen, wie vorhin, auf die Annahme

$$\varrho = \varrho_1 - i\varrho_2, \quad \varrho_1 \geqq \varrho_2 \geqq 0$$

beschränken; dadurch wird ϱ in der komplexen Größenebene wiederum auf den letzten Oktanten AOB des Einheitskreises mit Ausschluß des Bogens BA verwiesen (Fig. 77).

Die Bedingungsungleichungen (74) sagen nun aus, daß so oft für ein ϱ und ein ε

$$|\varepsilon + \varrho| < \sqrt{2} \tag{75}$$

wird, gleichzeitig σ derart beschaffen sein soll, daß

$$\left|\sigma + \frac{1}{\varepsilon}\right| \geqq \sqrt{2}$$

wird. Von den vier in Frage kommenden Ungleichungen (75) treten nun, wie Fig. 77 zeigt, die folgenden zwei

$$|-1 + \varrho| < \sqrt{2}, \quad |i + \varrho| < \sqrt{2}, \tag{76}$$

für jedes ϱ des Bereiches AOB (von A abgesehen) ein, indem die Kreise um 1 und um $-i$ vom Radius $\sqrt{2}$ diesen Bereich ganz in sich einschließen; gleichzeitig muß demnach

$$|\sigma - 1| \geqq \sqrt{2}, \quad |\sigma - i| \geqq \sqrt{2}$$

sein, also σ in demjenigen Teile des Einheitskreises liegen, welcher nirgends ins Innere der Kreise um 1 und um i je vom Radius $\sqrt{2}$ eindringt, d. i. σ muß im Kreisdreieck RUP liegen, wovon noch der Bogen PR wegen der Bedingung $|\sigma| < 1$ auszuschließen ist. Dieses Dreieck RUP fällt andererseits ganz in den Kreis um $-i$ vom Radius $\sqrt{2}$ und ist darin also für jeden Punkt σ, — bloß mit Ausnahme des Punktes P, der hier aber nicht in Betracht kommt, —

$$|\sigma + i| < \sqrt{2};$$

folglich darf niemals gleichzeitig

$$|-i + \varrho| < \sqrt{2}$$

sein, d. h. es muß für ϱ hier stets

$$|-i + \varrho| \geqq \sqrt{2}$$

gelten, also ϱ außerhalb oder auf die Peripherie des Kreises um i vom Radius $\sqrt{2}$, d. h. hier notwendig in das Kreisdreieck ALB, mit Ausschluß des Bogens BA, fallen. Im Bereiche dieses Kreisdreiecks ist nun, wie Fig. 77 zeigt, auch niemals

$$|1+\varrho| < \sqrt{2};$$

es erscheinen hier also die zwei weiteren, außer (76) zu diskutierenden Ungleichungen (75) ausgeschlossen.

Wir haben demnach das Minimum der Werte von $|1-\varrho\sigma|$ zu suchen, während nunmehr ϱ sich in ALB, σ in RUP, jedesmal mit Ausschluß der Werte auf dem Einheitskreise, bewegen. Aus dem Bereiche für ϱ finden wir zu diesem Zweck zunächst als zugehörigen Bereich für $1/\varrho$ das Kreisdreieck AMK, indem der Bogen AB des Einheitskreises im letzten Oktanten in den Bogen AK desselben Kreises im ersten Oktanten übergeht, ferner der den Bogen AL enthaltende Kreis, wie jeder durch die Punkte $1, -1$ laufende Kreis, in sich selbst und also sein Bogen AL im letzten Oktanten in seinen Bogen AM im ersten Oktanten übergeht, schließlich die Strecke BL auf der Halbierungslinie des letzten Quadranten in die Strecke KM auf der Halbierungslinie des ersten Quadranten sich verwandelt; wie der Bogen BA vom Bereiche BAL, so ist jetzt der Bogen KA vom Bereiche AMK auszuschließen. Halten wir nun vorderhand den Wert von $1/\varrho$ beliebig im Bereiche AMK fest, so handelt es sich dann um das Minimum von $\left|\sigma - \frac{1}{\varrho}\right|$ bei diesem $1/\varrho$. Wir sehen zunächst, — da die Tangenten in P und R am Einheitskreise das Kreisdreieck AMK zwischen sich schließen, — daß ein Minimum der fraglichen Größe hier nur eintreten kann, wenn σ auf einem der Bogen RU, UP liegt, und weiterhin, — da die Kreissektoren QPU, AUR nicht in AMK eintreten, — nur wenn σ in einen der Endpunkte R, U, P dieser Bogen fällt. Hierbei kommen die Punkte P und R nicht in Frage, da das Kreisdreieck AMK auf derselben Seite der Geraden PQ wie der Bogen PU, ferner auf derselben Seite der Geraden RA wie der Bogen RU bleibt.

Das Minimum von $\left|\frac{1}{\varrho} - \sigma\right|$ *tritt also notwendig ein, während* σ *im Punkte* U *liegt.* Zu dem betreffenden Werte $\sigma = \sigma_U$ suchen wir jetzt weiter das Minimum von $|1-\varrho\sigma_U| = |\sigma_U|\left|\frac{1}{\sigma_U} - \varrho\right|$; die Größe $1/\sigma_U$ wird durch den Schnittpunkt Z der Halbierungslinie des vierten Quadranten mit dem Kreise um i vom Radius $\sqrt{2}$ repräsentiert, indem beim Übergang von den Werten σ zu den Werten $1/\sigma$ dieser letztere Kreis in sich übergeht und aus der Halbierungslinie des dritten Quadranten die Halbierungslinie des vierten Quadranten wird. Nun hat unter allen Punkten ϱ im Bereiche BAL die Ecke L sichtlich den kleinsten Abstand von Z; sonach *tritt das Minimum von* $|1-\varrho\sigma|$ *in dem hier betrachteten Falle endgültig für*

$$\varrho = \varrho_L = (1-i)\frac{\sqrt{3}-1}{2} = j^2 - ij = \frac{\sqrt{3}-1}{\sqrt{2}} e^{-3\frac{2\pi i}{24}},$$

$$\sigma = \sigma_U = -i\varrho_L = (-1-i)\frac{\sqrt{3}-1}{2} = -j - ij^2 = \frac{\sqrt{3}-1}{\sqrt{2}} e^{-9\frac{2\pi i}{24}}$$

ein und es beträgt

$$|1-\varrho_L\sigma_U| = 3-\sqrt{3}.$$

Auf diese Weise erhalten wir hier für das Minimum von $|\Delta| = \frac{1}{\sqrt{2}}|1-\varrho\sigma|$ *denselben Wert* $\frac{3-\sqrt{3}}{\sqrt{2}}$, *wie in dem an erster Stelle behandelten Falle* $ps-qr=1$.

§ 7. Endgültige Formulierung des Satzes über zwei binäre lineare Formen für $K(i)$.

Indem wir nun auf die ursprüngliche Fassung des von uns nunmehr erledigten Problems aus dem Anfang des § 6 zurückgehen, können wir die gewonnenen Resultate in folgender Weise aussprechen:

Sind ξ, η zwei binäre lineare Formen in den komplexen Variabeln $x = x_1 + ix_2$, $y = y_1 + iy_2$, mit beliebigen komplexen Koeffizienten und einer Determinante $\Delta \neq 0$, und betrachten wir im vierdimensionalen Gitter der x_1, x_2, y_1, y_2 den zum Eichkörper

$$|\xi| \leqq 1, \quad |\eta| \leqq 1$$

homothetischen M-Körper, so gilt für dessen Parameter M stets die Ungleichung

$$M \leqq \sqrt{\frac{\sqrt{2}}{3-\sqrt{3}}|\Delta|}. \tag{77}$$

Dabei tritt in dieser Ungleichung unter gewissen Umständen das Gleichheitszeichen ein, und zwar dann und nur dann, wenn der Ausdruck $|1-\varrho\sigma|$, welcher aus den Koeffizienten von ξ, η in der im vorigen Paragraphen erörterten Weise zu bilden ist, für die vorliegenden ξ, η gerade sein von uns dort gefundenes Minimum erreicht. Diesbezüglich haben wir noch die zwei im vorigen Paragraphen unterschiedenen Fälle einzeln zu betrachten.

Im ersteren dieser Fälle tritt das Minimum von $|1-\varrho\sigma|$ unter der bezüglich des ϱ gemachten Annahme (59) für

$$\varrho = -i - j^2, \quad \sigma = 1 - ij^2$$

ein (S. 213), also allgemein dann, wenn ϱ, σ mit einem der 4 Wertepaare

$$\varrho = \varepsilon(-i-j^2),\quad \sigma = \frac{1}{\varepsilon}(1-ij^2) \qquad (\varepsilon = \pm 1, \pm i)$$

oder mit einem der 4 dazu konjugiert-komplexen Wertepaare zusammenfallen. Ist nun dieses der Fall, dann existiert der Bedeutung von ϱ, σ zufolge (S. 203) eine ganzzahlige Substitution von einer Determinante ± 1 oder $\pm i$, welche die Formen ξ, η bzw. in Ausdrücke

$$\begin{aligned} \Xi &= \lambda[X + (-i-j^2)Y], \\ H &= \mu[(1-ij^2)X + Y] \end{aligned} \tag{78}$$

resp. in dazu konjugierte Ausdrücke überführt, während λ, μ irgend welche Größen von Beträgen 1 werden. Beachten wir noch, daß die hier auftretenden Formen

$$X + (-i-j^2)Y,\quad (1-ij^2)X + Y$$

die bemerkenswerte Eigenschaft haben, durch die Substitution

$$X = X^* + Y^*,\quad Y = -Y^*$$

von der Determinante -1 in die Formen

$$X^* + (i-j)Y^*,\quad -ij^2[(1+ij)X^* + Y^*]$$

überzugehen, deren erstere offenbar zu der ersten in (78) konjugiert-komplex und deren letztere bis auf den Faktor $-ij^2$ vom Betrage 1 zu der zweiten in (78) konjugiert-komplex ist, — so können wir schon erschöpfend sagen, daß die Größe $|1-\varrho\sigma|$ ihr Minimum im vorliegenden Falle dann und nur dann erreicht, wenn eine ganzzahlige Substitution von einer Determinante ± 1 oder $\pm i$ existiert, welche die Formen ξ, η in Ausdrücke (78) überführt.

Erwähnt sei hier noch eine andere bemerkenswerte Eigenschaft der Formen (78), des Inhalts nämlich, daß diese Formen durch die Substitution

$$X = (-1+i)X^* + iY^*,\quad Y = X^* - iY^* \tag{79}$$

von der Determinante 1 in die Formen

$$j(X^* + (-i-j^2)Y^*),\quad j^2((1-ij^2)X^* + Y^*)$$

übergehen, sich also einfach mit j bzw. j^2 multiplizieren. Die dreimalige Ausübung der Substitution (79) nacheinander muß hiernach, wegen $j^3 = 1$, auf die identische Substitution hinauskommen.

Im zweiten der oben unterschiedenen Fälle tritt das Minimum von $|1-\varrho\sigma|$ ein, wenn ϱ, σ eines der 4 Wertepaare

$$\varrho = \varepsilon(j^2 - ij),\quad \sigma = \frac{1}{\varepsilon}(-j-ij^2) \qquad (\varepsilon = \pm 1, \pm i)$$

oder eines der 4 dazu konjugiert-komplexen Wertepaare vorstellen, wenn also (vgl. S. 203) für ξ, η eine ganzzahlige Substitution (50) von einer Determinante $\pm 1 \pm i$ existiert, wodurch ξ, η in Ausdrücke

$$\begin{aligned} \Xi &= \lambda(X + (j^2 - ij)Y), \\ H &= \mu((-j - ij^2)X + Y) \end{aligned} \tag{80}$$

oder in dazu konjugiert-komplexe Ausdrücke transformiert werden, während λ, μ irgend welche Größen vom Betrage 1 werden. Nun gehen die Ausdrücke (80) durch die Substitution

$$\begin{aligned} X &= X^* + \frac{1}{1+i} Y^*, \\ Y &= \qquad - \frac{1}{1+i} Y^* \end{aligned} \tag{81}$$

von der Determinante $-\frac{1}{1+i}$ in

$$\begin{gathered} \lambda(X^* + (-i - j^2) Y^*), \\ -ij^2\mu((1 - ij^2)X^* + Y^*), \end{gathered}$$

d. h. in Ausdrücke von der Gestalt (78) über, und Entsprechendes gilt auch für die zu jenen (80) konjugiert-komplexen Ausdrücke. Mithin folgt durch Komposition der betreffenden Substitution (50) mit (81), (nach der Eigenschaft $p \equiv r$, $q \equiv s$ (mod. $1 + i$), die den Koeffizienten p, q, r, s der Substitution (50) hier zukommen muß, vgl. S. 196), auch im gegenwärtigen Falle, wie im vorigen, wieder eine ganzzahlige Substitution von einer Determinante ± 1 oder $\pm i$, welche die Formen ξ, η in Ausdrücke von der Gestalt (78) überführt. *Der Grenzfall, in dem* (77) *mit dem Gleichheitszeichen erfüllt ist, ist somit unter den gegenwärtigen Umständen nicht verschieden von dem Grenzfalle, der sich unter den vorhin betrachteten Umständen herausstellte.*

Indem wir nun in der Ungleichung (77) die Bedeutung von M ins Auge fassen und noch die Formel (71) berücksichtigen, können wir jetzt die erzielten Resultate endgültig in dem folgenden Satze aussprechen:

LXII. *Sind*

$$\begin{aligned} \xi &= \alpha x + \beta y, \\ \eta &= \gamma x + \delta y \end{aligned}$$

zwei lineare Formen in zwei komplexen Variabeln x, y mit beliebigen komplexen Koeffizienten und einer von Null verschiedenen Determinante Δ, so gibt es stets ganze Zahlen x, y im Körper von i, die nicht beide verschwinden, so daß für dieselben

$$|\xi| \leqq \sqrt{\frac{\sqrt{2}}{3 - \sqrt{3}} |\Delta|}, \quad |\eta| \leqq \sqrt{\frac{\sqrt{2}}{3 - \sqrt{3}} |\Delta|}$$

wird. Im allgemeinen lassen sich die besagten Zahlen x, y sogar derart angeben, daß die Beziehungen hier mit dem Ungleichheitszeichen erfüllt sind; eine Ausnahme bildet nur der Fall, wo ξ, η so beschaffen sind, daß eine ganzzahlige Substitution von einer Determinante $\varepsilon = \pm 1$ oder $= \pm i$ existiert, welche diese Formen in Formen

$$\sqrt{\frac{\sqrt{2}}{3-\sqrt{3}}\Delta}\cdot e^{\frac{2\pi i}{48}+\omega i}(X+(-i-j^2)Y),$$

$$\varepsilon\sqrt{\frac{\sqrt{2}}{3-\sqrt{3}}\Delta}\cdot e^{\frac{2\pi i}{48}-\omega i}((1-ij^2)X+Y)$$

überführt, worin $j = \frac{-1+i\sqrt{3}}{2}$ ist und ω irgend eine reelle Größe bedeutet.

§ 8. Bestimmung der zulässigen Werte von E im Falle von $K(j)$. Charakter vierfacher M-Körper.

Wir wollen nun für den Zahlkörper der dritten Einheitswurzel $j = \frac{-1+i\sqrt{3}}{2}$ analoge Untersuchungen durchführen, wie solche in den §§ 4—7 für den Körper von i angestellt wurden.

Wir verwenden dabei wieder die in den §§ 2, 3 gewählten Bezeichnungen, in dem dortigen Sinne, indem wir zugleich unter Gitterpunkten jetzt Punkte (x, y) verstehen, für welche x und y ganze Zahlen im Zahlkörper von j sind, — und knüpfen unmittelbar an die folgende in § 3 Formel (21) für den Fall $\vartheta = j$ erschlossene Tatsache an: stellt

$$\varphi(x, y) \leqq M \tag{82}$$

einen vierfachen M-Körper im Gitter der x, y vor, d. h. befinden sich auf der Oberfläche dieses M-Körpers solche zwei Gitterpunkte (p, q), (r, s), wobei $ps - qr = E \neq 0$, also nicht gerade $p = \varepsilon r$, $q = \varepsilon s$ ist, unter ε eine der sechs Einheiten ± 1, $\pm j$, $\pm j^2$ verstanden, dann ist dabei sicherlich $|E|^2 < 8$. Wir wollen nun im folgenden die hier tatsächlich möglichen Werte von E genau ermitteln, um hernach den Charakter des Bereiches (82) als eines M-Körpers in einfacher Weise formulieren zu können.

Die Zahlen p, q sind teilerfremd; daher können wir jedenfalls zwei ganze Zahlen in $K(j)$, etwa p^*, q^*, derart bestimmen, daß

$$pq^* - qp^* = 1$$

wird. Wir führen alsdann das Gitter der x, y durch die Substitution

$$x = pX + p^* Y,$$
$$y = qX + q^* Y$$

in ein Gitter der X, Y über; die X, Y-Koordinaten des Gitterpunktes (p, q) werden dann $1, 0$, jene des Gitterpunktes (r, s) mögen R, S heißen, wobei $S = E$ wird, endlich geht die Funktion $\varphi(x, y)$ in eine Funktion $\Phi(X, Y)$ und die den Bereich des M-Körpers definierende Ungleichung (82) in die folgende über:

$$\Phi(X, Y) \leqq M. \tag{83}$$

Wir können dabei statt (r, s) überhaupt irgend einen Punkt $(\varepsilon r, \varepsilon s)$ unserer Betrachtung zugrundelegen, wobei ε eine beliebige der sechs oben aufgezählten Einheiten, $= e^{\frac{k i \pi}{3}}$ $(k = 0, 1, 2, 3, 4, 5)$, bedeutet; es tritt alsdann εS an Stelle von S und nun denken wir uns ε unter dessen sechs möglichen Werten speziell so festgesetzt, daß die komplexe Größe εS dabei einen Arkus $\geqq -\frac{\pi}{6}$ und $< \frac{\pi}{6}$ erhält. Alsdann wird bei dem Ansatz

$$\varepsilon S = S_1 + j S_2,$$

worin S_1, S_2 reell sind,

$$S_1 > 0, \quad -S_1 \leqq S_2 < \frac{S_1}{2} \tag{84}$$

sein (vgl. Fig. 82, S. 232). Nun denken wir uns an Stelle von εr, εs, εS wiederum bzw. r, s, S geschrieben und es gelten jetzt für $S = S_1 + j S_2 = E$ die Bedingungen (84). Mit Rücksicht auf diese letzteren und auf die Relation

$$4|E|^2 = (2S_1 - S_2)^2 + 3S_2^2 = 3S_1^2 + (S_1 - 2S_2)^2 \tag{85}$$

folgen nunmehr aus der Ungleichung

$$4|E|^2 < 32$$

für E die Werte

$$S_1 + jS_2 = 1, 1 - j, \quad 2, 2 - j, \quad 3 + j = 2 - j^2$$

mit den Normen bzw.

$$1, \quad 3, \quad 4, \quad 7, \qquad\qquad 7$$

als die einzigen Werte, die hier für E in Betracht kommen können, und diese sind nun einzeln zu untersuchen.

Wir ziehen dabei analog, wie in § 4, den durch die Ungleichung

$$\Psi(X, Y) = \left| X - \frac{R}{S} Y \right| + \left| \frac{Y}{S} \right| \leqq 1$$

definierten Körper zur Betrachtung heran; derselbe ist, wie wir in § 3 gesehen haben, im Körper (83) vollständig enthalten.

In den Fällen $S = E = 2 - j,\ 2 - j^2$ könnte nun, da R, S teilerfremd sein sollen, R nur $\equiv \pm 1,\ \pm j,\ \pm j^2 \pmod{S}$ ausfallen und liesse sich daher X als ganze Zahl hier stets so bestimmen, daß

$$\left| X - \frac{R}{S} \right| = \frac{1}{S}$$

und in der Folge

$$\Psi(X, 1) = \frac{2}{S} = \frac{2}{\sqrt{7}},$$

also

$$\Psi(X, 1) < 1$$

würde. Darnach würde aber der betreffende Gitterpunkt $(X, 1)$ sich im Inneren des Körpers (83) befinden, was ausgeschlossen ist; es kann daher hier keiner der Fälle $E = 2 - j,\ 2 - j^2$ statthaben

Im Falle $S = E = 2$ muß $R \equiv 1$ oder j oder $j^2 \pmod{2}$ sein und können wir hier sonach X als ganze Zahl so bestimmen, daß

$$\Psi(X, 1) = \frac{2}{S} = 1$$

wird. Der zugehörige Gitterpunkt $(X, 1)$ muß hernach dem Körper (83) angehören und also notwendig auf dessen Begrenzung liegen. Entsprechen diesem Gitterpunkte die Werte $x = r^*,\ y = s^*$, so ist für die Punkte $(x, y) = (p, q),\ (r^*, s^*)$:

$$E^* = p s^* - q r^* = 1$$

und können wir somit von dem Falle $E = 2$ aus stets auf den Fall $E = 1$ zurückkommen.

Wir brauchen mithin nur noch die zwei Annahmen $E = 1$ und $E = 1 - j$ weiter zu verfolgen.

Es sei zunächst $E = 1$. Durch die Substitution

$$\begin{aligned} x &= pX + rY, \\ y &= qX + sY \end{aligned} \tag{86}$$

transformieren wir das x, y-Gitter in ein X, Y-Gitter, wobei die Punkte $(x, y) = (p, q),\ (r, s)$ bzw. in die Punkte $(X, Y) = (1, 0),\ (0, 1)$ übergehen. Zugleich schreiben wir

$$\varphi(x, y) = \Phi(X, Y),$$

nehmen der Einfachheit halber $M = 1$ an und haben sonach

$$\Phi(1, 0) = 1, \quad \Phi(0, 1) = 1. \tag{87}$$

Soll nun der Körper

$$\Phi(X, Y) \leqq 1 \tag{88}$$

einen M-Körper vorstellen, so muß für ein beliebiges, von $(0, 0)$ verschiedenes ganzzahliges Wertepaar (G, H) stets

$$\Phi(G, H) \geqq 1 \tag{89}$$

sein.

Diese unendlich vielen Bedingungsungleichungen (89) *sind jedoch mit Rücksicht auf das Bestehen der Gleichungen* (87) *bereits eine Folge der nachstehenden 18 speziellen, unter* (89) *enthaltenen Ungleichungen:*

$$\Phi(\varepsilon, 1) \geqq 1, \tag{90}$$

$$\Phi(\varepsilon(1-j), 1) \geqq 1, \quad \Phi(\varepsilon, 1-j) \geqq 1, \tag{91}$$

$$(\varepsilon = \pm 1, \pm j, \pm j^2).$$

Um dieses zu beweisen, nehmen wir an, die Gleichungen (87) und alle Ungleichungen (90), (91) seien erfüllt, es gäbe aber trotzdem ein von 0, 0 verschiedenes Paar teilerfremder ganzer Zahlen G, H, wofür

$$\Phi(G, H) < 1 \tag{92}$$

wäre. Wir denken uns dabei etwa $|G| \leqq |H|$; alsdann muß, da (87), (90), (91) bereits vorausgesetzt werden, jedenfalls $|H| > |1-j| = \sqrt{3}$, mithin $|H| \geqq 2$ sein. Wir stellen nun für $\Phi(X, Y)$ die folgende Ungleichung her:

$$\Phi(X, Y) \leqq \Phi\left(X - \frac{G}{H} Y, 0\right) + \Phi\left(\frac{G}{H} Y, Y\right)$$

$$= \left|X - \frac{G}{H} Y\right| \Phi(1, 0) + \left|\frac{Y}{H}\right| \Phi(G, H);$$

daraus folgt wegen (87) und (92), $Y \neq 0$ vorausgesetzt,

$$\Phi(X, Y) < \left|X - \frac{G}{H} Y\right| + \left|\frac{Y}{H}\right|. \tag{93}$$

Ist $|H| = 2$, so müßte $\frac{G}{H}$ entweder $= \frac{\varepsilon}{2}$ oder $= \frac{\varepsilon(1-j)}{2}$ sein, worin ε irgend eine der Einheiten in $K(j)$ bedeutet, und würde dann aus (93) entweder

$$\Phi(0, 1) < \left|-\frac{\varepsilon}{2}\right| + \left|\frac{1}{2}\right| = 1,$$

oder

$$\Phi(\varepsilon, 1) < \left|\varepsilon - \frac{\varepsilon(1-j)}{2}\right| + \left|\frac{1}{2}\right| = 1$$

folgen, beidemal im Widerspruch mit einer der Bedingungen (87), (90).

Ist dagegen $|H| > 2$, also hier auch $\geqq \sqrt{7}$, so denken wir uns eine Einheit ε derart bestimmt, daß der Punkt $\frac{G}{\varepsilon H}$ in der komplexen Größenebene einen Arkus $\geqq -\frac{\pi}{6}$ und $< \frac{\pi}{6}$ erhalte; es hätte dann dieser Punkt von mindestens einem der zwei Punkte 0 und 1 (O und A) einen Abstand $\leqq \frac{1}{\sqrt{3}}$ (siehe Fig. 81 auf S. 231) d. h. es wäre mindestens eine der Ungleichungen

$$\left|\varepsilon - \frac{G}{H}\right| \leqq \frac{1}{\sqrt{3}}, \quad \left|\frac{G}{H}\right| \leqq \frac{1}{\sqrt{3}}$$

erfüllt und sonach würde dann mit Rücksicht auf (93) für mindestens eines der Wertesysteme $(X, Y) = (\varepsilon, 1)$, $(0, 1)$ die Ungleichung

$$\Phi(X, Y) < \frac{1}{\sqrt{3}} + \frac{1}{\sqrt{7}} < 1$$

gelten, wiederum im Widerspruch mit einer der Beziehungen (87), (90). Hiermit erweisen sich in der Tat die sämtlichen Ungleichungen (89) als eine Folge der Gleichungen (87) und der Ungleichungen (90), (91).

Es sei zweitens $E = ps - qr = 1 - j$. Wir bemerken zuvörderst, daß für p, q und r, s hier mod. $1 - j$ nur die Restensysteme $\pm 1, 0$; $0, \pm 1$; $\pm 1, \pm 1$ in Betracht kommen; mit Rücksicht darauf finden wir leicht, daß wegen

$$ps \equiv qr \pmod{1 - j}$$

hier notwendig entweder

$$p \equiv r, \quad q \equiv s \pmod{1 - j}$$

oder

$$p \equiv -r, \quad q \equiv -s \pmod{1 - j}$$

sein muß. Indem wir nun gegebenenfalls gleichzeitig y durch $-y$, Y durch $-Y$ und damit p, r, q, s durch $p, -r, -q, s$ ersetzen können, dürfen wir ohne wesentliche Beschränkung annehmen, es sei

$$p \equiv -r, \quad q \equiv -s \pmod{1 - j}. \tag{94}$$

Die Transformation

$$\begin{aligned} x &= pX + rY, \\ y &= qX + sY, \end{aligned} \tag{95}$$

die wir alsdann ausführen, läßt aus jedem Gitterpunkte in X, Y einen Gitterpunkt in x, y hervorgehen; doch sind damit diesesmal noch nicht sämtliche Gitterpunkte in x, y erschöpft: die letzteren erhalten nämlich wegen

$$X = \frac{sx - ry}{1 - j}, \quad Y = \frac{-qx + py}{1 - j}$$

X, Y-Koordinaten von der folgenden Gestalt:

$$X = \frac{U}{1 - j}, \quad Y = \frac{V}{1 - j}, \tag{96}$$

worin U, V ganze Zahlen sind, welche, da wegen (94)

$$sx - ry \equiv -qx + py \pmod{1 - j}$$

ist, entweder beide $\equiv 0$ oder beide $\equiv 1$ oder beide $\equiv -1 \pmod{1 - j}$ sind. Umgekehrt entspricht jedem Wertepaar (96) der X, Y von dem hier beschriebenen Charakter in der Tat ein ganzzahliges Wertepaar der x, y, und zwar

$$x = \frac{pU + rV}{1 - j}, \quad y = \frac{qU + sV}{1 - j},$$

indem wegen (94)

$$pU + rV \equiv 0 \ (\text{mod. } 1 - j),$$
$$qU + sV \equiv 0 \ (\text{mod. } 1 - j)$$

wird. Um also das vollständige Gitter in x, y zu erhalten, haben wir zu dem jetzt konstruierten Gitter in X, Y noch alle diejenigen Punkte (X, Y) hinzuzufügen, bei denen

$$X = G + \frac{1}{1 - j}, \quad Y = H + \frac{1}{1 - j}$$

oder

$$X = G - \frac{1}{1 - j}, \quad Y = H - \frac{1}{1 - j}$$

ist, unter G, H beliebige ganze Zahlen verstanden.

Wir setzen nun wieder

$$\varphi(x, y) = \Phi(X, Y),$$

denken uns $M = 1$, und haben zunächst, indem die Punkte $(x, y) = (p, q)$, (r, s) vermöge (95) in die Punkte $(X, Y) = (1,0)$, $(0,1)$ bzw. übergehen,

$$\Phi(1, 0) = 1, \quad \Phi(0, 1) = 1. \tag{97}$$

Damit

$$\Phi(X, Y) \leqq 1$$

einen M-Körper vorstelle, muß neben (97) weiter noch für jedes von $(0,0)$ verschiedene ganzzahlige Wertepaar (G, H)

$$\Phi(G, H) \geqq 1 \tag{98}$$

gelten und überdies für jedes beliebige ganzzahlige Wertepaar (G, H)

$$\Phi\left(G \pm \frac{1}{1 - j}, \quad H \pm \frac{1}{1 - j}\right) \geqq 1 \tag{99}$$

sein, wobei die Vorzeichen $\pm$ stets an beiden Stellen in gleichem Sinne zu nehmen sind.

Der Inhalt der unendlich vielen Ungleichungen (98), (99) *wird nun mit Rücksicht auf das Bestehen der zwei Gleichungen* (97) *bereits durch die folgenden 12 besonderen, unter* (98), (99) *enthaltenen Ungleichungen erschöpft:*

$$\Phi(-\theta, 1) \geqq 1, \quad \Phi(\theta, 1) \geqq \sqrt{3}, \tag{100}$$

$$\Phi(-\theta, 2) \geqq \sqrt{3}, \ \Phi(-2\theta, 1) \geqq \sqrt{3}, \tag{101}$$

worin θ jeden der drei Werte $1, j, j^2$ zu bezeichnen hat.

In der Tat: zunächst haben wir, mit Rücksicht auf die Regeln (12) und (14),

$$\Phi(\theta(1-j),1)+\Phi(0,-j)\geqq\Phi(\theta(1-j),1-j)=\sqrt{3}\,\Phi(\theta,1),$$
$$\Phi(-\theta(1-j),1)+\Phi(0,-j^2)\geqq\Phi(-\theta(1-j),-j^2(1-j))=\sqrt{3}\,\Phi(\theta j,1),$$
$$\Phi(\theta,1-j)+\Phi(-\theta j,0)\geqq\Phi(\theta(1-j),1-j)=\sqrt{3}\,\Phi(\theta,1),$$
$$\Phi(-\theta,1-j)+\Phi(\theta j^2,0)\geqq\Phi(\theta j^2(1-j),1-j)=\sqrt{3}\,\Phi(\theta j^2,1);$$

hierin sind die rechten Seiten wegen (100) jedesmal $\geqq 3$ und folgt daher hieraus unter Benutzung von (97), für alle sechs Einheiten $\varepsilon=\pm\theta$:

$$\Phi(\varepsilon(1-j),1)\geqq 2,\quad \Phi(\varepsilon,1-j)\geqq 2; \tag{102}$$

zudem ist nach (100) immer

$$\Phi(\varepsilon,1)\geqq 1; \tag{103}$$

die Ungleichungen (102), (103) haben aber nach den im Falle $E=1$ gemachten Ausführungen bereits die Gesamtheit der Ungleichungen (98) zur Folge.

Was weiter die Ungleichungen (99) betrifft, die wir,

$$(1-j)G\pm 1=U,\quad (1-j)H\pm 1=V$$

gesetzt, in der Form

$$\Phi(U,V)\geqq\sqrt{3}$$

schreiben wollen, worin also U, V ganze Zahlen bedeuten, die entweder beide $\equiv 1$ oder beide $\equiv -1 \pmod{1-j}$ und sonst beliebig sind, — so sind diejenigen unter diesen Ungleichungen, worin U, V beide absolut $\leqq 2$ und teilerfremd sind, selbst in (100), (101) aufgeführt. Wenn wir also jetzt annehmen, daß trotz des Bestehens aller Ungleichungen (100), (101) ein Paar von ganzen Zahlen U, V, die wir als teilerfremd und etwa mit $|U|\leqq|V|$ uns denken können, derart existiert, daß

$$U\equiv V\equiv\pm 1 \pmod{1-j}$$

und zugleich

$$\Phi(U,V)<\sqrt{3} \tag{104}$$

ist, so müßte dabei jedenfalls $|V|\geqq\sqrt{7}$ sein. Wir setzen nun wiederum die Ungleichung

$$\Phi(X,Y)\leqq\left|X-\frac{U}{V}Y\right|\Phi(1,0)+\left|\frac{Y}{V}\right|\Phi(U,V)$$

an und hieraus würde für die in Rede stehenden Werte U, V, nach (97) und der Annahme (104), $Y\neq 0$ vorausgesetzt,

$$\Phi(X,Y)<\left|X-\frac{U}{V}Y\right|+\left|\frac{Y}{V}\right|\sqrt{3} \tag{105}$$

folgen. Nun können wir eine Einheit $\theta = 1, j, j^2$ so bestimmen, daß $\frac{U}{\theta V}$ als komplexe Größe einen Arkus $\geqq -\frac{\pi}{3}$ und $< \frac{\pi}{3}$ erhält, wobei alsdann der dieser Zahl in der komplexen Größenebene entsprechende Punkt offenbar von dem Punkte 1 einen Abstand $\leqq 1$ hat (vgl. Fig. 78 auf S. 228); es ist dann also für dieses θ

$$\left| 1 - \frac{U}{\theta V} \right| \leqq 1$$

und in der Folge würde aus (105) weiter die Ungleichung

$$\Phi(\theta, 1) < 1 + \frac{\sqrt{3}}{\sqrt{7}} < \sqrt{3}$$

hervorgehen. Diese letztere steht aber im Widerspruch mit einer der Ungleichungen (100) und hiermit stellt sich die Annahme (104) als unzulässig heraus, wodurch zugleich die auf S. 224 ausgesprochene Behauptung vollends bewiesen erscheint.

§ 9. Satz über zwei binäre lineare Formen mit komplexen Variabeln für $K(j)$.

Es seien zwei lineare Formen in den komplexen Variabeln x, y vorgelegt,

$$\begin{aligned} \xi &= \alpha x + \beta y, \\ \eta &= \gamma x + \delta y, \end{aligned} \tag{106}$$

wobei die Koeffizienten $\alpha, \beta, \gamma, \delta$ beliebige komplexe Größen seien und die Determinante $\Delta = \alpha\delta - \beta\gamma$ nicht verschwinde. Wir werden wiederum die Werte der Variabeln x, y auf ganze Zahlen des Zahlkörpers von j beschränken und setzen deshalb

$$x = x_1 + jx_2, \quad y = y_1 + jy_2$$

an, wobei x_1, x_2, y_1, y_2 reelle Größen bedeuten; entsprechend setzen wir zugleich

$$\xi = \xi_1 + j\xi_2, \quad \eta = \eta_1 + j\eta_2$$

an, worin $\xi_1, \xi_2, \eta_1, \eta_2$ reell sind.

Betrachten wir in der Mannigfaltigkeit der x_1, x_2, y_1, y_2 den Körper

$$|\xi| \leqq 1, \quad |\eta| \leqq 1, \tag{107}$$

so ist das Volumen desselben

$$J = \left| \frac{d(x_1, x_2, y_1, y_2)}{d(\xi_1, \xi_2, \eta_1, \eta_2)} \right| \iiiint d\xi_1 \, d\xi_2 \, d\eta_1 \, d\eta_2,$$

wobei das vierfache Integral auf den Bereich

$$\left(\xi_1 - \frac{\xi_2}{2}\right)^2 + \frac{3\xi_2^2}{4} \leqq 1, \quad \left(\eta_1 - \frac{\eta_2}{2}\right)^2 + \frac{3\eta_2^2}{4} \leqq 1$$

zu erstrecken, also $=\frac{4}{3}\pi^2$ ist. Die Funktionaldeterminante $\frac{d(x_1, x_2, y_1, y_2)}{d(\xi_1, \xi_2, \eta_1, \eta_2)}$ berechnet sich hier in ganz analoger Weise, wie dies im Falle des Zahlkörpers von i (S. 201) geschehen ist, zu $\frac{1}{|\Delta|^2}$. Es wird sonach

$$J = \frac{4\pi^2}{3|\Delta|^2}.$$

Mit Rücksicht darauf liefert uns hier die Formel (7), wenn wir gleichzeitig den Zusatz am Schlusse des § 1 beachten, für den Parameter M des zu (107) gehörigen M-Körpers die folgende Ungleichung:

$$M < \frac{\sqrt[4]{12}}{\sqrt{\pi}} \sqrt{|\Delta|} \tag{108}$$

und hiermit gewinnen wir den folgenden Satz:

LXIII. *Zu zwei linearen Formen ξ, η in zwei Variabeln x, y mit beliebigen komplexen Koeffizienten und nicht verschwindender Determinante Δ lassen sich stets für x, y ganze Zahlen im Körper von $j = \frac{-1+i\sqrt{3}}{2}$, die nicht beide verschwinden, derart angeben, daß für dieselben*

$$|\xi| < \frac{\sqrt[4]{12}}{\sqrt{\pi}} |\sqrt{\Delta}|, \quad |\eta| < \frac{\sqrt[4]{12}}{\sqrt{\pi}} |\sqrt{\Delta}|$$

wird.

§ 10. Genaue Bestimmung des Minimums von zwei binären linearen Formen im Falle von $K(j)$.

Um die präzise obere Grenze für den zu zwei Formen (106) zugehörigen Quotienten $\frac{M}{\sqrt{\Delta}}$ zu finden, also eine solche obere Grenze, welche von $\frac{M}{|\sqrt{\Delta}}$ womöglich bei gewissen Verhältnissen $\alpha:\beta:\gamma:\delta$ wirklich erreicht wird, können wir, wie in § 6, $M=1$ annehmen, — demgemäß unser Augenmerk auf diejenigen Koeffizientensysteme $\alpha, \beta, \gamma, \delta$ richten, bei denen der Körper

$$|\xi| \leqq 1, \quad |\eta| \leqq 1 \tag{109}$$

ein M-Körper ist, — und nun nach dem Minimum des Betrages von $\Delta = \alpha\delta - \beta\gamma$ bei allen so eingeschränkten Koeffizientensystemen fragen. Dieses Minimum kann, wie ähnlich in § 6 (S. 203) ausgeführt ist, nur unter den Umständen sich ereignen, daß der M-Körper (109) sowohl Gitterpunkte enthält, bei denen

$$|\xi| = 1, \quad |\eta| < 1$$

ist, als auch solche, bei denen

$$|\xi| < 1, \quad |\eta| = 1$$

ist. Es sei also (p, q) ein Gitterpunkt der ersteren, (r, s) ein Gitterpunkt der letzteren Art auf der Begrenzung des Körpers (109). Wir wenden auf ξ, η die Transformation

$$\begin{aligned} x &= pX + rY, \\ y &= qX + sY \end{aligned} \tag{110}$$

an und dadurch mögen diese Formen bzw. in

$$\begin{aligned} \Xi &= \lambda(X + \varrho Y), \\ H &= \mu(\sigma X + Y) \end{aligned} \tag{111}$$

übergehen; hierin ist dann

$$|\lambda| = 1, \quad |\mu| = 1, \quad |\varrho| < 1, \quad |\sigma| < 1. \tag{112}$$

Nach den Ausführungen in § 8 dürfen wir dabei $ps - qr = 1$ oder $= 1 - j$ annehmen; eine Bemerkung in § 6, die dort an die mit (112) gleichlautenden Ungleichungen (53) anknüpfte, kann hier genau wiederholt werden und es ist danach hier von vornherein ausgeschlossen, daß $ps - qr$ mit 2 assoziiert wäre.

Es stellt sich nunmehr ferner heraus, daß *der Fall* $ps - qr = 1 - j$ *bei der gegenwärtigen Aufgabe überhaupt nicht in Frage kommt.* Machen wir nämlich die Annahme $ps - qr = 1 - j$ und setzen zudem noch, was keine eigentliche Beschränkung ist (vgl. S. 223),

$$p \equiv -r, \quad q \equiv -s \pmod{1 - j}$$

voraus, dann müssen, damit (109), oder was dasselbe ist,

$$\max(|X + \varrho Y|, \; |\sigma X + Y|) \leqq 1$$

einen M-Körper vorstelle, zufolge (100) insbesondere auch die drei Ungleichungen

$$\max\left(|\theta + \varrho|, \; \left|\sigma + \frac{1}{\theta}\right|\right) \geqq \sqrt{3} \quad (\theta = 1, j, j^2) \tag{113}$$

erfüllt sein. Indem wir noch eventuell Y durch jY oder $j^2 Y$ ersetzen und auch überdies in allen vorliegenden Beziehungen (auch im Werte von $ps - qr$) i mit $-i$ vertauschen können, ohne daß dadurch die hier wesentlichen Umstände eine Änderung erfahren, dürfen wir ϱ in der komplexen Größenebene von vornherein auf den Sektor AOC (das letzte Sechstel) des Einheitskreises (Fig. 78) verweisen, wobei der Bogen CA vom Bereiche des ϱ wegen (112) auszu-

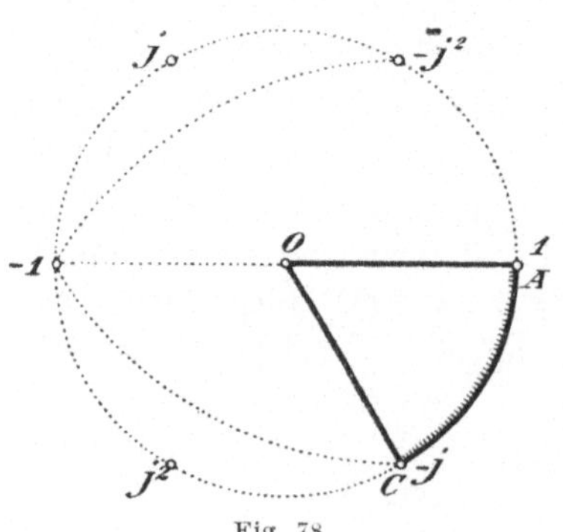

Fig. 78.

schließen ist. Nun lassen sich die drei Bedingungsungleichungen (113) folgendermaßen aussprechen: so oft für $\theta = 1, j, j^2$ die Ungleichung

$$|\theta + \varrho| < \sqrt{3}$$

statthat, d. h. ϱ innerhalb des Kreises um $-\theta$ vom Radius $\sqrt{3}$ sich befindet, muß jedesmal gleichzeitig

$$\left|\sigma + \frac{1}{\theta}\right| \geqq \sqrt{3}$$

sein, d. h. σ außerhalb oder auf der Peripherie des Kreises um $-\frac{1}{\theta}$ vom Radius $\sqrt{3}$ liegen. Nun befindet sich ϱ, so lange es sich in dem ihm zugewiesenen Bereiche AOC bewegt, stets im Inneren des Kreises um $-j$ vom Radius $\sqrt{3}$, wie des Kreises um $-j^2$ vom Radius $\sqrt{3}$; also dürfte σ insbesondere weder im Inneren des Kreises um $-j^2$ vom Radius $\sqrt{3}$, noch im Inneren des Kreises um $-j$ vom Radius $\sqrt{3}$ liegen; da aber andererseits σ nach (112) auf das Innere des Einheitskreises verwiesen ist und der Einheitskreis von den soeben genannten zwei Kreisen vollständig überdeckt wird, so wäre für σ danach im vorliegenden Falle überhaupt kein Wert zulässig. Die Beziehung $ps - qr = 1 - j$ kann folglich unter den gegenwärtig postulierten Umständen gar nicht eintreten.

Wir dürfen nunmehr $ps - qr = 1$ voraussetzen. Indem wir diesmal die Formeln (90), (91) und den Text hierzu heranziehen, stehen wir jetzt vor der Aufgabe, $|\Delta| = |1 - \varrho\sigma|$ derart zu einem Minimum zu machen, daß gleichzeitig die 18 Bedingungsungleichungen

$$\max(|X + \varrho Y|, \ |\sigma X + Y|) \geqq 1 \tag{114}$$

für

$$X, Y = \varepsilon, 1; \ \varepsilon(1 - j), 1; \ \varepsilon, 1 - j \qquad (\varepsilon = \pm 1, \pm j, \pm j^2)$$

erfüllt sind. Da wir dabei ϱ, σ durch ein beliebiges anderes der Größenpaare $\varepsilon\varrho$, $\frac{\sigma}{\varepsilon}$ und ferner i durch $-i$ uns ersetzt denken können, so können wir infolgedessen ϱ mit einem Arkus $\geqq -\frac{\pi}{6}$ und $\leqq 0$ annehmen, also ϱ auf den Sektor AOB (das letzte Zwölftel) des Einheitskreises, mit Ausschluß des Bogens BA, verweisen (Fig. 79).

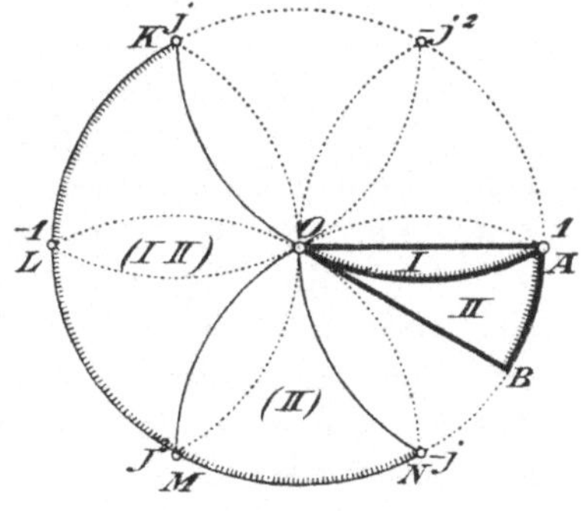

Fig. 79.

Vom Werte $\varrho = 0$, wofür alle Ungleichungen (114) erfüllt sind und $1 - \varrho\sigma = 1$ ist, mag vorderhand abgesehen werden.

Die Bedingungen (114) besagen nun: so oft eine der Ungleichungen

$$|\varepsilon + \varrho| < 1, \quad |\varepsilon(1-j) + \varrho| < 1, \quad |\varepsilon + \varrho(1-j)| < 1$$

statthat, soll jedesmal gleichzeitig, mit dem nämlichen Werte des ε, bzw. die Ungleichung

$$|\varepsilon\sigma + 1| \geqq 1, \quad |\varepsilon(1-j)\sigma + 1| \geqq 1, \quad |\varepsilon\sigma + 1 - j| \geqq 1$$

erfüllt sein, — mit anderen Worten: so oft ϱ im Inneren eines der Kreise um $-\varepsilon$ vom Radius 1, um $-\varepsilon(1-j)$ vom Radius 1, um $-\frac{\varepsilon(1-j^2)}{3}$ vom Radius $\frac{1}{\sqrt{3}}$ zu liegen kommt, soll zu gleicher Zeit σ außerhalb oder auf der Peripherie des bzw. entsprechenden unter den Kreisen um $-\frac{1}{\varepsilon}$ vom Radius 1, um $-\frac{1-j^2}{3\varepsilon}$ vom Radius $\frac{1}{\sqrt{3}}$, um $-\frac{1-j}{\varepsilon}$ vom Radius 1 liegen.

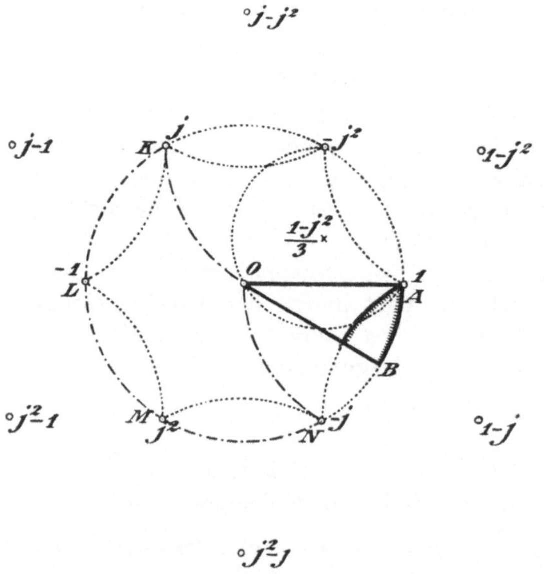

Fig. 80.

Was zunächst die sechs Kreise um die Punkte $-\varepsilon$ vom Radius 1 betrifft (Fig. 79), so haben diejenigen um $j, -1, j^2$ überhaupt keinen inneren Punkt mit dem Bereiche OAB der Größe ϱ gemein und geben daher hier zu keiner Beschränkung des σ Anlaß. Die Kreise um 1 und um $-j$ vom Radius 1 schließen den Bereich des ϱ (von $\varrho = 0$ eben abgesehen) vollständig in sich ein, folglich darf hier σ jedenfalls nicht im Inneren der Kreise um 1 und um $-j^2$ vom Radius 1 liegen und ist demnach nur auf die Partie $OKLMNO$ des Einheitskreises, mit Ausschluß des Bogens $KLMN$, verwiesen. Der Kreis um $-j^2$ vom Radius 1 endlich teilt den Bereich des ϱ in zwei Partien, von denen wir die obere OAO kurz mit I, die untere $OBAO$ kurz mit II bezeichnen wollen, wobei wir den Bogen OA der Partie II zuzuzählen haben. Befindet sich alsdann ϱ im Bereiche I, so darf σ nicht im Inneren des Kreises um $-j$ vom Radius 1 liegen, wird also bloß auf das Kreisdreieck MOK, mit Ausschluß des Bogens KM, verwiesen; liegt dagegen ϱ im Bereiche II, so bleibt für σ der volle vorhin angetroffene Bereich $OKLMNO$ in Geltung.

Von den weiteren sechs Kreisen für ϱ, d. i. um die Punkte $-\varepsilon(1-j)$ mit Radien 1 (Fig. 80), trifft bloß ein einziger, der Kreis um $1-j$, den Sektor AOB; bei einer gewissen Lage von ϱ dürfte also σ nicht im Inneren des Kreises um $\frac{1-j^2}{3}$ vom Radius $\frac{1}{\sqrt{3}}$ liegen; letzteres ist aber bereits von selbst ausgeschlossen, sowie σ im Bereiche $OKLMNO$ bleibt.

Von den sechs Kreisen um die Punkte $\frac{-\varepsilon(1-j^2)}{3}$ mit Radien $\frac{1}{\sqrt{3}}$ endlich (Fig. 81) haben nur diejenigen für $\varepsilon = -j^2, j, -1$, d. h. die Kreise um $\frac{j^2-j}{3}, \frac{1-j}{3}, \frac{1-j^2}{3}$, innere Punkte mit dem Sektor AOB gemein; der Bereich $OKLMNO$ des σ aber tritt von selbst nirgends in das Innere der zugehörigen unter den Kreisen um $\frac{-(1-j)}{\varepsilon}$, also der Kreise um $j-j^2$, $1-j^2$, $1-j$ von Radien 1, und daher entspringt hierdurch ebenfalls keine neue Bedingung für σ.

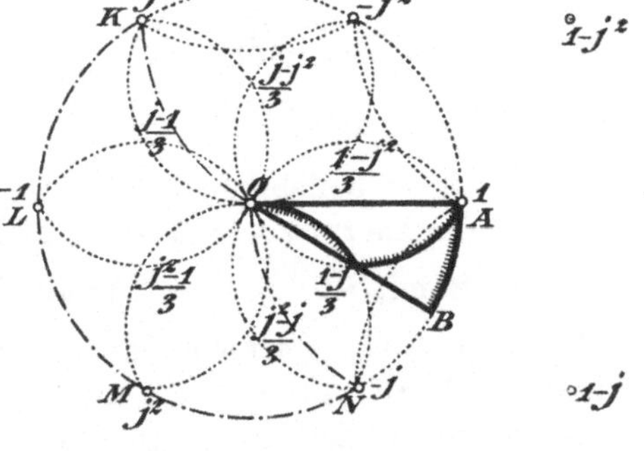

Fig. 81.

Um jetzt die untere Grenze von $|1-\varrho\sigma|$ zu ermitteln, denken wir uns zunächst den Wert ϱ in einem Punkte des Sektors AOB festgehalten, wobei wir den Wert $\varrho = 0$, wie schon gesagt, vorderhand ausschließen wollen, und haben dann die Lage von σ in dem dieser Größe jeweils zukommenden Bereiche so zu bestimmen, daß der Abstand $\left|\frac{1}{\varrho} - \sigma\right|$ der Punkte $1/\varrho$ und σ möglichst klein wird. Aus den Bereichen I, II für ϱ ergeben sich durch Inversion die entsprechenden Bereiche für $1/\varrho$ (Fig. 82); der Radius AO geht dabei in seine Fortsetzung von A nach ∞ über, der Strahl OB von 0 nach $e^{-\frac{i\pi}{6}}$ geht in den Strahl $B'_\infty B'$ von ∞ nach $e^{\frac{i\pi}{6}}$ über und der Kreisbogen AO, welcher in O den Radius OB berührt, verwandelt sich in den zu $B'B'_\infty$ parallelen Strahl AH_∞. Sonach transformieren sich die Bereiche I, II für ϱ bzw. in die von $H_\infty A A_\infty$, $B'_\infty B' A H_\infty$ begrenzten Bereiche für $1/\varrho$, die wir bzw. mit I*, II* bezeichnen wollen; dabei sind die Punkte des Bogens AB' von diesen letzteren Bereichen auszuschließen und die Punkte auf dem Strahl AH_∞ nur dem Bereiche II* zuzuzählen.*) Mit Hilfe analoger Überlegungen, wie wir solche für den Fall des Zahlkörpers von i im § 6 angestellt haben, erkennen wir nun aus Fig. 82, daß wenn $1/\varrho$ irgendwo in I* oder II* festgehalten wird, bei der hier zulässigen Variation von σ für ein Minimum bzw. für eine untere Grenze von $|1 - \varrho\sigma| = |\varrho|\left|\frac{1}{\varrho} - \sigma\right|$ erforderlich ist, daß zunächst σ auf einen der Bogen OK, OM, ON rücke, und weiterhin auf O falle, bzw. nach einem der Bogen-Endpunkte K, M, N hinrücke. Der Punkt M fällt aber dabei außer Betracht, weil der Radius MN den Bereich für $1/\varrho$ auf derselben Seite wie den Bogen MO läßt; ferner steht K von einem beliebigen Punkte in I* oder II* immer weiter als O ab und endlich steht N von einem beliebigen Punkte in II* (der Bereich I* für $1/\varrho$ kommt bei der Annäherung von σ an N nicht in Betracht) niemals weniger als O ab. Somit ist $\left|\frac{1}{\varrho} - \sigma\right|$ für alle hier in Frage kommenden σ größer, als für $\sigma = 0$. Darnach besitzt also $|1 - \varrho\sigma|$ den Wert 1 als Minimum und tritt dieser Wert nur ein, wenn $\sigma = 0$ ist, oder aber, da ϱ und σ hier gleichberechtigt sind, wenn $\sigma = 0$ oder $\varrho = 0$ ist, welch letzterer, vorhin ausgeschlossener Wert des ϱ hiermit ebenfalls zur Geltung kommt.

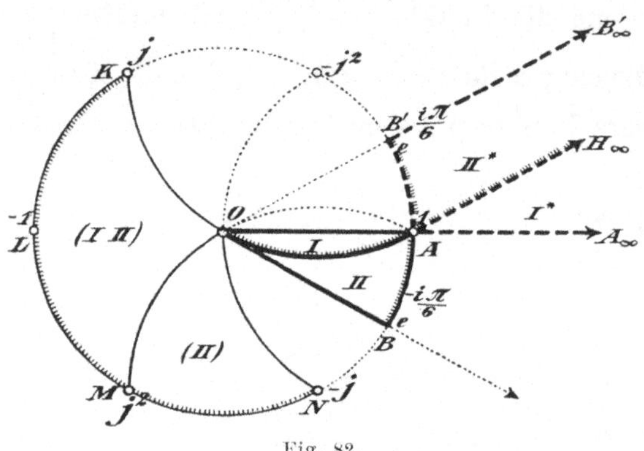

Fig. 82.

§ 11. Endgültige Formulierung des Satzes über zwei binäre lineare Formen für $K(j)$.

Indem wir nun zu dem in § 10 aufgeworfenen Problem in dessen ursprünglicher Formulierung zurückkehren, sehen wir, daß wenn Δ wie vorhin die (nicht verschwindende) Determinante der Formen ξ, η in (106) bedeutet, für den Parameter M des zum Körper

$$|\xi| \leq 1, \quad |\eta| \leq 1$$

gehörigen M-Körpers stets

) Die Schraffierung neben dem Strahle AH_∞ sollte in der Figur nach der Seite von I hin angebracht sein.

$$\frac{M}{|\sqrt{\Delta}|} = \frac{1}{|1-\varrho\sigma|} \leqq 1$$

gilt, wobei das Gleichheitszeichen rechts dann und nur dann eintritt, wenn $\varrho = 0$ oder $\sigma = 0$ oder beides der Fall ist, d. h. der Bedeutung von ϱ, σ gemäß (vgl. S. 228), wenn eine ganzzahlige Substitution (110) von der Determinante 1 existiert, welche ξ in einen Ausdruck $|\sqrt{\Delta}|e^{i\omega}X$ oder η in einen Ausdruck $|\sqrt{\Delta}|e^{i\omega}Y$ mit irgend welchem reellen ω überführt. Mit Rücksicht auf die Bedeutung von M gewinnen wir nunmehr hieraus den folgenden Satz, durch welchen das Ergebnis des § 9 wesentlich vertieft wird:

LXIV. *Sind*

$$\xi = \alpha x + \beta y,$$
$$\eta = \gamma x + \delta y$$

zwei lineare Formen in zwei komplexen Variabeln x, y mit beliebigen komplexen Koeffizienten $\alpha, \beta, \gamma, \delta$ und nicht verschwindender Determinante $\Delta = \alpha\delta - \beta\gamma$, so gibt es im Körper von $j = \frac{-1+\sqrt{-3}}{2}$ stets ganze Zahlen x, y, die nicht beide verschwinden und für welche

$$|\xi| \leqq |\sqrt{\Delta}|, \quad |\eta| \leqq |\sqrt{\Delta}|$$

wird. Es lassen sich im allgemeinen sogar ganze Zahlen x, y in diesem Körper finden, die nicht beide verschwinden und

$$|\xi| < |\sqrt{\Delta}|, \quad |\eta| < |\sqrt{\Delta}|$$

hervorbringen; eine Ausnahme bilden nur die Fälle, wo wenigstens eine der Formen ξ, η von der Gestalt $|\sqrt{\Delta}|e^{i\omega}(-qx+py)$ ist und darin p, q ganze teilerfremde Zahlen im Körper von j sind und ω irgend eine reelle Größe ist.

Es fällt hier die merkwürdige Tatsache auf, daß dieser Satz und der darin ausgesprochene Grenzfall einen wesentlich anderen Charakter tragen, als der ihnen in der Theorie des Körpers von i entsprechende Satz und Grenzfall, die in § 7 formuliert worden sind.

Von den Sätzen LXII und LXIV aus gelangen wir durch die Spezialisierung $\gamma = 0$ zu Aufschlüssen, betreffend die Annäherung an eine beliebige komplexe Größe $-\beta/\alpha$ durch Quotienten x/y von ganzen im Körper von i bzw. im Körper von j gelegenen Zahlen; wir erhalten dadurch Theoreme, die dem Theoreme I über die Annäherung an eine reelle Größe durch rationale Zahlen an die Seite zu stellen sind.

Wir sind damit am Schlusse der Vorlesung angelangt; werfen wir noch einen kurzen Rückblick auf das von uns hier Erreichte.

Als Ausgangspunkt nahmen wir in Kap. I ein elementares Ordnungsprinzip; durch dasselbe wurden wir bereits, allerdings etwas umständlich, zu der Wahrnehmung geführt, daß in bezug auf die Werte linearer Ausdrücke bei ganzzahligen Veränderlichen gewisse allgemeine Schranken sich aufstellen lassen. Gerade die verhältnismäßige Weitläufigkeit der anfangs erforderlichen Hilfsbetrachtungen war danach angetan, die Einfachheit der später zu befolgenden geometrischen Methoden ins rechte Licht zu setzen.

Nunmehr entwarfen wir das geometrische Bild des Zahlengitters. Uns erwuchs als eine Hauptaufgabe, die Verteilung dieses Gitters im Raume schärfer zu erfassen. Dazu bedienten wir uns des Hilfsmittels, daß wir Körper konstruierten, die den einzelnen Gitterpunkten zugeordnet waren und den Raum nirgends mehrfach überdeckten. Betrachtungen dieser Art sind übrigens, wie ich nicht unterlassen möchte zu erwähnen, auch für die physikalischen Theorien über die Struktur der Kristalle von Wert.

Wir variierten die Form der Körper in mannigfacher Weise und gelangten dadurch zu einer Fülle von speziellen Theoremen. Als deren gemeinsamen Charakter können wir es — in ungefähren Umrissen — hinstellen, daß sie angenäherte Auflösungen von Gleichungen darbieten, wobei die eingehenden Konstanten irgend welche Größen sein können, die Unbekannten aber ganzzahlig werden sollen. Ich möchte hiernach die ganze Klasse der von uns gewonnenen Ungleichungen mit dem Namen *Diophantische Approximationen* belegen, wie man ja Gleichungen mit zu bestimmenden ganzen oder rationalen Werten für die Unbekannten nach Diophant zu benennen pflegt.

Wir wandten uns weiter dem allgemeinen Begriffe der algebraischen ganzen Zahl zu. Wir erkannten das Zahlengitter als ein die Auffassung äußerst erleichterndes Bild der Gesamtheit der ganzen Zahlen in einem algebraischen Zahlkörper und wir betraten damit das wichtigste Anwendungsgebiet der diophantischen Approximationen.

Mittels gewisser solcher Approximationen gelangen uns anschauliche Beweise für die Existenz der Einheiten, für die Endlichkeit der Anzahl der Idealklassen in einem algebraischen Zahlkörper. Es war nun ein Leichtes, zu dem fundamentalen Satze von der eindeutigen Zerlegbarkeit der Ideale in Primideale vorzudringen.

Alle Theoreme hier wiesen *einen* Ursprung auf, wir schöpften sie aus einer gemeinsamen, sehr durchsichtigen Quelle, die ich als das *Prinzip der zentrierten konvexen Körper im Zahlengitter* bezeichnen möchte.

Nun sind wir in der Tat eine Strecke Wegs in das Reich der heutigen Zahlentheorie eingedrungen. Wir können daran denken, uns auf diesem Boden zu akklimatisieren. Zunächst würde der Aufbau der Ideale aus Primidealen tiefer zu erforschen sein. Der Zusammenhang der Einheiten und die Einteilung der Ideale in Klassen sind die wertvollsten Geräte für diese weitere Arbeit, in deren Verfolg sich wunderbare Zusammenhänge zwischen der Zahlentheorie und der Theorie der Funktionen offenbaren.

Berichtigungen.

Seite 19, Zeile 20 ist vor „Wertesystemen" einzuschalten „von (0, 0, 0) verschiedenen".

Seite 52, Zeile 22 ist „als Mittelpunkt" zu streichen.

Seite 55, Zeile 12 v. u. ist „hat . . . nur dann statt" durch „ist . . . noch entbehrlich außer" zu ersetzen.

Seite 58 ist von Zeile 4 die Bemerkung „$(1 < p < 2)$" nach Zeile 3 darüber zu rücken.

Seite 89, Zeile 2 lies „als Eckpunkt enthält" statt „zum Mittelpunkt hat".

Seite 154, Zeile 10 v. u. lies „$2 - \sqrt{-6}$" statt „$-\sqrt{-6}$".

Seite 171, Zeile 12 lies „$\mathfrak{c}$" statt „$\mathfrak{a}$".

Klein, Dr. **F.**, Professor an der Universität Göttingen, autographierte Vorlesungshefte. 4. geh.

I. Ausgewählte Kapitel der Zahlentheorie.

Heft 1, 391 Seiten (W.-S. 1895/96) }
Heft 2, 354 Seiten (S.-S. 1896) } zusammen n. *M* 14.50.

König, Dr. **Julius**, Professor am Polytechnikum zu Budapest, Einleitung in die allgemeine Theorie der algebraischen Größen. [X u. 564 S.] gr. 8. 1903. geh. *M* 18.—, in Leinw. geb. *M* 20.—

Kronecker, **Leopold**, Vorlesungen über Mathematik. Herausgegeben unter Mitwirkung einer von der Königl. Preußischen Akademie der Wissenschaften eingesetzten Kommission. Vorlesungen über die Theorie der einfachen und der vielfachen Integrale, herausgegeben von E. Netto. [X u. 346 S.] gr. 8. 1894. geh. n. *M* 12.—

Legendre, **Adrien-Marie**, Zahlentheorie. Nach der 3. Ausgabe ins Deutsche übertragen von H. Maser. 2 Bände. 2., wohlfeile Ausgabe. [I. Band: XVIII u. 442 S., II. Band: XII u. 453 S.] gr. 8. 1893. geh. n. *M* 12.—

Einzeln: jeder Band n. *M* 6.—

Minkowsky, Dr. **Hermann**, Professor der Mathematik an der Universität Göttingen, Geometrie der Zahlen. In 2 Lieferungen. I. Lieferung. [240 S.] gr. 8. 1896. geh. *M* 8.—

[Die II Lieferung befindet sich in Vorbereitung.]

Mehmke, Dr. **R.**, Professor an der Königl. Technischen Hochschule zu Stuttgart, über graphisches Rechnen und über Rechenmaschinen, sowie über numerisches Rechnen. gr. 8. In Leinw. geb. [In Vorbereitung.]

Netto, Dr. **Eugen**, Professor der Mathematik an der Universität Gießen, Vorlesungen über Algebra. 2 Bände. gr. 8. geh. n. *M* 28.—

Einzeln:

I. Band. [X u. 388 S.] 1896. geh. n. *M* 12.—, in Leinwand geb. n. *M* 13.—

II. — 1. Lieferung. Mit Holzschnitten im Text. [192 S.] 1898. geh. n. *M* 6.—

II. — 2. Lieferung. Mit Holzschnitten im Text. [XII u. S. 193—519.] 1899. geh. n. *M* 10.—

II. — (1. und 2. Lieferung. geh. n. *M* 16.—, in Leinwand geb. n. *M* 17.40.

——— Lehrbuch der Kombinatorik. [VII u. 260 S.] gr. 8. 1901. In Leinwand geb. n. *M* 9.—

Serret, **J.-A.**, Handbuch der höheren Algebra. Deutsche Übersetzung von G. Wertheim, Lehrer an der Realschule der israelitischen Gemeinde zu Frankfurt a. M. 2 Bände. gr. 8. geh. n. *M* 19.—

Einzeln: I. Band. [VIII u. 528 S.] 2. Auflage. 1878. n. *M* 9.—
II. — [VIII u. 574 S.] 2. Auflage. 1879. n. *M* 10.—

Sommer, Dr. **J.**, Professor an der Technischen Hochschule zu Danzig. Vorlesungen über Zahlentheorie. Einführung in die Theorie der algebraischen Zahlkörper. Mit 4 Figuren im Text. [VI u. 361 S.] gr. 8. 1907. In Leinwand geb. n. *M* 11.—

Wertheim, **Gustav**, Elemente der Zahlentheorie. [X u. 382 S.] gr. 8. 1887. geh. n. *M* 8.40.